中国环境统计年鉴

CHINA STATISTICAL YEARBOOK ON ENVIRONMENT

2012

国家统计局
环境保护部 编

Compiled by
National Bureau of Statistics
Ministry of Environmental Protection

中国统计出版社
China Statistics Press

中国环境统计年鉴. 2012：汉英对照 / 国家统计局，环境保护部编. -- 北京：中国统计出版社，2012.12
ISBN 978-7-5037-6762-3

Ⅰ. ①中… Ⅱ. ①国… ②环… Ⅲ. ①环境统计-统计资料-中国-2012-年鉴-汉、英 Ⅳ. ①X508.2-54

中国版本图书馆CIP数据核字(2012)第293083号

中国环境统计年鉴—2012

作　　者/国家统计局　环境保护部编
责任编辑/徐　涛　任宝莹
封面设计/李雪燕
出版发行/中国统计出版社
通信地址/北京市丰台区西三环南路甲6号　邮政编码/100073
电　　话/邮购（010）63376909　书店（010）68783171
网　　址/http://csp.stats.gov.cn
印　　刷/河北天普润印刷厂
经　　销/新华书店
开　　本/787×1092毫米　1/16
字　　数/474千字
印　　张/19.75
版　　别/2013年1月第1版
版　　次/2013年1月第1次印刷
定　　价/120.00元

如有印装差错，由本社发行部调换。

《中国环境统计年鉴—2012》编委会和编辑工作人员

编 委 会

编辑工作人员

CHINA STATISTICAL YEARBOOK ON ENVIRONMENT -2012 EDITORIAL BOARD AND STAFF

编 者 说 明

一、《中国环境统计年鉴-2012》是国家统计局和环境保护部及其他有关部委共同编辑完成的一本反映我国环境各领域基本情况的年度综合统计资料。本书收录了2011年各省、自治区、直辖市环境分领域基本数据和主要年份全国环境统计数据。

二、本书内容分为十二个部分，即：1.自然状况；2.水环境；3.海洋环境；4.大气环境；5.固体废物；6.自然生态；7.土地利用；8.林业；9.自然灾害及突发事件；10.环境投资；11.城市环境；12.农村环境。同时附录六个部分：人口资源环境主要统计指标、“十二五”主要环境保护指标、东中西部地区主要环境指标、世界主要国家和地区环境统计指标、2012年上半年各省、自治区、直辖市主要污染物排放量指标公报、主要统计指标解释。

三、本书中所涉及的全国性统计指标，除国土面积和森林资源数据外，均未包括香港特别行政区、澳门特别行政区和台湾省数据；取自国家林业局的数据中，大兴安岭由国家林业局直属管理，与各省、自治区、直辖市并列，数据与其他省没有重复。

四、有关符号说明：

“…”表示数据不足本表最小单位数；

“空格”表示该项统计指标数据不详或无该项数据；

“#”表示是其中的主要项。

五、参与本书编辑的单位还有水利部、住房和城乡建设部、国土资源部、农业部、卫生部、民政部、国家林业局、国家海洋局、中国气象局、中国地震局。对上述单位有关人员在本书编辑过程中给予的大力支持与合作，表示衷心的感谢。

PREFACE

I. *China Statistical Yearbook on Environment—2012* is prepared jointly by the National Bureau of Statistics, Ministry of Environmental Protection and other ministries. It is an annual statistics publication, with comprehensive data in 2011 and selected data series in major years at national level and at provincial level (province, autonomous region, and municipality directly under the central government) and therefore reflecting various aspects of China's environmental development.

II. *China Statistical Yearbook on Environment—2012* contains 12 chapters: 1. Natural Conditions; 2. Freshwater Environment; 3. Marine Environment; 4. Atmospheric Environment; 5. Solid Wastes; 6. Natural Ecology; 7. Land Use; 8. Forestry; 9. Natural Disasters & Environmental Accidents; 10. Environmental Investment; 11. Urban Environment; 12. Rural Environment. Six chapters listed as Main Indicators of Population, Resource and Environment Statistics; Main Environmental Indicators in the 12th Five-year Plan Period; Main Environmental Indicators by Eastern, Central and Western; Main Environmental Indicators of the World's Major Countries and Regions; The Main Pollutants Emission Indicators Communiqué of the Provinces, Autonomous Regions, Municipality Directly under the Central Government in the First Half of 2012; Explanatory Notes on Main Statistical Indicators.

III. The national data in this book do not include that of Hong Kong Special Administrative Region, Macao Special Administrative Region and Taiwan Province except for territory and forest resources. The information gathered from the State Forestry Administration. Daxinganling is affiliated to the State Forestry Administration, tied with the provinces, autonomous regions, municipalities under the central government, without duplication of data.

IV. Notations used in this book:

"..." indicates that the figure is not large enough to be measured with the smallest unit in the table;

"(blank)" indicates that the data are not available;

"#" indicates the major items of the total.

V. The institutions participating in the compilation of this publication include: Ministry of Water Resource, Ministry of Housing and Urban-Rural Development, Ministry of Land and Resource, Ministry of Agriculture, Ministry of Health, Ministry of Civil Affairs, State Forestry Administration, State Oceanic Administration, China Meteorological Administration, China Earthquake Administration. We would like to express our gratitude to these institutions for their cooperation and support in preparing this publication.

目　　录
CONTENTS

一、自然状况
Natural Conditions

二、水环境
Freshwater Environment

三、海洋环境
Marine Environment

四、大气环境
Atmospheric Environment

七、土地利用
Land Use

八、林业
Forestry

九、自然灾害及突发事件

Natural Disasters & Environmental Accidents

十、环境投资

Environmental Investment

十一、城市环境
Urban Environment

十二、农村环境
Rural Environment

附录四、世界主要国家和地区环境统计指标
APPENDIX Ⅳ. Main Environmental Indicators of the World's Major Countries and Regions

一、自然状况

Natural Conditions

1-1 自然状况
Natural Conditions

项 目		Item		2011
国土		**Territory**		
国土面积	(万平方公里)	Area of Territory	(10 000 sq.km)	960
海域面积	(万平方公里)	Area of Sea	(10 000 sq.km)	473
海洋平均深度	(米)	Average Depth of Sea	(m)	961
海洋最大深度	(米)	Maximum Depth of Sea	(m)	5377
岸线总长度	(公里)	Length of Coastline	(km)	32000
大陆岸线长度		Mainland Shore		18000
岛屿岸线长度		Island Shore		14000
岛屿个数	(个)	Number of Islands		5400
岛屿面积	(万平方公里)	Area of Islands	(10 000 sq.km)	3.87
气候		**Climate**		
热量分布	(积温≥0℃)	Distribution of Heat (Accumulated Temperature≥0℃)		
黑龙江北部及青藏高原		Northern Heilongjiang and Tibet Plateau		2000-2500
东北平原		Northeast Plain		3000-4000
华北平原		North China Plain		4000-5000
长江流域及以南地区		Changjiang (Yangtze) River Drainage Area and the Area to the south of it		5800-6000
南岭以南地区		Area to the South of Nanling Mountain		7000-8000
降水量	(毫米)	Precipitation	(mm)	
台湾中部山区		Mid-Taiwan Mountain Area		≥4000
华南沿海		Southern China Coastal Area		1600-2000
长江流域		Changjiang River Valley		1000-1500
华北、东北		Northern and Northeastern Area		400-800
西北内陆		Northwestern Inland		100-200
塔里木盆地、吐鲁番盆地和柴达木盆地		Tarim Basin, Turpan Basin and Qaidam Basin		≤25
气候带面积比例	(国土面积=100)	Percentage of Climatic Zones to Total Area of Territory		
湿润地区	(干燥度<1.0)	Humid Zone	(aridity<1.0)	32
半湿润地区	(干燥度=1.0-1.5)	Semi-Humid Zone	(aridity 1.0-1.5)	15
半干旱地区	(干燥度=1.5-2.0)	Semi-Arid Zone	(aridity 1.5-2.0)	22
干旱地区	(干燥度>2.0)	Arid Zone	(aridity>2.0)	31

注：1.气候资料为多年平均值。
2.岛屿面积未包括香港、澳门特别行政区和台湾省。

Notes: a) The climate data refer to the average figures in many years.
b) Island area does not include that of Hong Kong Special Administrative Region, Macao Special Administrative Region and Taiwan Province.

1-2 土地状况
Land Characteristics

项　　目	Item	面　　积 (万平方公里) Area (10 000 sq.km)	占总面积(%) Percentage to Total Area (%)
总面积	**Total Land Area**	**960.00**	**100.00**
#耕地	Cultivated Land	121.72	12.80
园地	Garden Land	11.79	1.24
林地	Forests Land	236.09	24.83
牧草地	Area of Grassland	261.84	27.54
其他农用地	Other Land for Agriculture Use	25.44	2.68
居民点及独立工矿用地	Land for Inhabitation, Mining and Manufacturing	26.92	2.83
交通运输用地	Land for Transport Facilities	2.50	0.26
水利设施用地	Land for Water Conservancy Facilities	3.65	0.38

注：本表数据来源与国土资源部，为2008年底数据。

Note: Figures in this table were obtained from the Ministry of Land and Resources at year-end of 2008.

1-3 主要山脉基本情况
Main Mountain Ranges

名 称	Mountain Range	山峰高程(米) Height of Mountain Peak (m)	雪线高程(米) Height of Snow Line (m)	冰川面积 (平方公里) Glacier Area (sq.km)
阿尔泰山	Altay Mountains	4374	3000--3200	287
天山	Tianshan Mountains	7435	3600--4400	9548
祁连山	Qilian Mountains	5826	4300--5240	2063
帕米尔	Pamirs	7579		2258
昆仑山	Kunlun Mountains			11639
喀喇昆仑山	Karakorum Mountain	8611	5100--5400	3265
唐古拉山	Tanggula Mountains	6137		2082
羌塘高原	Qiangtang Plateau	6596		3566
念青塘古拉山	Nyainqentanglha Mountains	7111	4500--5700	7536
横断山	Hengduan Mountains	7556	4600--5500	1456
喜玛拉雅山	The Himalayas	8844.43	4300--6200	11055
冈底斯山	Gangdisi Mountains	7095	5800--6000	2188

1-4 主要河流基本情况
Major Rivers

名 称	River	流域面积 (平方公里) Drainage Area (sq.km)	河 长 (公里) Length (km)	年径流量 (亿立方米) Annual Flow (100 million cu.m)
长 江	Changjiang River (Yangtze River)	1782715	6300	9857
黄 河	Huanghe River (Yellow River)	752773	5464	592
松 花 江	Songhuajiang River	561222	2308	818
辽 河	Liaohe River	221097	1390	137
珠 江	Zhujiang River (Pearl River)	442527	2214	3381
海 河	Haihe River	265511	1090	163
淮 河	Huaihe River	268957	1000	595

1-5 主要矿产基础储量(2011年)
Ensured Reserves of Major Mineral (2011)

项 目		Item		2011
石油	(万吨)	Petroleum	(10 000 tons)	323967.9
天然气	(亿立方米)	Natural Gas	(100 million cu.m)	40206.4
煤炭	(亿吨)	Coal	(100 million tons)	2157.9
铁矿	(矿石，亿吨)	Iron	(Ore, 100 million tons)	192.8
锰矿	(矿石，亿吨)	Manganese	(Ore, 10 000 tons)	18240.9
铬矿	(矿石，亿吨)	Chromium Ore	(Ore, 10 000 tons)	413.3
钒矿	(万吨)	Vanadium	(10 000 tons)	1230.6
原生钛铁矿	(万吨)	Titanium Ore	(10 000 tons)	24585.4
铜矿	(铜，万吨)	Copper	(Metal, 10 000 tons)	2812.4
铅矿	(铅，万吨)	Lead	(Metal, 10 000 tons)	1291.7
锌矿	(锌，万吨)	Zinc	(Metal, 10 000 tons)	3124.4
铝土矿	(矿石，万吨)	Bauxite	(Ore, 10 000 tons)	105064.3
镍矿	(镍，万吨)	Nickel	(Metal, 10 000 tons)	272.0
钨矿	(WO_3，万吨)	Tungsten	(WO_3, 10 000 tons)	156.7
锡矿	(锡，万吨)	Tin	(Metal, 10 000 tons)	138.8
钼矿	(钼，万吨)	Molybdenum	(Metal, 10 000 tons)	586.1
锑矿	(锑，万吨)	Antimony	(Metal, 10 000 tons)	55.8
金矿	(金，吨)	Gold	(Metal, tons)	1790.4
银矿	(银，吨)	Silver	(Metal, tons)	36042.2
菱镁矿	(矿石，万吨)	Magnesite Ore	(Ore, 10 000 tons)	185163.4
普通萤石	(矿物，万吨)	Fluorspar Mineral	(Mineral, 10 000 tons)	3547.2
硫铁矿	(矿石，万吨)	Pyrite Ore	(Ore, 10 000 tons)	136900.6
磷矿	(矿石，万吨)	Phosphorus Ore	(Ore,100 million tons)	28.9
钾盐	(KCl，万吨)	Potassium KCl	(KCl, 10 000 tons)	60800.0
盐矿	(NaCl，亿吨)	Sodium Salt NaCl	(NaCl, 100 million tons)	2053.0
芒硝	(Na_2SO_4，亿吨)	Mirabilite	(Na_2SO_4, 100 million tons)	94.2
重晶石	(矿石，万吨)	Barite Ore	(Ore, 10 000 tons)	4194.8
玻璃硅质原料	(矿石，万吨)	Silicon Materials For Glass Ore	(Ore, 10 000 tons)	161192.4
石墨	(矿石，万吨)	Graphite Mineral (Crystal)	(Mineral, 10 000 tons)	6229.9
滑石	(矿石，万吨)	Talc Ore	(Ore, 10 000 tons)	11808.5
高岭土	(矿石，万吨)	Kaolin Ore	(Ore, 10 000 tons)	37764.6

注：本表资料由国土资源部提供。其中，石油和天然气的数据为剩余技术可采储量(下表同)。

Note: The data in the table are provided by the Ministry of Land and Resources. The data for petroleum and natural gas are the remaining technical recoverable reserves. The same applies to the table following.

1-6 各地区主要能源、黑色金属矿产基础储量(2011年)

Ensured Reserves of Major Energy and Ferrous Metals by Region (2011)

地 区 Region	石油 (万吨) Petroleum (10 000 tons)	天然气 (亿立方米) Natural Gas (100 million cu.m)	煤炭 (亿吨) Coal (100 million tons)	铁矿 (矿石，亿吨) Iron (Ore, 100 million tons)	锰矿 (矿石，万吨) Manganese (Ore, 10 000 tons)	铬矿 (矿石，万吨) Chromite (Ore, 10 000 tons)	钒矿 (万吨) Vanadium (10 000 tons)	原生钛铁矿 (万吨) Titanium (10 000 tons)
全 国 National Total	**323967.94**	**40206.41**	**2157.89**	**192.76**	**18240.92**	**413.31**	**1230.62**	**24585.40**
北 京 Beijing			3.76	0.86				
天 津 Tianjin	2742.16	273.66	2.97					
河 北 Hebei	27736.14	333.10	38.41	26.73	7.05	4.64	10.72	294.42
山 西 Shanxi			834.59	13.40				
内蒙古 Inner Mongolia	8520.38	8040.48	368.89	13.57	566.00	60.02	0.77	
辽 宁 Liaoning	17880.89	194.82	30.97	52.06	1386.77			
吉 林 Jilin	17788.93	827.29	9.52	2.44	0.40			
黑龙江 Heilongjiang	51273.08	1407.46	61.75	0.35				
上 海 Shanghai								
江 苏 Jiangsu	2933.35	24.04	10.81	1.83			2.40	
浙 江 Zhejiang			0.44	0.39			3.76	
安 徽 Anhui	208.80	0.15	79.91	8.41	8.17		7.82	
福 建 Fujian			4.29	3.61	136.85			
江 西 Jiangxi			4.26	1.57			2.16	
山 东 Shandong	34329.40	379.20	74.10	9.02				654.42
河 南 Henan	5190.34	98.51	97.46	2.19	0.82			0.52
湖 北 Hubei	1302.57	4.57	3.25	5.92	777.87		25.17	1053.23
湖 南 Hunan			13.29	1.48	2565.20		225.60	
广 东 Guangdong	8.05	0.30	0.23	1.12	75.23			
广 西 Guangxi	142.88	3.38	2.02	0.29	5860.10		171.49	
海 南 Hainan	-34.44	-4.24	1.19	0.73				
重 庆 Chongqing	159.05	1955.33	18.57	0.15	1739.43			
四 川 Sichuan	818.74	7973.07	51.82	29.15	97.74		689.74	22536.21
贵 州 Guizhou		10.50	58.74	0.14	2981.90			
云 南 Yunnan	12.21	2.32	59.67	3.76	935.21		0.07	
西 藏 Tibet			0.12	0.17		178.27		
陕 西 Shaanxi	29844.34	5478.00	107.59	3.87	283.37		0.89	
甘 肃 Gansu	15529.15	191.63	23.51	5.47	259.04	124.82	89.87	
青 海 Qinghai	5529.44	1329.11	16.12	0.06		0.37		
宁 夏 Ningxia	709.96	2.54	31.28					
新 疆 Xinjiang	56299.10	8809.93	148.36	4.02	559.77	45.19	0.16	46.60
海 域 Ocean	45043.41	2871.27						

1-7 各地区主要有色金属、非金属矿产基础储量(2011年)

Ensured Reserves of Major Non-ferrous Metal and Non-metal Mineral by Region (2011)

地区	Region	铜矿(铜,万吨) Copper (Metal, 10 000 tons)	铅矿(铅,万吨) Lead (Metal, 10 000 tons)	锌矿(锌,万吨) Zinc (Metal, 10 000 tons)	铝土矿(矿石,万吨) Bauxite (Ore, 10 000 tons)	菱镁矿(矿石,万吨) Magnesite Ore (Ore, 10 000 tons)	硫铁矿(矿石,万吨) Pyrite Ore (Ore, 10 000 tons)	磷矿(矿石,万吨) Phosphorus Ore (Ore, 100 million tons)	高岭土(矿石,万吨) Kaolin Ore (Ore, 10 000 tons)
全国	**National Total**	**2812.43**	**1291.70**	**3124.39**	**105064.32**	**185163.43**	**136900.57**	**28.93**	**37764.63**
北京	Beijing	0.02							
天津	Tianjin								
河北	Hebei	13.19	20.91	89.39	2.57	882.34	1140.42	1.75	58.30
山西	Shanxi	211.44	0.55	0.32	18146.20		614.98		160.20
内蒙古	Inner Mongolia	364.19	310.56	603.13			15561.90	0.02	433.12
辽宁	Liaoning	34.59	9.70	48.29		169189.47	1947.78	0.81	525.00
吉林	Jilin	22.88	12.35	18.55		1.10	762.70		49.66
黑龙江	Heilongjiang	112.06	6.37	32.77			48.20		
上海	Shanghai								
江苏	Jiangsu	3.94	9.80	16.70			353.20	0.13	727.78
浙江	Zhejiang	8.91	8.97	20.89			552.38		768.08
安徽	Anhui	182.57	10.59	14.92			15078.68	0.20	158.17
福建	Fujian	86.15	26.00	68.22			1134.33		5585.69
江西	Jiangxi	672.05	56.22	81.84			15950.62	0.61	3138.62
山东	Shandong	17.98	0.25	0.06	158.90	14852.02	3.18		418.82
河南	Henan	11.67	43.82	47.37	16119.19	2.11	5706.07	0.03	32.88
湖北	Hubei	117.55	5.22	20.49	502.87		3833.11	8.19	465.93
湖南	Hunan	28.72	65.05	98.80	485.53		3925.77	1.41	2119.13
广东	Guangdong	30.90	144.61	254.55			16558.90		5495.63
广西	Guangxi	3.35	25.52	102.79	41146.02		682.25		15174.70
海南	Hainan	3.05	0.92	0.78					1872.60
重庆	Chongqing		5.56	18.22	6890.18		1485.60		9.00
四川	Sichuan	74.96	80.51	217.29	14.40	186.49	40988.03	3.43	71.87
贵州	Guizhou	0.19	1.23	11.06	20045.31		5497.32	5.28	16.05
云南	Yunnan	277.20	199.25	713.16	1551.84		4898.29	6.42	402.30
西藏	Tibet	233.54	8.58	5.81					
陕西	Shaanxi	19.83	27.90	65.29	1.31		108.30	0.05	81.10
甘肃	Gansu	164.64	82.43	332.92			1.00		
青海	Qinghai	36.40	79.98	149.97		49.90	50.20	0.60	
宁夏	Ningxia							0.01	
新疆	Xinjiang	80.46	48.85	90.81			17.36		
海域	Ocean								

1-8 主要城市气候情况(2011年)

Climate of Major Cities (2011)

城 市	City	年平均气温(摄氏度) Annual Average Temperature (℃)	年极端最高气温(摄氏度) Annual Maximum Temperature (℃)	年极端最低气温(摄氏度) Annual Minimum Temperature (℃)	年平均相对湿度(%) Annual Average Humidity (%)	全年日照时数(小时) Annual Average Sunshine Hours (hour)	全年降水量(毫米) Annual Average Precipitation (millimeter)
北 京	Beijing	13.4	35.9	-11.6	49	2485.7	720.6
天 津	Tianjin	12.9	36.2	-12.7	54	2245.2	485.8
石家庄	Shijiazhuang	14.2	37.6	-10.4	55	2201.8	674.2
太 原	Taiyuan	10.8	34.6	-16.2	53	2372.8	496.6
呼和浩特	Hohhot	7.9	34.4	-20.7	42	2629.4	177.1
沈 阳	Shenyang	7.7	33.7	-30.6	68	2619.0	479.7
长 春	Changchun	5.9	31.9	-30.8	61	2699.6	468.4
哈尔滨	Harbin	5.2	35.7	-32.5	67	2282.6	452.0
上 海	Shanghai	16.9	37.4	-5.3	69	1663.7	1009.1
南 京	Nanjing	16.1	37.5	-9.4	68	1944.3	1077.0
杭 州	Hangzhou	17.2	38.4	-5.0	69	1496.1	1359.9
合 肥	Hefei	16.3	37.1	-7.6	70	1821.9	1000.5
福 州	Fuzhou	20.2	38.7	2.1	70	1394.8	1244.9
南 昌	Nanchang	18.4	37.6	-2.1	66	1901.6	1108.6
济 南	Jinan	14.1	36.8	-11.6	54	2084.0	667.1
郑 州	Zhengzhou	15.1	42.5	-8.5	56	1603.0	706.5
武 汉	Wuhan	16.3	37.3	-7.8	77	1741.4	987.2
望 城	Wangcheng	17.9	39.3	-2.7	72	1702.8	932.8
广 州	Guangzhou	21.4	36.9	2.6	74	1878.4	1632.3
南 宁	Nanning	20.7	37.1	0.9	75	1663.3	1252.9
海 口	Haikou	23.3	35.9	7.7	81	1486.2	2002.1
沙坪坝	Shapingba	15.9	36.0	-4.0	74	926.3	1003.2
温 江	Wenjiang	18.8	42.7	0.4	70	1150.0	837.8
贵 阳	Guiyang	14.0	33.1	-5.4	78	804.0	735.2
昆 明	Kunming	15.5	31.1	-1.2	71	2052.8	659.0
拉 萨	Lhasa	9.4	27.5	-10.9	34	3147.1	425.4
泾 河	Jinghe	14.1	39.0	-8.6	65	2040.3	717.8
皋 兰	Gaolan	7.7	36.0	-24.1	57	2550.0	181.0
西 宁	Xining	5.7	32.8	-22.8	56	2547.0	390.4
银 川	Yinchuan	9.9	36.7	-18.9	53	2558.0	166.2
乌鲁木齐	Urumqi	7.3	38.1	-28.1	56	2767.5	344.5

资料来源：中国气象局。
Source: China Meteorological Administration.

二、水环境

Freshwater Environment

2-1 全国水环境情况(2000-2011年)
Freshwater Environment(2000-2011)

年份 Year	水资源总量 (亿立方米) Total Amount of Water Resources (100 million cu.m)	地表水资源量 Surface Water Resources	地下水资源量 Ground Water Resources	地表水与地下水资源重复量 Duplicated Measurement of Surface Water and Groundwater	降水量 (亿立方米) Precipitation (100 million cu.m)	人均水资源量 (立方米/人) Per Capita Water Resources (cu.m/person)
2000	27701	26562	8502	7363	60092	2193.9
2001	26868	25933	8390	7456	58122	2112.5
2002	28261	27243	8697	7679	62610	2207.2
2003	27460	26251	8299	7090	60416	2131.3
2004	24130	23126	7436	6433	56876	1856.3
2005	28053	26982	8091	7020	61010	2151.8
2006	25330	24358	7643	6671	57840	1932.1
2007	25255	24242	7617	6604	57763	1916.3
2008	27434	26377	8122	7065	62000	2071.1
2009	24180	23125	7267	6212	55959	1816.2
2010	30906	29798	8417	7308	65850	2310.4
2011	23257	22214	7214	6171	55133	1730.2

注：1.2011年环境保护部对统计制度中的指标体系、调查方法及相关技术规定等进行了修订，统计范围扩展为工业源、农业源、城镇生活源、机动车、集中式污染治理设施5个部分。

2.生态环境补水仅包括人为措施供给的城镇环境用水和部分河湖、湿地补水。

Note: a)In 2011, indicators of statistical system, method of survey, and related technologies were revised by Ministry of Environmental Protection, statistical scope expands to 5 parts: industry source, agricultural source, urban living source, automotive vehicle, centralized pollution abatement.

b)Water use of Eco-environment only includes supply of water to some rivers, lakes, wetland and water used for urban environment.

2-1 续表 1 continued

年 份 Year	供水总量（亿立方米）Total Amount of Water Supply (100 million cu.m)	地表水 Surface Water	地下水 Ground-water	其他 Other	用水总量（亿立方米）Total Amount of Water Use (100 million cu.m)	农业用水 Agriculture	工业用水 Industry
2000	5530.7	4440.4	1069.2	21.1	5497.6	3783.5	1139.1
2001	5567.4	4450.7	1094.9	21.9	5567.4	3825.7	1141.8
2002	5497.3	4404.4	1072.4	20.5	5497.3	3736.2	1142.4
2003	5320.4	4286.0	1018.1	16.3	5320.4	3432.8	1177.2
2004	5547.8	4504.2	1026.4	17.2	5547.8	3585.7	1228.9
2005	5633.0	4572.2	1038.8	22.0	5633.0	3580.0	1285.2
2006	5795.0	4706.7	1065.5	22.7	5795.0	3664.4	1343.8
2007	5818.7	4723.9	1069.1	25.7	5818.7	3599.5	1403.0
2008	5910.0	4796.4	1084.8	28.7	5910.0	3663.5	1397.1
2009	5965.2	4839.5	1094.5	31.2	5965.2	3723.1	1390.9
2010	6022.0	4881.6	1107.3	33.1	6022.0	3689.1	1447.3
2011	6107.2	4953.3	1109.1	44.8	6107.2	3743.6	1461.8

2-1 续表 2 continued

年 份 Year	生活用水 Household and Service	生态环境补水 Eco-environment	人均用水量（立方米）Water Use per Capita (cu.m)	单位GDP用水量（立方米/万元）Water Use/ GDP (cu.m/ 10 000 yuan)	单位工业增加值用水量（立方米/万元）Water Use/ Value Added of Industry (cu.m/ 10 000 yuan)	废水排放总量（亿吨）Waste Water Discharge (100 million tons)	工业 Industrial Discharge	生活 Household Discharge
2000	574.9		435.4	554	285	415.2	194.2	220.9
2001	599.9		437.7	518	262	432.9	202.6	230.2
2002	618.7		429.3	469	239	439.5	207.2	232.3
2003	630.9	79.5	412.9	413	218	459.3	212.3	247.0
2004	651.2	82.0	428.0	391	204	482.4	221.1	261.3
2005	675.1	92.7	432.1	305	166	524.5	243.1	281.4
2006	693.8	93.0	442.0	278	154	536.8	240.2	296.6
2007	710.4	105.7	441.5	245	140	556.8	246.6	310.2
2008	729.3	120.2	446.2	227	127	571.7	241.7	330.0
2009	748.2	103.0	448.0	210	116	589.1	234.4	354.7
2010	765.8	119.8	450.2	191	108	617.3	237.5	379.8
2011	789.9	111.9	454.4	139	82	659.2	230.9	427.9

2-1 续表 3 continued

年 份 Year	化学需氧量排放总量（万吨） COD Discharge (10 000 tons)	工业 Industrial Discharge	生活 Household Discharge	氨 氮 排放量（万吨） Ammonia Nitrogen Discharge (10 000 tons)	工业 Industrial Discharge	生活 Household Discharge	工业废水排放达标率（%） Proportion of Industrial Waste Water Meeting Discharge Standards (%)
2000	1445.0	704.5	740.5				76.9
2001	1404.8	607.5	797.3	125.2	41.3	83.9	85.2
2002	1366.9	584.0	782.9	128.8	42.1	86.7	88.3
2003	1333.9	511.8	821.1	129.6	40.4	89.2	89.2
2004	1339.2	509.7	829.5	133.0	42.2	90.8	90.7
2005	1414.2	554.7	859.4	149.8	52.5	97.3	91.2
2006	1428.2	541.5	886.7	141.4	42.5	98.9	90.7
2007	1381.8	511.1	870.8	132.3	34.1	98.3	91.7
2008	1320.7	457.6	863.1	127.0	29.7	97.3	92.4
2009	1277.5	439.7	837.9	122.6	27.4	95.3	94.2
2010	1238.1	434.8	803.3	120.3	27.3	93.0	95.3
2011	2499.9	354.8	938.8	260.4	28.1	147.7	

2-2 各流域水资源情况(2011年)

Water Resources by River Valley (2011)

单位：亿立方米 (100 million cu.m)

流域片	River Valley	水资源总量 Total Amount of Water Resources	地表水资源量 Surface Water Resources	地下水资源量 Ground Water Resources	地表水与地下水资源重复量 Duplicated Measurement of Surface Water and Groundwater	降水量 Precipitation
全　国	**National Total**	**23256.7**	**22213.6**	**7214.5**	**6171.4**	**55132.9**
松花江区	Songhuajiang River	1177.4	987.3	420.5	230.3	4070.5
#松花江	Songhuajiang River	769.5	615.7	309.3	155.6	2626.3
辽河区	Liaohe River	410.0	332.1	179.8	101.9	1481.0
#辽河	Liaohe River	183.4	110.9	123.8	51.3	882.3
海河区	Haihe River	297.9	135.9	237.3	75.4	1658.5
#海河	Haihe River	248.6	102.8	205.4	59.6	1390.8
黄河区	Huanghe River	739.4	620.9	411.2	292.7	3888.5
淮河区	Huaihe River	892.6	643.3	399.0	149.7	2672.8
#淮河	Huaihe River	750.2	533.1	328.2	111.1	2194.3
长江区	Changjiang River	7837.6	7713.6	2138.0	2014.1	16603.3
#太湖	Taihu Lake	193.8	173.6	43.8	23.5	412.6
东南诸河区	Southeastern Rivers	1423.0	1414.7	392.6	384.2	2909.1
珠江区	Zhujiang River	3692.2	3676.8	862.7	847.4	7420.0
#珠江	Zhujiang River	2349.7	2345.5	560.0	555.9	5020.5
西南诸河区	Southwestern Rivers	5386.0	5386.0	1311.9	1311.9	8682.7
西北诸河区	Northwestern Rivers	1400.6	1303.0	861.4	763.8	5746.6

资料来源:水利部(以下各表同)。
Source:Ministry of Water Resource (the same as in the following tables).

2-3 各流域节水灌溉面积(2011年)

Water-saving Irrigated Area by River Valley (2011)

单位：千公顷 (1 000 hectares)

流域片	River Valley	节水灌溉面积合计 Water-saving Irrigated Area	喷滴灌 Jetting and Dropping Irrigation	微　灌 Tiny Irrigation	低压管灌 Low Pressure Pipe Irrigation	渠道防渗 Leakage-free Channel	其他工程节水 Other Forms of Water-saving
全　国	**National Total**	**29179.5**	**3181.8**	**2613.9**	**7130.4**	**12175.0**	**4078.3**
松花江区	Songhuajiang River	3758.7	1398.7	204.6	290.7	178.9	1685.8
辽河区	Liaohe River	1398.0	332.6	115.0	643.5	284.2	22.7
海河区	Haihe River	4662.2	443.8	77.8	2978.0	789.6	373.0
黄河区	Huanghe River	3789.2	286.9	91.6	1190.1	2009.4	211.2
淮河区	huaihe River	4133.1	303.8	67.7	1244.7	1715.7	801.2
长江区	Changjiang River	4651.8	156.0	39.6	414.7	3591.7	449.8
东南诸河区	Southeastern Rivers	1303.6	69.5	36.5	82.8	1010.9	103.9
珠江区	zhujiang River	1310.7	22.2	6.5	64.7	899.4	317.9
西南诸河区	Southwestern Rivers	277.0	3.4	1.4	12.2	227.6	32.5
西北诸河区	Northwestern Rivers	3895.2	165.1	1973.3	208.9	1467.5	80.4

2-4 各流域供水和用水情况(2011年)
Water Supply and Use by River Valley (2011)

单位：亿立方米 (100 million cu.m)

流域片	River Valley	供水总量 Total Amount of Water Supply	地表水 Surface Water	地下水 Groundwater	其他 Other
全国	**National Total**	**6107.2**	**4953.3**	**1109.1**	**44.8**
松花江区	Songhuajiang River	495.5	293.1	201.0	1.3
#松花江	Songhuajiang River	362.9	232.6	128.9	1.3
辽河区	Liaohe River	202.7	94.2	104.9	3.7
#辽河	Liaohe River	151.8	60.2	89.7	1.8
海河区	Haihe River	373.8	123.4	238.4	11.9
#海河	Haihe River	332.3	109.4	211.5	11.5
黄河区	Huanghe River	404.4	268.5	129.0	6.9
淮河区	Huaihe River	658.3	475.3	178.3	4.7
#淮河	Huaihe River	586.7	435.2	148.9	2.7
长江区	Changjiang River	2010.0	1922.4	79.7	7.8
#太湖	Taihu Lake	354.8	354.4	0.4	0.1
东南诸河区	Southeastern Rivers	346.1	336.4	8.8	0.9
珠江区	Zhujiang River	876.8	834.5	36.0	6.3
#珠江	Zhujiang River	623.2	603.4	16.8	3.0
西南诸河区	Southwestern Rivers	107.8	104.1	3.6	0.1
西北诸河区	Northwestern Rivers	631.6	501.2	129.3	1.0

2-4 续表 continued

单位：亿立方米 (100 million cu.m)

流域片	River Valley	用水总量 Total Amount of Water Use	农业用水 Agriculture	工业用水 Industry	生活用水 Household	生态环境补水 Eco-environment
全国	**National Total**	**6107.2**	**3743.6**	**1461.8**	**789.9**	**111.9**
松花江区	Songhuajiang River	495.5	364.4	79.4	36.3	15.4
#松花江	Songhuajiang River	362.9	253.5	66.6	29.6	13.2
辽河区	Liaohe River	202.7	130.7	33.7	32.8	5.5
#辽河	Liaohe River	151.8	105.3	20.8	22.0	3.7
海河区	Haihe River	373.8	240.8	56.1	64.0	12.6
#海河	Haihe River	332.3	216.0	47.0	56.9	12.2
黄河区	Huanghe River	404.4	281.4	65.5	48.0	9.6
淮河区	Huaihe River	658.3	451.6	103.8	88.1	14.8
#淮河	Huaihe River	586.7	413.0	90.1	72.0	11.6
长江区	Changjiang River	2010.0	973.1	746.8	273.4	16.7
#太湖	Taihu Lake	354.8	87.5	213.8	50.9	2.7
东南诸河区	Southeastern Rivers	346.1	157.4	128.2	55.4	5.1
珠江区	Zhujiang River	876.8	485.3	216.6	159.6	15.3
#珠江	Zhujiang River	623.2	312.1	182.5	116.4	12.2
西南诸河区	Southwestern Rivers	107.8	83.8	10.5	13.1	0.4
西北诸河区	Northwestern Rivers	631.6	575.0	21.1	19.0	16.4

2-5 各地区水资源情况(2011年)
Water Resources by Region(2011)

单位：亿立方米，立方米/人 (100 million cu.m ,cu.m/person)

地 区	Region	水资源总量 Total Amount of Water Resources	地表水资源量 Surface Water Resources	地下水资源量 Ground Water Resources	地表水与地下水资源重复量 Duplicated Measurement of Surface Water and Groundwater	降水量 Precipi-tation	人均水资源量 per Capita local Water Resources
全 国	**National Total**	**23256.7**	**22213.6**	**7214.5**	**6171.4**	**55132.9**	**1730.2**
北 京	Beijing	26.8	9.2	21.2	3.5	90.6	134.7
天 津	Tianjin	15.4	10.9	5.2	0.7	70.7	116.0
河 北	Hebei	157.2	69.8	126.2	38.9	925.9	217.7
山 西	Shanxi	124.3	76.6	95.0	47.3	940.9	347.0
内蒙古	Inner Mongolia	419.0	298.2	213.4	92.5	2741.2	1691.6
辽 宁	Liaoning	294.8	260.5	111.9	77.6	868.7	673.2
吉 林	Jilin	315.9	262.9	112.9	59.9	939.3	1149.5
黑龙江	Heilongjiang	629.5	512.5	237.2	120.3	2072.5	1642.0
上 海	Shanghai	20.7	16.2	7.4	2.9	56.0	89.1
江 苏	Jiangsu	492.4	399.0	115.1	21.7	1031.7	624.6
浙 江	Zhejiang	745.0	733.3	184.2	172.5	1470.0	1365.7
安 徽	Anhui	602.1	544.2	143.5	85.6	1484.6	1009.8
福 建	Fujian	774.9	773.5	243.4	242.1	1680.2	2090.5
江 西	Jiangxi	1037.9	1018.9	315.2	296.3	2176.4	2319.1
山 东	Shandong	347.6	237.5	195.9	85.8	1171.8	361.6
河 南	Henan	328.0	222.5	191.8	86.3	1218.6	349.0
湖 北	Hubei	757.5	725.4	251.9	219.8	1837.0	1319.1
湖 南	Hunan	1126.9	1120.7	279.9	273.7	2226.9	1711.9
广 东	Guangdong	1471.3	1461.3	362.1	352.1	2594.5	1404.8
广 西	Guangxi	1350.0	1350.0	271.2	271.2	3002.7	2917.4
海 南	Hainan	484.1	478.8	111.6	106.3	776.4	5545.6
重 庆	Chongqing	514.6	514.6	98.3	98.3	899.7	1773.3
四 川	Sichuan	2239.5	2238.3	578.2	577.1	4314.1	2782.9
贵 州	Guizhou	624.3	624.3	216.4	216.4	1445.6	1797.3
云 南	Yunnan	1480.2	1480.2	548.1	548.1	3775.4	3206.5
西 藏	Tibet	4402.7	4402.7	990.9	990.9	7069.4	145779.8
陕 西	Shaanxi	604.4	575.5	164.3	135.4	1749.1	1616.6
甘 肃	Gansu	242.2	233.0	129.3	120.1	1193.9	945.4
青 海	Qinghai	733.1	715.1	331.1	313.1	2417.5	12956.8
宁 夏	Ningxia	8.8	6.9	21.6	19.7	146.9	137.7
新 疆	Xinjiang	885.7	841.0	540.2	495.5	2745.0	4031.3

2-6 各地区节水灌溉面积(2011年)
Water-saving Irrigated Area by Region (2011)

单位: 千公顷 (1 000 hectares)

地 区	Region	合 计 Total	喷滴灌 Jetting and Dropping Irrigation	微 灌 Tiny Irrigation	低压管灌 Low Pressure Pipe Irrigation	渠道防渗 Leakage-free Channel	其他节水 Other Forms of Water-saving
全 国	**National Total**	**29179.5**	**3181.8**	**2613.9**	**7130.4**	**12175.0**	**4078.3**
北 京	Beijing	285.8	79.1	20.7	152.5	32.8	0.7
天 津	Tianjin	275.3	6.0	3.1	169.4	96.7	0.2
河 北	Hebei	2829.8	242.8	36.2	2112.5	259.5	178.8
山 西	Shanxi	860.2	134.6	27.6	489.9	207.6	0.5
内蒙古	Inner Mongolia	2513.5	553.2	77.2	1125.1	755.9	2.2
辽 宁	Liaoning	588.1	166.5	84.1	138.7	176.3	22.6
吉 林	Jilin	330.7	249.4	42.9	3.0	25.7	9.8
黑龙江	Heilongjiang	2977.1	994.8	162.4	10.7	133.2	1676.0
上 海	Shanghai	149.0	2.4	0.2	80.3	66.1	
江 苏	Jiangsu	1733.3	24.0	8.1	69.8	1214.7	416.8
浙 江	Zhejiang	1055.4	39.7	30.4	73.2	801.6	110.6
安 徽	Anhui	842.7	90.8	7.7	69.6	528.6	146.1
福 建	Fujian	547.7	31.7	8.1	54.5	432.8	20.6
江 西	Jiangxi	339.8	7.6	2.4	3.3	195.8	130.8
山 东	Shandong	2395.7	150.7	62.8	1214.9	623.1	344.1
河 南	Henan	1615.3	113.7	9.8	708.7	551.5	231.6
湖 北	Hubei	440.9	15.4	8.4	28.1	360.4	28.6
湖 南	Hunan	334.7	22.2	1.7	8.3	270.5	32.0
广 东	Guangdong	211.6	9.9	2.0	8.1	188.6	3.1
广 西	Guangxi	727.2	6.2	0.7	7.5	465.6	247.2
海 南	Hainan	126.2	1.4	1.0	12.3	71.5	40.1
重 庆	Chongqing	163.5	6.5	0.5	24.2	124.1	8.3
四 川	Sichuan	1317.2	38.4	9.8	57.7	1157.8	53.5
贵 州	Guizhou	396.0	4.0	7.6	24.5	291.2	68.7
云 南	Yunnan	588.0	9.2	2.3	54.6	462.0	60.0
西 藏	Tibet	54.0	0.5	0.3	1.1	51.5	0.5
陕 西	Shaanxi	861.3	51.9	19.4	213.6	505.8	70.6
甘 肃	Gansu	894.7	46.7	47.9	109.0	605.9	85.2
青 海	Qinghai	92.9	1.8			87.1	4.1
宁 夏	Ningxia	387.0	8.4	17.8	21.4	301.1	38.2
新 疆	Xinjiang	3245.1	72.8	1910.9	83.9	1130.2	47.3

2-7 各地区供水和用水情况(2011年)
Water Supply and Use by Region (2011)

单位：亿立方米 (100 million cu.m)

地区	Region	供水总量 Total Amount of Water Supply	地表水 Surface Water	地下水 Ground-water	其他 Other	用水总量 Total Amount of Water Use	农业用水 Agriculture
全国	**National Total**	**6107.2**	**4953.3**	**1109.1**	**44.8**	**6107.2**	**3743.6**
北京	Beijing	36.0	8.1	20.9	7.0	36.0	10.2
天津	Tianjin	23.1	16.8	5.8	0.5	23.1	11.6
河北	Hebei	196.0	38.5	154.9	2.6	196.0	140.5
山西	Shanxi	74.2	32.7	38.6	2.9	74.2	43.4
内蒙古	Inner Mongolia	184.7	91.1	92.5	1.1	184.7	135.9
辽宁	Liaoning	144.5	76.7	64.3	3.6	144.5	89.7
吉林	Jilin	131.2	87.4	43.7	0.2	131.2	81.6
黑龙江	Heilongjiang	352.4	201.4	149.9	1.1	352.4	272.3
上海	Shanghai	124.5	124.4	0.1		124.5	16.5
江苏	Jiangsu	556.2	546.1	10.1		556.2	307.6
浙江	Zhejiang	198.5	193.7	4.2	0.7	198.5	92.1
安徽	Anhui	294.6	259.9	33.4	1.3	294.6	168.4
福建	Fujian	208.8	203.5	5.0	0.3	208.8	98.6
江西	Jiangxi	262.9	252.7	10.2		262.9	171.7
山东	Shandong	224.1	127.4	89.3	7.4	224.0	148.9
河南	Henan	229.1	96.9	131.3	0.9	229.1	124.6
湖北	Hubei	296.7	286.2	9.7	0.8	296.7	142.3
湖南	Hunan	326.5	308.9	17.4	0.1	326.5	183.1
广东	Guangdong	464.2	443.4	19.4	1.5	464.2	224.2
广西	Guangxi	301.8	286.9	10.8	4.1	301.8	193.2
海南	Hainan	44.5	41.1	3.3	0.1	44.5	33.8
重庆	Chongqing	86.8	84.9	1.8	0.1	86.8	23.6
四川	Sichuan	233.5	212.1	18.1	3.2	233.5	128.4
贵州	Guizhou	95.9	93.2	1.1	1.7	95.9	49.7
云南	Yunnan	146.8	141.1	4.8	0.9	146.8	96.1
西藏	Tibet	31.0	28.1	2.8		31.0	27.4
陕西	Shaanxi	87.8	54.5	32.7	0.5	87.8	56.2
甘肃	Gansu	122.9	97.0	24.4	1.4	122.9	93.8
青海	Qinghai	31.1	25.8	5.3	0.1	31.1	23.5
宁夏	Ningxia	73.6	68.0	5.6		73.6	66.1
新疆	Xinjiang	523.5	425.0	97.8	0.8	523.5	488.4

2-7 续表 continued

单位：亿立方米 (100 million cu.m)

地 区	Region	工业用水 Industry	生活用水 Household	生态环境补水 Eco-environment	用水消耗量 Consumption of Water Use	人均用水量(立方米) Water Use per Capita (cu.m)
全 国	**National Total**	**1461.8**	**789.9**	**111.9**	**3201.8**	**454.4**
北 京	Beijing	5.0	16.3	4.5	20.0	180.7
天 津	Tianjin	5.0	5.4	1.1	15.5	174.0
河 北	Hebei	25.7	26.1	3.6	143.0	271.5
山 西	Shanxi	14.3	13.1	3.4	57.3	207.0
内蒙古	Inner Mongolia	23.6	15.1	10.0	122.0	745.7
辽 宁	Liaoning	24.0	25.9	4.9	92.2	330.1
吉 林	Jilin	26.6	15.1	7.9	68.6	477.6
黑龙江	Heilongjiang	53.2	21.2	5.6	195.6	919.1
上 海	Shanghai	82.6	24.9	0.5	19.8	535.5
江 苏	Jiangsu	192.9	52.4	3.3	287.8	705.4
浙 江	Zhejiang	61.8	40.0	4.6	111.8	364.0
安 徽	Anhui	90.6	31.7	4.0	159.3	494.1
福 建	Fujian	83.5	25.2	1.5	70.3	563.4
江 西	Jiangxi	60.6	28.4	2.1	118.7	587.4
山 东	Shandong	29.8	38.2	7.2	146.4	233.1
河 南	Henan	56.8	37.4	10.3	130.4	243.8
湖 北	Hubei	120.4	33.8	0.3	128.7	516.7
湖 南	Hunan	95.6	45.2	2.6	136.8	495.9
广 东	Guangdong	133.6	97.3	9.1	178.0	443.3
广 西	Guangxi	57.3	45.7	5.6	133.4	652.2
海 南	Hainan	3.9	6.7	0.1	20.5	509.5
重 庆	Chongqing	43.3	19.1	0.7	41.2	299.2
四 川	Sichuan	64.6	38.3	2.2	113.5	290.1
贵 州	Guizhou	30.7	14.9	0.6	41.2	276.1
云 南	Yunnan	25.2	24.4	1.0	85.2	318.0
西 藏	Tibet	1.7	1.9		26.1	1025.1
陕 西	Shaanxi	13.2	16.2	2.1	51.5	234.7
甘 肃	Gansu	15.4	10.6	3.0	80.4	479.6
青 海	Qinghai	3.5	3.7	0.5	19.0	550.5
宁 夏	Ningxia	4.6	1.9	1.0	31.5	1157.0
新 疆	Xinjiang	12.6	13.8	8.7	356.3	2382.9

2-8 流域分区河流水质状况评价结果(按评价河长统计)(2011年)
Evaluation of River Water Quality by River Valley (by River Length) (2011)

流域分区	River	评价河长(千米) Evaluate Length (km)	分类河长占评价河长百分比(%) Classify River length of Evaluate Length (%)					
			Ⅰ类 Grade Ⅰ	Ⅱ类 Grade Ⅱ	Ⅲ类 Grade Ⅲ	Ⅳ类 Grade Ⅳ	Ⅴ类 Grade Ⅴ	劣Ⅴ类 Worse than Grade Ⅴ
全　国	**National Total**	**189359**	**4.6**	**35.6**	**24.0**	**12.9**	**5.7**	**17.2**
松花江区	Songhuajiang River	13562	0.8	17.4	39.3	22.1	3.1	17.3
辽河区	Liaohe River	4949	5.6	31.8	11.4	16.0	11.0	24.2
海河区	Haihe River	14089	1.5	19.3	15.4	5.8	7.0	51.0
黄河区	Huanghe River	20509	2.2	31.4	15.8	14.1	8.0	28.5
淮河区	Huaihe River	24569	0.4	13.6	24.0	26.9	10.7	24.4
长江区	Changjiang River	56702	5.1	39.4	25.9	11.8	5.3	12.5
#太湖	Taihu Lake	5599		5.4	11.1	22.1	17.9	43.5
东南诸河区	Southeastern Rivers	6201	3.4	39.9	29.6	10.9	3.8	12.4
珠江区	Zhujiang River	19847	0.3	38.7	34.6	12.1	5.1	9.2
西南诸河区	Southwestern Rivers	18054	6.9	66.2	22.5	1.9	0.6	1.9
西北诸河区	Northwestern Rivers	10876	28.7	59.3	8.0	2.9	0.8	0.3

2-9 主要水系干流水质状况评价结果(按监测断面统计)(2011年)
Evaluation of River Water Quality by Water System (by Monitoring Sections) (2011)

主要水系	Main Water System	监测断面个数(个) Number of Monitoring Sections (unit)	分类水质断面占全部断面百分比(%) Proportion of Monitored Section Water Quality (%)					
			Ⅰ类 Grade Ⅰ	Ⅱ类 Grade Ⅱ	Ⅲ类 Grade Ⅲ	Ⅳ类 Grade Ⅳ	Ⅴ类 Grade Ⅴ	劣Ⅴ类 Worse than Grade Ⅴ
长　江	Changjiang River	32	3.1	34.4	59.4	3.1		
黄　河	Huanghe River	21	4.8	33.3	61.9			
珠　江	Zhujiang River	15	6.7	60.0	20.0	13.3		
松花江	Songhuajiang River	11			72.7	27.3		
淮　河	Huanhe River	14		14.3	78.6	7.1		
海　河	Haihe River	2				50.0		50.0
辽　河	Liaohe River	13		15.4	23.0	30.8	30.8	

资料来源：环境保护部。
Source: Ministry of Environmental Protection.

2-10 重点评价湖泊水质状况(2011年)
Water Quality Status of Lakes in Key Evaluation (2011)

主要水系	Main Water System	所属行政区 Region	总体水质状况 Categories of Overall Water Quality	营养状况 Nutritional Status	
昆明湖	Kunming Lake	北京	Grade Ⅱ	中营养	Mesotropher
白洋淀	Baiyangdian Lake	河北	Worse than Grade Ⅴ	中度富营养	Medium Eutropher
千顷洼	Qianqingwa Lake	河北	Worse than Grade Ⅴ	中度富营养	Medium Eutropher
查干湖	Chagan Lake	吉林	Grade Ⅴ	轻度富营养	Light Eutropher
淀山湖	Dianshan Lake	上海	Worse than Grade Ⅴ	中度富营养	Medium Eutropher
太湖	Taihu Lake	江苏、浙江、上海	Worse than Grade Ⅴ	中度富营养	Medium Eutropher
西湖	West Lake	浙江	Grade Ⅲ	轻度富营养	Light Eutropher
巢湖	Chaohu Lake	安徽	Worse than Grade Ⅴ	中度富营养	Medium Eutropher
鄱阳湖	Poyanghu Lake	江西	Grade Ⅴ	中营养	Mesotropher
南四湖	Nansihu Lakes	山东、江苏	Grade Ⅳ	轻度富营养	Light Eutropher
大明湖	Daming Lake	山东	Grade Ⅳ	中度富营养	Medium Eutropher
洪湖	Honghu Lake	湖北	Grade Ⅳ	轻度富营养	Light Eutropher
长湖	Changhu Lake	湖北	Grade Ⅳ	中营养	Mesotropher
梁子湖	Liangzi Lake	湖北	Grade Ⅲ	轻度富营养	Light Eutropher
龙感湖	Longgan Lake	安徽、湖北	Grade Ⅲ	轻度富营养	Light Eutropher
洞庭湖	Dongting Lake	湖南	Worse than Grade Ⅴ	轻度富营养	Light Eutropher
星湖	Xinghu Lake	广东	Grade Ⅲ	轻度富营养	Light Eutropher
湖光岩湖	Huguangyan Lake	广东	Grade Ⅱ	中营养	Mesotropher
邛海	Qionghai Lake	四川	Grade Ⅲ	中营养	Mesotropher
马湖	Mahu Lake	四川	Grade Ⅱ	中营养	Mesotropher
程海	ChengHai Lake	云南	Worse than Grade Ⅴ	中营养	Mesotropher
泸沽湖	Luguhu Lake	云南、四川	Grade Ⅰ	中营养	Mesotropher
滇池	Dianchi Lake	云南	Worse than Grade Ⅴ	中度富营养	Medium Eutropher
抚仙湖	Fuxian Lake	云南	Grade Ⅱ	中营养	Mesotropher
星云湖	Xingyun Lake	云南	Worse than Grade Ⅴ	中度富营养	Medium Eutropher
杞麓湖	Qiluhu Lake	云南	Worse than Grade Ⅴ	中度富营养	Medium Eutropher
异龙湖	Yilong Lake	云南	Worse than Grade Ⅴ	中度富营养	Medium Eutropher
洱海	Erhai Lake	云南	Grade Ⅲ	中营养	Mesotropher
纳木错	Namucuo Lake	西藏	Worse than Grade Ⅴ	中营养	Mesotropher
普莫雍错	Pumoyongcuo Lake	西藏	Grade Ⅱ	中营养	Mesotropher
羊卓雍错	Yangzhuoyongcuo Lake	西藏	Grade Ⅱ	中营养	Mesotropher
青海湖	Qinghai Lake	青海	Grade Ⅱ	中营养	Mesotropher
沙湖	Shahu Lake	宁夏	Worse than Grade Ⅴ	中度富营养	Medium Eutropher
乌伦古湖	Wulungu Lake	新疆	Worse than Grade Ⅴ	中营养	Mesotropher
赛里木湖	Sailimu Lake	新疆	Grade Ⅱ	中营养	Mesotropher
博斯腾湖	Bositeng Lake	新疆	Grade Ⅲ	中营养	Mesotropher

资料来源：水利部。
Source: Ministry of Water Resource.

2-11 各地区废水排放及处理情况(2011年)

Discharge and Treatment of Waste Water by Region (2011)

单位：万吨 (10 000 tons)

地区	Region	废水排放总量 Total Volume of Waste Water Discharged	工业废水 Industrial Waste Water	城镇生活污水 Household Waste Water	集中式污染治理设施 Centralized Pollution Control Facilities
全 国	**National Total**	**6591922**	**2308743**	**4279159**	**4021**
北 京	Beijing	145469	8633	136741	95
天 津	Tianjin	67147	19795	47322	30
河 北	Hebei	278551	118505	159969	77
山 西	Shanxi	116132	39665	76439	28
内蒙古	Inner Mongolia	100389	39409	60971	10
辽 宁	Liaoning	232247	90457	141699	91
吉 林	Jilin	116162	41884	74214	65
黑龙江	Heilongjiang	150661	44072	106574	15
上 海	Shanghai	214155	44626	169290	239
江 苏	Jiangsu	592774	246298	346252	223
浙 江	Zhejiang	420134	182240	237494	400
安 徽	Anhui	243265	70720	172384	162
福 建	Fujian	316178	177186	138729	263
江 西	Jiangxi	194432	71196	122996	239
山 东	Shandong	443331	187245	255870	217
河 南	Henan	378785	138654	239999	132
湖 北	Hubei	293064	104434	188384	245
湖 南	Hunan	278811	97197	181243	371
广 东	Guangdong	785587	178626	606589	371
广 西	Guangxi	222439	101234	121108	97
海 南	Hainan	35725	6820	28858	47
重 庆	Chongqing	131450	33954	97356	140
四 川	Sichuan	279852	80420	199245	187
贵 州	Guizhou	77927	20626	57262	40
云 南	Yunnan	147523	47228	100208	87
西 藏	Tibet	4635	363	4272	…
陕 西	Shaanxi	121815	40806	80933	76
甘 肃	Gansu	59232	19720	39491	20
青 海	Qinghai	21292	8677	12607	8
宁 夏	Ningxia	39432	19285	20138	10
新 疆	Xinjiang	83329	28769	54522	38

资料来源：环境保护部(以下各表同)。
Source:Ministry of Environmental Protection (the same as in the following tables).

2-11 续表 1 continued

单位：吨 (ton)

地区	Region	化学需氧量排放总量 COD Discharged	工业 Industry	农业 Agriculture	生活 Household	集中式污染治理设施 Centralized Pollution Control Facilities
全 国	**National Total**	**24998614**	**3547998**	**11861058**	**9388423**	**201137**
北 京	Beijing	193184	7118	81692	99097	5277
天 津	Tianjin	235832	24294	114674	96422	441
河 北	Hebei	1388825	194002	940830	246120	7872
山 西	Shanxi	489563	91108	184473	211405	2577
内蒙古	Inner Mongolia	918974	92274	647266	177124	2309
辽 宁	Liaoning	1343387	110369	883488	341578	7952
吉 林	Jilin	824735	78701	528297	204821	12915
黑龙江	Heilongjiang	1576531	102372	1107126	365134	1898
上 海	Shanghai	248982	27357	33932	181866	5827
江 苏	Jiangsu	1246166	239319	399292	602252	5304
浙 江	Zhejiang	818250	191149	213002	406940	7159
安 徽	Anhui	953349	94089	398791	450509	9960
福 建	Fujian	679448	95915	225214	354193	4125
江 西	Jiangxi	767887	117140	249935	389701	11111
山 东	Shandong	1982497	140786	1379733	457270	4707
河 南	Henan	1436683	193602	823045	410241	9795
湖 北	Hubei	1104651	144719	481159	461323	17452
湖 南	Hunan	1305153	170947	585668	531851	16687
广 东	Guangdong	1884499	243959	620268	1006295	13976
广 西	Guangxi	793270	204914	222786	361672	3897
海 南	Hainan	199918	12500	107203	78858	1358
重 庆	Chongqing	416771	58028	127357	230769	617
四 川	Sichuan	1302256	129126	549240	610360	13530
贵 州	Guizhou	342188	65507	55802	214885	5995
云 南	Yunnan	554708	175356	72896	293473	12983
西 藏	Tibet	26831	1021	4635	21172	3
陕 西	Shaanxi	557678	106490	201321	243271	6597
甘 肃	Gansu	396606	96072	146599	152303	1631
青 海	Qinghai	103202	40586	21501	39203	1912
宁 夏	Ningxia	233684	111550	102803	18568	763
新 疆	Xinjiang	672905	187630	351028	129744	4503

2-11 续表 2 continued

单位：吨 (ton)

地 区	Region	氨氮排放总量 Ammona Nitrogen Discharged	工业 Industry	农业 Agriculture	生活 Household	集中式污染治理设施 Centralized Pollution Control Facilities
全 国	**National Total**	**2604405**	**281202**	**826529**	**1476626**	**20048**
北 京	Beijing	21325	434	4813	15513	566
天 津	Tianjin	26378	3253	5961	17128	36
河 北	Hebei	114308	17737	45871	50119	580
山 西	Shanxi	59063	8869	12644	37303	247
内蒙古	Inner Mongolia	53884	11298	12634	29760	191
辽 宁	Liaoning	111123	9142	35510	65354	1117
吉 林	Jilin	58200	4500	18237	34086	1377
黑龙江	Heilongjiang	96472	6251	35635	54365	220
上 海	Shanghai	50370	2611	3500	43963	296
江 苏	Jiangsu	157168	16710	39925	99853	679
浙 江	Zhejiang	115428	12597	27702	74536	593
安 徽	Anhui	109804	8971	39299	60576	958
福 建	Fujian	95386	7700	34027	53260	399
江 西	Jiangxi	93404	12135	31290	49082	898
山 东	Shandong	172945	11780	75800	84869	496
河 南	Henan	153800	13928	66202	72492	1178
湖 北	Hubei	131232	17091	47451	64645	2044
湖 南	Hunan	164972	27869	64370	71212	1521
广 东	Guangdong	230891	15560	59265	154633	1434
广 西	Guangxi	83909	8473	27825	47305	307
海 南	Hainan	22744	812	9445	12365	123
重 庆	Chongqing	55049	3205	13612	38069	163
四 川	Sichuan	143721	5680	58700	78573	768
贵 州	Guizhou	39807	3455	7501	28171	680
云 南	Yunnan	59318	5045	11822	40799	1651
西 藏	Tibet	3296	66	485	2745	…
陕 西	Shaanxi	63378	8694	15625	38140	918
甘 肃	Gansu	42580	14040	5914	22512	114
青 海	Qinghai	9605	1907	856	6715	127
宁 夏	Ningxia	18005	9254	2302	6398	51
新 疆	Xinjiang	46840	12133	12305	22084	318

2-11 续表 3 continued

地 区	Region	废水中污染物排放量 Amount of Pollutants Discharged in Waste Water			
		总氮(吨) Total Nitrogen (ton)	总磷(吨) Total Phosphorus (ton)	石油类(吨) Petroleum (ton)	挥发酚(千克) Volatile Phenols (kg)
全 国	**National Total**	**4470579**	**552589**	**21012**	**2430569**
北 京	Beijing	32840	4476	82	917
天 津	Tianjin	36713	4689	200	1322
河 北	Hebei	450082	68146	1302	308846
山 西	Shanxi	87879	9636	1489	1048023
内蒙古	Inner Mongolia	159214	17289	808	5920
辽 宁	Liaoning	200073	27825	898	70024
吉 林	Jilin	110260	13695	288	4655
黑龙江	Heilongjiang	269293	29059	1252	25713
上 海	Shanghai	15292	1976	777	5835
江 苏	Jiangsu	176246	18973	1579	63335
浙 江	Zhejiang	92274	11470	981	23662
安 徽	Anhui	188509	29745	785	7029
福 建	Fujian	95450	12976	455	16747
江 西	Jiangxi	94647	13640	707	76837
山 东	Shandong	560255	64997	726	48579
河 南	Henan	414561	48816	1267	160109
湖 北	Hubei	197703	25003	1144	22784
湖 南	Hunan	230748	28227	880	104476
广 东	Guangdong	125146	20247	837	13236
广 西	Guangxi	115629	14267	564	64457
海 南	Hainan	38607	5809	5	92
重 庆	Chongqing	55088	6918	523	35014
四 川	Sichuan	230228	26934	553	55554
贵 州	Guizhou	44460	4531	484	1033
云 南	Yunnan	80972	8839	494	3913
西 藏	Tibet	5330	795	…	1
陕 西	Shaanxi	102092	10241	852	199171
甘 肃	Gansu	51853	4750	334	11130
青 海	Qinghai	7913	814	321	1654
宁 夏	Ningxia	30608	3323	146	9518
新 疆	Xinjiang	170617	14482	281	40987

2-11 续表 4 continued

地 区	Region	废水中污染物排放量 Amount of Pollutants Discharged in Waste Water 铅 (千克) Plumbum (kg)	汞 (千克) Mercury (kg)	镉 (千克) Cadmium (kg)	总铬 (千克) Total Chromium (kg)	砷 (千克) Arsenic (kg)
全 国	**National Total**	**155242**	**1387**	**35899**	**293166**	**146616**
北 京	Beijing	186	2	12	509	28
天 津	Tianjin	1459	1	10	285	23
河 北	Hebei	566	5	34	8480	78
山 西	Shanxi	663	5	831	520	755
内蒙古	Inner Mongolia	3087	43	549	114	4930
辽 宁	Liaoning	982	11	96	692	479
吉 林	Jilin	268	8	35	200	1029
黑龙江	Heilongjiang	38	2	6	875	79
上 海	Shanghai	176	3	18	2549	38
江 苏	Jiangsu	3608	98	148	12318	804
浙 江	Zhejiang	568	8	281	21660	218
安 徽	Anhui	3026	10	778	6965	7166
福 建	Fujian	5104	55	422	15328	1505
江 西	Jiangxi	9402	95	2792	22669	10852
山 东	Shandong	1097	48	1098	13959	2178
河 南	Henan	7141	27	2781	37380	1811
湖 北	Hubei	4167	223	847	17457	11962
湖 南	Hunan	42466	280	14518	34606	55705
广 东	Guangdong	11512	66	1148	75254	2288
广 西	Guangxi	15640	81	2498	4667	9070
海 南	Hainan	33	…	6	138	29
重 庆	Chongqing	188	4	12	741	1418
四 川	Sichuan	1761	71	183	1809	3596
贵 州	Guizhou	537	40	124	269	620
云 南	Yunnan	27947	57	3344	135	15581
西 藏	Tibet	…	…	…	1	2721
陕 西	Shaanxi	4242	33	965	1655	966
甘 肃	Gansu	6885	72	1425	4672	5736
青 海	Qinghai	1120	11	148	1033	2068
宁 夏	Ningxia	111	4	29	452	213
新 疆	Xinjiang	1264	24	761	5773	2673

2-11 续表 5 continued

地 区	Region	工业废水治理设施数（套）Number of Industrial Waste Water Treatment Facilities (set)	工业废水治理设施处理能力（万吨/日）Capacity of Industrial Waste Water Treatment Facilities (10 000 tons/day)	工业废水处理量（万吨）Industrial Waste Water Treated (10 000 tons)	工业废水治理设施本年运行费用（万元）Annual Expenditure of Industrial Waste Water Treatment Facilities (10 000 yuan)
全 国	**National Total**	**91506**	**31405.5**	**5805511**	**7321459**
北 京	Beijing	508	60.3	11294	37124
天 津	Tianjin	957	135.5	35198	134315
河 北	Hebei	4769	3521.9	933519	468524
山 西	Shanxi	3401	999.8	242477	358730
内蒙古	Inner Mongolia	1020	474.3	95283	90305
辽 宁	Liaoning	2287	6391.2	351993	302283
吉 林	Jilin	685	350.0	65570	63067
黑龙江	Heilongjiang	1171	464.8	109965	241107
上 海	Shanghai	5872	305.0	71099	398207
江 苏	Jiangsu	7255	3042.3	404070	715131
浙 江	Zhejiang	8462	1421.7	304258	466564
安 徽	Anhui	2321	903.4	213335	183885
福 建	Fujian	3429	961.6	251318	159360
江 西	Jiangxi	2948	746.5	138830	146285
山 东	Shandong	5444	1858.6	423600	811854
河 南	Henan	3299	1223.7	207377	222815
湖 北	Hubei	5296	1321.6	325234	344256
湖 南	Hunan	3111	669.6	239481	267415
广 东	Guangdong	10143	1408.3	258541	468753
广 西	Guangxi	2329	1064.1	350689	163188
海 南	Hainan	299	39.9	8817	35788
重 庆	Chongqing	1507	337.9	37328	67100
四 川	Sichuan	4073	1116.5	286354	622493
贵 州	Guizhou	1648	529.5	100259	168345
云 南	Yunnan	4857	933.1	145135	121651
西 藏	Tibet	30	2.4	498	232
陕 西	Shaanxi	2274	387.9	73091	120108
甘 肃	Gansu	553	226.1	22546	30269
青 海	Qinghai	176	64.0	16777	9309
宁 夏	Ningxia	397	164.5	26135	35041
新 疆	Xinjiang	985	279.2	55440	67955

2-12 各行业工业废水排放及处理情况(2011年)
Discharge and Treatment of Industrial Waste Water by Sector (2011)

行业	Sector	汇总工业企业数(个) Number of Industrial Enterprises (unit)	工业废水治理设施数(套) Number of Industrial Waste Water Treatment Facilities (set)	工业废水治理设施处理能力(万吨/日) Capacity of Industrial Waste Water Treatment Facilities (10 000 tons/day)
行业总计	**Total**	**153027**	**91506**	**31406**
煤炭开采和洗选业	Mining and Washing of Coal	6587	4603	1212
石油和天然气开采业	Extraction of Petroleum and Natural Gas	247	759	369
黑色金属矿采选业	Mining and Processing of Ferrous Metal Ores	4662	2254	1362
有色金属矿采选业	Mining and Processing of Non-ferrous Metal Ores	3609	4694	707
非金属矿采选业	Mining and Processing of Nonmetal Ores	1082	446	70
开采辅助活动	Ancillary Activities for Exploitation	61	25	3
其他采矿业	Mining of Other Ores	33	9	1
农副食品加工业	Processing of Food from Agricultural Products	11979	5454	928
食品制造业	Manufacture of Foods	3813	2510	302
酒、饮料和精制茶制造业	Manufacture of Wine, Drinks and Refined Tea	4390	2015	370
烟草制品业	Manufacture of Tobacco	154	125	19
纺织业	Manufacture of Textile	8929	9239	1078
纺织服装、服饰业	Manufacture of Textile Wearing and Apparel	1537	1133	108
皮革、毛皮、羽毛及其制品和制鞋业	Manufacture of Leather, Fur, Feather and Related Products and Footware	2342	1332	126
木材加工及木、竹、藤、棕、草制品业	Processing of Timber, Manufacture of Wood, Bamboo,Rattan, Palm, and Straw Products	2707	577	20
家具制造业	Manufacture of Furniture	449	182	2
造纸及纸制品业	Manufacture of Paper and Paper Products	5871	5122	2709
印刷和记录媒介复制业	Printing,Reproduction of Recording Media	727	220	6
文教、工美、体育和娱乐用品制造业	Manufacture of Articles for Culture, Education and Sport Activity	656	415	9
石油加工、炼焦和核燃料加工业	Processing of Petroleum, Coking, Processing of Nuclear Fuel	1383	1538	439
化学原料和化学制品制造业	Manufacture of Raw Chemical Materials and Chemical Products	12219	10192	2555

2-12 续表 1 continued

行　业	Sector	汇总工业企业数（个）Number of Industrial Enterprises (unit)	工业废水治理设施数（套）Number of Industrial Waste Water Treatment Facilities (set)	工业废水治理设施处理能力（万吨/日）Capacity of Industrial Waste Water Treatment Facilities (10 000 tons/day)
医药制造业	Manufacture of Medicines	3197	2552	195
化学纤维制造业	Manufacture of Chemical Fibers	490	409	179
橡胶制品业	Manufacture of Rubber	2521	909	83
非金属矿物制品业	Manufacture of Non-metallic Mineral Products	35208	5162	548
黑色金属冶炼及压延加工业	Smelting and Pressing of Ferrous Metals	4913	4532	9588
有色金属冶炼及压延加工业	Smelting and Pressing of Non-ferrous Metals	4505	3237	524
金属制品业	Manufacture of Metal Products	8793	5704	301
通用设备制造业	Manufacture of General Purpose Machinery	3201	1249	41
专用设备制造业	Manufacture of Special Purpose Machinery	1374	620	26
汽车制造业	Manufacture of Automobile	1773	1260	299
铁路、船舶、航空航天和其他运输设备制造业	Manufacture of Railway, Shipbuilding, Aerospace and Other Transportation Equipment	1023	894	42
电气机械及器材制造业	Manufacture of Electrical Machinery and Equipment	1983	1357	47
计算机、通信和其他电子设备制造业	Manufacture of Computers, Communication, and Other Electronic Equipment	2546	6263	238
仪器仪表制造业	Manufacture of Measuring Instrument	391	323	20
其他制造业	Other Manufactures	1130	444	16
废弃资源综合利用业	Utilization of Waste Resources	454	188	11
金属制品、机械和设备修理业	Metal Products, Machinery and Equipment Repair	188	130	7
电力、热力生产和供应业	Production and Supply of Electric Power and Heat Power	5668	3263	6773
燃气生产和供应业	Production and Supply of Gas	60	30	5
水的生产和供应业	Production and Supply of Water	58	43	62
其它行业	Other Sectors	114	93	8

2-12 续表 2 continued

行 业	Sector	工业废水治理设施本年运行费用(万元) Annual Expenditure of Industrial Waste Water Treatment Facilities (10 000 yuan)	工业废水处理量(万吨) Industrial Waste Water Treated (10 000 tons)	工业废水排放量(万吨) Industrial Waste Water Discharged (10 000 tons)
行业总计	**Total**	**7321459**	**5805511**	**2129036**
煤炭开采和洗选业	Mining and Washing of Coal	288374	185121	143493
石油和天然气开采业	Extraction of Petroleum and Natural Gas	229311	87903	8172
黑色金属矿采选业	Mining and Processing of Ferrous Metal Ores	136894	287995	22643
有色金属矿采选业	Mining and Processing of Non-ferrous Metal Ores	411493	162009	51181
非金属矿采选业	Mining and Processing of Nonmetal Ores	13226	10894	6191
开采辅助活动	Ancillary Activities for Exploitation	4117	1041	1054
其他采矿业	Mining of Other Ores	297	316	247
农副食品加工业	Processing of Food from Agricultural Products	175065	127644	138116
食品制造业	Manufacture of Foods	124814	45946	51950
酒、饮料和精制茶制造业	Manufacture of Wine, Drinks and Refined Tea	193869	62391	71664
烟草制品业	Manufacture of Tobacco	5061	2657	2090
纺织业	Manufacture of Textile	547962	205859	240802
纺织服装、服饰业	Manufacture of Textile Wearing and Apparel	220181	16136	19878
皮革、毛皮、羽毛及其制品和制鞋业	Manufacture of Leather, Fur, Feather and Related Products and Footware	57293	19760	25785
木材加工及木、竹、藤、棕、草制品业	Processing of Timber, Manufacture of Wood, Bamboo,Rattan, Palm, and Straw Products	6231	2304	3522
家具制造业	Manufacture of Furniture	1723	502	735
造纸及纸制品业	Manufacture of Paper and Paper Products	610290	550237	382265
印刷和记录媒介复制业	Printing,Reproduction of Recording Media	4569	978	1303
文教、工美、体育和娱乐用品制造业	Manufacture of Articles for Culture, Education and Sport Activity	5020	1723	1937
石油加工、炼焦和核燃料加工业	Processing of Petroleum, Coking, Processing of Nuclear Fuel	508390	199200	79587
化学原料和化学制品制造业	Manufacture of Raw Chemical Materials and Chemical Products	997769	524258	288331

2-12 续表 3 continued

行　　业	Sector	工业废水治理设施本年运行费用(万元) Annual Expenditure of Industrial Waste Water Treatment Facilities (10 000 yuan)	工业废水处理量(万吨) Industrial Waste Water Treated (10 000 tons)	工业废水排放量(万吨) Industrial Waste Water Discharged (10 000 tons)
医药制造业	Manufacture of Medicines	146961	**43057**	**48586**
化学纤维制造业	Manufacture of Chemical Fibers	90074	38184	41428
橡胶制品业	Manufacture of Rubber	23317	10372	12155
非金属矿物制品业	Manufacture of Non-metallic Mineral Products	131412	61778	26075
黑色金属冶炼及压延加工业	Smelting and Pressing of Ferrous Metals	1208045	2461163	121037
有色金属冶炼及压延加工业	Smelting and Pressing of Non-ferrous Metals	138993	164555	33545
金属制品业	Manufacture of Metal Products	229906	50075	29912
通用设备制造业	Manufacture of General Purpose Machinery	185318	8148	11973
专用设备制造业	Manufacture of Special Purpose Machinery	10384	4149	6454
汽车制造业	Manufacture of Automobile	59426	13912	15069
铁路、船舶、航空航天和其他运输设备制造业	Manufacture of Railway, Shipbuilding, Aerospace and Other Transportation Equipment	18581	9092	13326
电气机械及器材制造业	Manufacture of Electrical Machinery and Equipment	35425	8193	9631
计算机、通信和其他电子设备制造业	Manufacture of Computers, Communication, and Other Electronic Equipment	205835	46152	44961
仪器仪表制造业	Manufacture of Measuring Instrument	7495	2491	2242
其他制造业	Other Manufactures	10065	3655	3997
废弃资源综合利用业	Utilization of Waste Resources	8381	1457	2069
金属制品、机械和设备修理业	Metal Products, Machinery and Equipment Repair	4479	1295	1310
电力、热力生产和供应业	Production and Supply of Electric Power and Heat Power	248143	367984	158928
燃气生产和供应业	Production and Supply of Gas	4469	1248	989
水的生产和供应业	Production and Supply of Water	12177	12929	3559
其它行业	Other Sectors	625	747	840

2-12 续表 4 continued

行 业	Sector	化学需氧量排放量(吨) COD Discharged (ton)	氨氮排放量(吨) Ammona Nitrogen Discharged (ton)
行业总计	**Total**	**3219679**	**262370**
煤炭开采和洗选业	Mining and Washing of Coal	111716	3176
石油和天然气开采业	Extraction of Petroleum and Natural Gas	11576	876
黑色金属矿采选业	Mining and Processing of Ferrous Metal Ores	8205	1572
有色金属矿采选业	Mining and Processing of Non-ferrous Metal Ores	41192	982
非金属矿采选业	Mining and Processing of Nonmetal Ores	5820	375
开采辅助活动	Ancillary Activities for Exploitation	867	67
其他采矿业	Mining of Other Ores	149	1
农副食品加工业	Processing of Food from Agricultural Products	553036	21028
食品制造业	Manufacture of Foods	112484	9375
酒、饮料和精制茶制造业	Manufacture of Wine, Drinks and Refined Tea	250540	10021
烟草制品业	Manufacture of Tobacco	2254	144
纺织业	Manufacture of Textile	292227	20170
纺织服装、服饰业	Manufacture of Textile Wearing and Apparel	18387	1728
皮革、毛皮、羽毛及其制品和制鞋业	Manufacture of Leather, Fur, Feather and Related Products and Footware	65114	6713
木材加工及木、竹、藤、棕、草制品业	Processing of Timber, Manufacture of Wood, Bamboo,Rattan, Palm, and Straw Products	16753	313
家具制造业	Manufacture of Furniture	767	49
造纸及纸制品业	Manufacture of Paper and Paper Products	741672	25053
印刷和记录媒介复制业	Printing,Reproduction of Recording Media	1834	145
文教、工美、体育和娱乐用品制造业	Manufacture of Articles for Culture, Education and Sport Activity	1974	135
石油加工、炼焦和核燃料加工业	Processing of Petroleum, Coking, Processing of Nuclear Fuel	76995	15706
化学原料和化学制品制造业	Manufacture of Raw Chemical Materials and Chemical Products	327926	92651

2-12 续表 5 continued

行 业	Sector	化学需氧量排放量(吨) COD Discharged (ton)	氨氮排放量(吨) Ammona Nitrogen Discharged (ton)
医药制造业	Manufacture of Medicines	**96792**	**7240**
化学纤维制造业	Manufacture of Chemical Fibers	150748	4845
橡胶制品业	Manufacture of Rubber	13805	1041
非金属矿物制品业	Manufacture of Non-metallic Mineral Products	30331	1435
黑色金属冶炼及压延加工业	Smelting and Pressing of Ferrous Metals	79835	7557
有色金属冶炼及压延加工业	Smelting and Pressing of Non-ferrous Metals	29677	18702
金属制品业	Manufacture of Metal Products	31576	2238
通用设备制造业	Manufacture of General Purpose Machinery	11274	618
专用设备制造业	Manufacture of Special Purpose Machinery	5592	550
汽车制造业	Manufacture of Automobile	14876	814
铁路、船舶、航空航天和其他运输设备制造业	Manufacture of Railway, Shipbuilding, Aerospace and Other Transportation Equipment	15672	875
电气机械及器材制造业	Manufacture of Electrical Machinery and Equipment	7019	560
计算机、通信和其他电子设备制造业	Manufacture of Computers, Communication, and Other Electronic Equipment	31842	2583
仪器仪表制造业	Manufacture of Measuring Instrument	1600	110
其他制造业	Other Manufactures	5132	263
废弃资源综合利用业	Utilization of Waste Resources	3379	192
金属制品、机械和设备修理业	Metal Products, Machinery and Equipment Repair	1292	61
电力、热力生产和供应业	Production and Supply of Electric Power and Heat Power	25374	1300
燃气生产和供应业	Production and Supply of Gas	1154	187
水的生产和供应业	Production and Supply of Water	1851	280
其它行业	Other Sectors	19373	642

2-13 主要城市废水排放情况(2011年)
Discharge of Waste Water in Major Cities (2011)

城 市	City	工业废水排放量(万吨) Industrial Waste Water Discharged (10 000 tons)	工业化学需氧量排放量(吨) Industrial COD Discharged (ton)	工业氨氮排放量(吨) Industrial Ammonia Nitrogen Discharged (ton)	城镇生活污水排放量(万吨) Household Waste Water Discharged (10 000 tons)	生活化学需氧量排放量(吨) Household COD Discharged (ton)	生活氨氮排放量(吨) Household Ammonia Nitrogen Discharged (ton)
北 京	Beijing	8633	7118	434	136741	99097	15513
天 津	Tianjin	19795	24294	3253	47322	96422	17128
石家庄	Shijiazhuang	25591	43683	6460	28631	11707	3140
太 原	Taiyuan	2453	3281	237	16751	13823	4706
呼和浩特	Hohhot	2650	9486	565	11103	17267	2845
沈 阳	Shenyang	7239	9545	829	33806	47107	15488
长 春	Changchun	6335	12305	1315	20425	31449	7231
哈尔滨	Harbin	5838	8620	1132	36054	101902	15830
上 海	Shanghai	44626	27357	2611	169290	181866	43963
南 京	Nanjing	25379	21871	1196	57345	73659	14685
杭 州	Hangzhou	47890	40367	1595	48247	39293	8740
合 肥	Hefei	6039	8468	537	34167	52044	7643
福 州	Fuzhou	5492	6820	730	30437	64266	9094
南 昌	Nanchang	9367	11549	1484	31125	44436	6357
济 南	Jinan	6396	5614	413	23382	41354	6764
郑 州	Zhengzhou	14454	12042	551	32837	36526	9640
武 汉	Wuhan	23389	17841	2043	53201	103334	13619
长 沙	Changsha	4051	14886	574	38172	63148	8955
广 州	Guangzhou	24579	22502	1310	116942	121252	19290
南 宁	Nanning	14690	31239	1468	21659	67144	9076
海 口	Haikou	620	737	40	11291	6337	3428
重 庆	Chongqing	33954	58028	3205	97356	230769	38069
成 都	Chengdu	12845	14027	834	71554	112569	15140
贵 阳	Guiyang	1986	5433	229	12519	28868	4133
昆 明	Kunming	6264	8148	260	39064	8526	4980
拉 萨	Lhasa	329	775	51	1759	7994	1026
西 安	Xi'an	13274	32849	1347	27458	63156	11041
兰 州	Lanzhou	4094	4569	2432	12000	44483	7198
西 宁	Xining	3144	15469	521	7024	16592	3506
银 川	Yinchuan	6448	18074	2885	11249	3600	2915
乌鲁木齐	Urumqi	4820	8125	1573	19360	14166	4817

2-14 沿海城市废水排放情况(2011年)
Discharge of Waste Water in Coastal Cities (2011)

城 市	City	工业废水排放量(万吨) Industrial Waste Water Discharged (10 000 tons)	工业化学需氧量排放量(吨) Industrial COD Discharged (ton)	工业氨氮排放量(吨) Industrial Ammonia Nitrogen Discharged (ton)	城镇生活污水排放量(万吨) Household Waste Water Discharged (10 000 tons)	生活化学需氧量排放量(吨) Household COD Discharged (ton)	生活氨氮排放量(吨) Household Ammonia Nitrogen Discharged (ton)
天 津	Tianjin	19795	24294	3253	47322	96422	17128
秦皇岛	Qinhuangdao	6380	16071	1056	7195	6540	1868
大 连	Dalian	31487	25254	2529	30033	56674	8930
上 海	Shanghai	44626	27357	2611	169290	181866	43963
连云港	Lianyungang	6548	17155	1766	16003	45553	6597
宁 波	Ningbo	19797	20098	1051	35782	32924	10428
温 州	Wenzhou	8038	14213	1374	43117	109879	16959
福 州	Fuzhou	5492	6820	730	30437	64266	9094
厦 门	Xiamen	31542	4313	346	17232	28985	6354
青 岛	Qingdao	11289	7621	756	29918	28809	6641
烟 台	Yantai	8875	6514	384	21270	33064	6666
深 圳	Shenzhen	11715	11388	894	110033	77511	12694
珠 海	Zhuhai	4876	6377	557	13494	17636	3111
汕 头	Shantou	5789	10305	559	19577	59441	9214
湛 江	Zhanjiang	6131	11564	533	18267	43535	5915
北 海	Beihai	1749	9533	112	5147	11992	1227
海 口	Haikou	620	737	40	11291	6337	3428

三、海洋环境

Marine Environment

3-1 全国海洋环境情况(2000-2011年)
Marine Environment (2000-2011)

年 份 Year	全海域未达到第一类海水水质标准的海域面积(平方公里) Sea Area with Water Quality Not Reaching Standard of Grade Ⅰ (sq.km) 合 计 Total				
	合 计 Total	第二类水质 海域面积 Sea Area with Water Quality at Grade Ⅱ	第三类水质 海域面积 Sea Area with Water Quality at Grade Ⅲ	第四类水质 海域面积 Sea Area with Water Quality at Grade Ⅳ	劣于第四类水质 海域面积 Sea Area with Water Quality below Grade Ⅳ
2007	145280	51290	47510	16760	29720
2008	137000	65480	28840	17420	25260
2009	146980	70920	25500	20840	29720
2010	177720	70430	36190	23070	48030
2011	144290	47840	34310	18340	43800

3-1 续表 continued

年 份 Year	主要海洋 产业增加值 (亿元) Added Value of Major Marine Industries (100 million yuan)	海洋原油 产量 (万吨) Output of Offshore Crude Oil (10 000 tons)	海洋天然气 产量 (万立方米) Output of Offshore Natural Gas (10 000 cu.m)
2000	2297	2080.4	460127
2001	3297	2143.0	457212
2002	4042	2405.6	464689
2003	4623	2545.4	436930
2004	5829	2842.2	613416
2005	7185	3174.7	626921
2006	8286	3239.9	748618
2007	10461	3178.4	823455
2008	12243	3421.1	857847
2009	12989	3698.2	859173
2010	15531	4710.0	1108905
2011	18760	4452.0	1214519

3-2 全海域未达到第一类海水水质标准的海域面积(2011年)
Sea Area with Water Quality Not Reaching Standard of Grade Ⅰ (2011)

单位：平方公里 (sq.km)

海 区	Sea Area	合计 Total	第二类水质海域面积 Sea Area with Water Quality at Grade Ⅱ	第三类水质海域面积 Sea Area with Water Quality at Grade Ⅲ	第四类水质海域面积 Sea Area with Water Quality at Grade Ⅳ	劣于第四类水质海域面积 Sea Area with Water Quality below Grade Ⅳ
全 国	**National Total**	**144290**	**47840**	**34310**	**18340**	**43800**
渤 海	Bohai Sea	31640	14690	8950	3790	4210
黄 海	Yellow Sea	34730	13780	7170	4240	9540
东 海	East China Sea	62670	15430	10820	9150	27270
南 海	South China Sea	15250	3940	7370	1160	2780

资料来源：国家海洋局(以下各表同)。
Source: State Oceanic Administration (the same as in the following tables).

3-3 海区废弃物倾倒及石油勘探开发污染物排放入海情况(2011年)
Sea Area Waste Dumping and Pollutants from Petroleum Exploration Discharged into the Sea (2011)

单位：万立方米 (10 000 cu.m)

海 区	Sea Area	疏浚物 Dredged Material	惰性无机地质废料 Inert Inorganic Geological Scrap	生产污水 Sewage from Production	泥浆 Sludge	钻屑 Debris from Drilling	机舱污水 Sewage from Engineroom	食品废弃物 Food Wastes	生活污水 Domestic Sewage
全 国	**National Total**	**15541**	**731**	**12859**	**4.77**	**4.09**	**0.22**	**0.12**	**36.09**
渤 海	Bohai Sea	2930		598	0.75	2.61		0.01	11.35
黄 海	Yellow Sea								
东 海	East China Sea	9755		135	0.13	0.08		0.04	3.24
南 海	South China Sea	2857	731	12126	3.89	1.40	0.22	0.07	21.49

3-4 全国主要海洋产业增加值(2011年)
Added Value of Major Marine Industries (2011)

海洋产业	Marine Industry	增加值(亿元) Added Value (100 millionyuan)	增加值比上年增长(按可比价计算)(%) Percentage of Added Value of Increase Over Last Year (at comparable price) (%)
合　计	**Total**	**18760**	**9.3**
海洋渔业	Marine Fishery Industry	3287	3.7
海洋油气业	Offshore Oil and Natural Gas	1730	6.7
海洋矿业	Beach Placer	53	2.1
海洋盐业	Sea Salt Industry	93	0.8
海洋化工业	Marine Chemical	691	2.5
海洋生物医药业	Marine Biological Pharmaceutical	99	15.7
海洋电力业	Marine Electric Power Industry	49	25.0
海水利用业	Marine Seawater Utilization	10	10.2
海洋船舶工业	Marine Shipbuilding Industry	1437	17.8
海洋工程建筑业	Marine Engineering Architecture	1096	14.9
海洋交通运输业	Maritime Transportation	3957	7.1
滨海旅游业	Coastal Tourism	6258	12.5

3-5 海洋资源利用情况(2011年)
Utilization of Marine Resources (2011)

地　区	Region	海洋原油(万吨) Marine Oil (10 000 tons)	海洋天然气(万立方米) Marine Natural Gas (10 000 cu.m)	海洋矿业(万吨) Beach Placers (10 000 tons)	海洋渔业(万吨) Marine Fishery (10 000 tons)		海洋盐业(万吨) Marine Salt Industry (10 000 tons)
					捕捞产业 Fishing Products	养殖产业 Aquiculture Products	
全　国	**National Total**	**4452.0**	**1214519**	**4231.0**	**1317.8**	**1551.3**	**3322.4**
天　津	Tianjin	2770.2	213719		2.5	1.3	181.0
河　北	Hebei	229.1	50987		25.2	31.2	402.3
辽　宁	Liaoning	10.8	2370		107.8	243.5	133.6
上　海	Shanghai	16.1	71789		12.2		
江　苏	Jiangsu				57.8	84.2	94.3
浙　江	Zhejiang			2749.8	326.5	84.5	14.0
福　建	Fujian			259.9	210.0	316.1	48.5
山　东	Shandong	257.2	12280	945.4	251.2	413.5	2418.6
广　东	Guangdong	1168.7	863374		152.7	265.6	15.8
广　西	Guangxi			26.0	66.9	92.4	3.6
海　南	Hainan			250.0	105.0	19.0	10.8

四、大气环境

Atmospheric Environment

4-1 全国废气排放及处理情况(2000-2011年)
Emission and Treatment of Waste Gas (2000-2011)

年 份 Year	工业废气排放总量(亿立方米) Total Volume of Industrial Waste Gas Emission (100 million cu.m)	二氧化硫排放总量(万吨) Volume of Sulphur Dioxide Emission (10 000 tons)			烟尘排放总量(万吨) Volume of Emission of Soot (10 000 tons)			工业粉尘排放量(万吨) Emission of Industrial Dust (10 000 tons)
			工业 Industry	生活 Household		工业 Industry	生活 Household	
2000	138145	1995.1	1612.5	382.6	1165.4	953.3	212.1	1092.0
2001	160863	1947.2	1566.0	381.2	1069.9	852.1	217.9	990.6
2002	175257	1926.6	1562.0	364.6	1012.7	804.2	208.5	941.0
2003	198906	2158.5	1791.6	366.9	1048.5	846.1	202.5	1021.3
2004	237696	2254.9	1891.4	363.5	1095.0	886.5	208.5	904.8
2005	268988	2549.4	2168.4	381.0	1182.5	948.9	233.6	911.2
2006	330990	2588.8	2234.8	354.0	1088.8	864.5	224.3	808.4
2007	388169	2468.1	2140.0	328.1	986.6	771.1	215.5	698.7
2008	403866	2321.2	1991.4	329.9	901.6	670.7	230.9	584.9
2009	436064	2214.4	1865.9	348.5	847.7	604.4	243.3	523.6
2010	519168	2185.1	1864.4	320.7	829.1	603.2	225.9	448.7
2011	674509	2217.9	2017.2	200.4				

注：2011年环境保护部对统计制度中的指标体系、调查方法及相关技术规定等进行了修订，统计范围扩展为工业源、农业源、城镇生活源、机动车、集中式污染治理设施5个部分。

Note: In 2011, indicators of statistical system, method of survey, and related technologies were revised by Ministry of Environmental Protection, statistical scope expands to 5 parts: industry source, agricultural source, urban living source, automotive vehicle,centralized pollution abatement.

4-1 续表 continued

年 份 Year	工业二氧化硫排放达标率(%) Proportion of Industry Sulphur Dioxide Meeting Discharge Standards (%)	工业烟尘排放达标率(%) Proportion of Industry Soot Meeting Discharge Standards (%)	工业粉尘排放达标率(%) Proportion of Industry Dust Meeting Discharge Standards (%)	工业二氧化硫去除量(万吨) Industrial Sulphur Dioxide Removed (10 000 tons)	工业烟尘去除量(万吨) Industrial Soot Removed (10 000 tons)	工业粉尘去除量(万吨) Industrial Dust Removed (10 000 tons)	工业废气治理设施(套) Industrial Watste Gas Treatment Facilities (set)	本年运行费用(亿元) Annual Expendit-ure for Operation (100 million yuan)
2000				575.1	10717.4	4479.6	145534	93.7
2001	61.3	67.3	50.2	564.7	12317.0	5321.6	134025	111.1
2002	70.2	75.0	61.7	697.7	13998.5	5569.8	137668	147.1
2003	69.1	78.5	54.5	749.2	15649.4	5994.9	137204	150.6
2004	75.6	80.2	71.1	890.2	18075.0	8528.6	144973	213.8
2005	79.4	82.9	75.1	1090.4	20587.1	6453.9	145043	267.1
2006	81.9	87.0	82.9	1439.0	23564.6	7279.9	154557	464.4
2007	86.3	88.2	88.1	1942.6	25166.4	7669.6	162325	555.0
2008	88.8	89.6	89.3	2286.4	30542.8	8471.2	174164	773.4
2009	91.0	90.3	89.9	2889.9	32848.1	8722.6	176489	873.7
2010	97.9	90.6	91.4	3304.0	38941.4	9501.7	187401	1054.5
2011							216457	1579.5

4-2 各地区废气排放及处理情况(2011年)
Emission and Treatment of Waste Gas by Region (2011)

单位: 吨 (ton)

地 区	Region	二氧化硫排放总量 Total Volume of Sulphur Dioxide Emission	工业 Industrial	生活 Household	集中式污染治理设施 Centralized Pollution Control Facilities
全 国	**National Total**	**22179082**	**20172265**	**2003949**	**2867**
北 京	Beijing	97883	61299	36539	45
天 津	Tianjin	230900	221897	8959	44
河 北	Hebei	1412129	1317099	94900	130
山 西	Shanxi	1399051	1294321	104694	36
内蒙古	Inner Mongolia	1409404	1250180	159220	4
辽 宁	Liaoning	1126170	1048914	77208	48
吉 林	Jilin	413191	363443	49747	1
黑龙江	Heilongjiang	521896	415209	106679	8
上 海	Shanghai	240101	210092	29860	150
江 苏	Jiangsu	1053800	1025013	28541	245
浙 江	Zhejiang	662048	647048	14527	473
安 徽	Anhui	529474	487228	41841	405
福 建	Fujian	389175	370269	18791	115
江 西	Jiangxi	584061	568058	15988	15
山 东	Shandong	1827397	1628647	198589	162
河 南	Henan	1370504	1229200	141261	43
湖 北	Hubei	665640	594980	70654	7
湖 南	Hunan	685530	636181	49324	24
广 东	Guangdong	847728	825952	21326	450
广 西	Guangxi	521023	488744	32250	28
海 南	Hainan	32572	31058	1512	2
重 庆	Chongqing	586929	531340	55585	4
四 川	Sichuan	902006	828929	72836	242
贵 州	Guizhou	1104284	903132	201151	…
云 南	Yunnan	691226	642523	48696	7
西 藏	Tibet	4176	1369	2807	
陕 西	Shaanxi	916839	831222	85614	3
甘 肃	Gansu	623902	527689	96040	173
青 海	Qinghai	156602	134315	22286	1
宁 夏	Ningxia	410385	387865	22520	…
新 疆	Xinjiang	763055	669050	94002	3

资料来源：环境保护部(以下各表同)。
Source: Ministry of Environmental Protection (the same as in the following tables).

4-2 续表 1 continued

单位：吨 (ton)

地 区	Region	氮氧化物排放总量 Nitrogen Oxides Emission	工业 Industry	生活 Household	机动车 Motor Vehicle	集中式污染治理设施 Centralized Pollution Control Facilities
全 国	**National Total**	**24042659**	**17297077**	**366237**	**6375850**	**3496**
北 京	Beijing	188325	90317	12145	85545	318
天 津	Tianjin	358900	300404	4447	54004	45
河 北	Hebei	1801138	1220888	18414	561766	70
山 西	Shanxi	1286019	986503	29005	270400	111
内蒙古	Inner Mongolia	1421897	1150486	24503	246900	8
辽 宁	Liaoning	1062817	767838	13701	281263	14
吉 林	Jilin	604716	410046	11262	183400	8
黑龙江	Heilongjiang	783753	484901	42508	256327	17
上 海	Shanghai	435400	326949	9079	99040	332
江 苏	Jiangsu	1535740	1195592	6236	333473	439
浙 江	Zhejiang	859051	690811	3730	164274	236
安 徽	Anhui	959114	722700	8502	227600	312
福 建	Fujian	494507	391277	2364	100608	258
江 西	Jiangxi	612341	393521	2716	216082	22
山 东	Shandong	1790253	1273603	30952	485570	127
河 南	Henan	1665363	1143421	23230	498525	187
湖 北	Hubei	669650	477568	12089	179981	11
湖 南	Hunan	666368	487671	7633	171007	57
广 东	Guangdong	1388135	895892	12225	479608	409
广 西	Guangxi	494008	347767	3545	142643	53
海 南	Hainan	95385	65449	289	29637	10
重 庆	Chongqing	402621	293820	4817	103969	14
四 川	Sichuan	674853	465165	9984	199349	355
贵 州	Guizhou	553186	446933	11800	94451	1
云 南	Yunnan	548518	348291	5985	194229	13
西 藏	Tibet	40623	3802	247	36573	
陕 西	Shaanxi	831749	633708	19205	178825	11
甘 肃	Gansu	480855	356045	11721	113039	50
青 海	Qinghai	124116	87559	4863	31691	2
宁 夏	Ningxia	458170	385860	2672	69637	1
新 疆	Xinjiang	755090	452288	16366	286430	6

4-2 续表 2 continued

单位：吨 (ton)

地区	Region	烟(粉)尘排放总量 Soot (Dust) Emission	工业 Industry	生活 Household	机动车 Motor Vehicle	集中式污染治理设施 Centralized Pollution Control Facilities
全国	**National Total**	**12788202**	**11008839**	**1147647**	**629244**	**2472**
北京	Beijing	65848	29405	31967	4449	28
天津	Tianjin	75923	65333	4071	6494	25
河北	Hebei	1322477	1223502	42807	56129	39
山西	Shanxi	1129854	1008410	97911	23159	374
内蒙古	Inner Mongolia	739876	604534	106339	28988	14
辽宁	Liaoning	693160	591152	70499	31466	42
吉林	Jilin	432181	361279	52003	18878	21
黑龙江	Heilongjiang	655869	419810	209922	26134	3
上海	Shanghai	89828	66446	14850	8493	39
江苏	Jiangsu	527354	486389	11963	28837	165
浙江	Zhejiang	323320	302752	3929	16406	233
安徽	Anhui	452224	410590	15499	25233	902
福建	Fujian	225341	209852	5778	9615	96
江西	Jiangxi	396038	359085	10002	26947	4
山东	Shandong	783847	612740	118185	52884	38
河南	Henan	668216	575655	41167	51366	28
湖北	Hubei	346150	307356	23317	15460	17
湖南	Hunan	384439	355203	14435	14767	33
广东	Guangdong	324203	263918	12459	47710	115
广西	Guangxi	288286	260006	11705	16549	25
海南	Hainan	15818	11054	565	4195	4
重庆	Chongqing	180972	171224	2463	7274	10
四川	Sichuan	385903	357577	12780	15410	135
贵州	Guizhou	303467	257164	36929	9373	0
云南	Yunnan	382241	352817	14002	15415	7
西藏	Tibet	10035	4452	1236	4348	
陕西	Shaanxi	463430	396997	43342	23090	1
甘肃	Gansu	236191	187755	40570	7852	14
青海	Qinghai	138336	117630	17616	3089	0
宁夏	Ningxia	215465	198220	9585	7658	2
新疆	Xinjiang	531912	440532	69750	21575	55

4-2 续表 3 continued

地 区	Region	工业废气排放量（亿立方米）Industrial Waste Gas Emission (100 million cu.m)	工业废气治理设施数（套）Number of Industrial Waste Gas Treatment Facilities (set)	工业废气治理设施处理能力（万立方米/时）Capacity of Industrial Waste Gas Treatment Facilities (10 000 cu.m/hour)	工业废气治理设施本年运行费用（万元）Annual Expenditure of Industrial Waste Gas Treatment Facilities (10 000 yuan)
全 国	**National Total**	**674509.3**	**216457**	**1568592**	**15794758**
北 京	Beijing	4896.5	2962	10947	82699
天 津	Tianjin	8919.3	3837	23588	436181
河 北	Hebei	77184.9	16602	174476	1439026
山 西	Shanxi	42195.2	11557	85627	884117
内蒙古	Inner Mongolia	30062.8	6804	73690	520124
辽 宁	Liaoning	31700.8	11627	86842	580510
吉 林	Jilin	10636.7	3096	22888	139340
黑龙江	Heilongjiang	10377.0	4725	42441	1672870
上 海	Shanghai	13704.3	4730	30581	416226
江 苏	Jiangsu	48182.5	16065	105172	1139762
浙 江	Zhejiang	24790.3	16729	68986	796158
安 徽	Anhui	30410.8	4755	44419	430479
福 建	Fujian	14972.9	7592	35301	283904
江 西	Jiangxi	16102.0	5092	27281	313726
山 东	Shandong	50451.7	15308	153377	1168728
河 南	Henan	40790.9	9944	77041	540173
湖 北	Hubei	22840.8	7355	78940	1225056
湖 南	Hunan	16778.5	5282	34635	338840
广 东	Guangdong	31464.9	17211	94094	889076
广 西	Guangxi	29852.6	6028	49948	254498
海 南	Hainan	1675.5	502	2517	37136
重 庆	Chongqing	9121.1	4134	22710	166041
四 川	Sichuan	23171.8	9411	54666	566794
贵 州	Guizhou	10820.4	3079	26147	327680
云 南	Yunnan	17545.0	6305	31440	301816
西 藏	Tibet	113.7	217	283	907
陕 西	Shaanxi	15704.3	4848	28079	223923
甘 肃	Gansu	12891.9	3288	18935	201258
青 海	Qinghai	5226.3	1099	6670	64002
宁 夏	Ningxia	10055.9	1719	21111	209693
新 疆	Xinjiang	11868.0	4554	35760	144018

4-3 各行业工业废气排放及处理情况(2011年)

Emission and Treatment of Industrial Waste Gas by Sector (2011)

行　业	Sector	工业废气排放量(亿立方米) Industrial Waste Gas Emission (100 million cu.m)	工业废气治理设施数(套) Number of Industrial Waste Gas Treatment Facilities (set)
行业总计	**Total**	**674509**	**216457**
煤炭开采和洗选业	Mining and Washing of Coal	2039	5120
石油和天然气开采业	Extraction of Petroleum and Natural Gas	1342	187
黑色金属矿采选业	Mining and Processing of Ferrous Metal Ores	2865	1218
有色金属矿采选业	Mining and Processing of Non-ferrous Metal Ores	243	534
非金属矿采选业	Mining and Processing of Nonmetal Ores	613	387
开采辅助活动	Ancillary Activities for Exploitation	75	87
其他采矿业	Mining of Other Ores	10	5
农副食品加工业	Processing of Food from Agricultural Products	5473	6827
食品制造业	Manufacture of Foods	2351	3332
酒、饮料和精制茶制造业	Manufacture of Wine, Drinks and Refined Tea	2218	2846
烟草制品业	Manufacture of Tobacco	542	1005
纺织业	Manufacture of Textile	4342	8856
纺织服装、服饰业	Manufacture of Textile Wearing and Apparel	643	1169
皮革、毛皮、羽毛及其制品和制鞋业	Manufacture of Leather, Fur, Feather and Related Products and Footware	409	1523
木材加工及木、竹、藤、棕、草制品业	Processing of Timber, Manufacture of Wood, Bamboo,Rattan, Palm, and Straw Products	3258	2872
家具制造业	Manufacture of Furniture	285	723
造纸及纸制品业	Manufacture of Paper and Paper Products	17094	6052
印刷和记录媒介复制业	Printing,Reproduction of Recording Media	251	296
文教、工美、体育和娱乐用品制造业	Manufacture of Articles for Culture, Education and Sport Activity	217	533
石油加工、炼焦和核燃料加工业	Processing of Petroleum, Coking, Processing of Nuclear Fuel	21762	3291
化学原料和化学制品制造业	Manufacture of Raw Chemical Materials and Chemical Products	31205	20854

4-3 续表 1 continued

行　　业	Sector	工业废气排放量（亿立方米） Industrial Waste Gas Emission (100 million cu.m)	工业废气治理设施数（套） Number of Industrial Waste Gas Treatment Facilities (set)
医药制造业	Manufacture of Medicines	3604	4163
化学纤维制造业	Manufacture of Chemical Fibers	2069	1058
橡胶制品业	Manufacture of Rubber	4129	4047
非金属矿物制品业	Manufacture of Non-metallic Mineral Products	129851	61449
黑色金属冶炼及压延加工业	Smelting and Pressing of Ferrous Metals	173215	16640
有色金属冶炼及压延加工业	Smelting and Pressing of Non-ferrous Metals	31892	8794
金属制品业	Manufacture of Metal Products	8871	7318
通用设备制造业	Manufacture of General Purpose Machinery	1631	2665
专用设备制造业	Manufacture of Special Purpose Machinery	3071	1744
汽车制造业	Manufacture of Automobile	3780	2475
铁路、船舶、航空航天和其他运输设备制造业	Manufacture of Railway, Shipbuilding, Aerospace and Other Transportation Equipment	2166	4709
电气机械及器材制造业	Manufacture of Electrical Machinery and Equipment	1523	3937
计算机、通信和其他电子设备制造业	Manufacture of Computers, Communication, and Other Electronic Equipment	6153	5762
仪器仪表制造业	Manufacture of Measuring Instrument	101	305
其他制造业	Other Manufactures	668	892
废弃资源综合利用业	Utilization of Waste Resources	227	400
金属制品、机械和设备修理业	Metal Products, Machinery and Equipment Repair	1135	290
电力、热力生产和供应业	Production and Supply of Electric Power and Heat Power	202906	21881
燃气生产和供应业	Production and Supply of Gas	261	187
水的生产和供应业	Production and Supply of Water	7	10
其它行业	Other Sectors	9	14

4-3 续表 2 continued

行 业	Sector	工业废气治理设施处理能力（万立方米/时）Capacity of Industrial Waste Gas Treatment Facilities (10 000 cu.m/hour)	工业废气治理设施本年运行费用（万元）Annual Expenditure of Industrial Waste Gas Treatment Facilities (10 000 yuan)
行业总计	**Total**	**1568592**	**15794758**
煤炭开采和洗选业	Mining and Washing of Coal	6077	44292
石油和天然气开采业	Extraction of Petroleum and Natural Gas	290	12274
黑色金属矿采选业	Mining and Processing of Ferrous Metal Ores	1945	26643
有色金属矿采选业	Mining and Processing of Non-ferrous Metal Ores	638	5393
非金属矿采选业	Mining and Processing of Nonmetal Ores	4057	5719
开采辅助活动	Ancillary Activities for Exploitation	276	2575
其他采矿业	Mining of Other Ores	1	119
农副食品加工业	Processing of Food from Agricultural Products	25698	78070
食品制造业	Manufacture of Foods	7034	85110
酒、饮料和精制茶制造业	Manufacture of Wine, Drinks and Refined Tea	35777	39696
烟草制品业	Manufacture of Tobacco	2144	17645
纺织业	Manufacture of Textile	12234	93243
纺织服装、服饰业	Manufacture of Textile Wearing and Apparel	1062	7527
皮革、毛皮、羽毛及其制品和制鞋业	Manufacture of Leather, Fur, Feather and Related Products and Footware	1364	6488
木材加工及木、竹、藤、棕、草制品业	Processing of Timber, Manufacture of Wood, Bamboo,Rattan, Palm, and Straw Products	6093	33263
家具制造业	Manufacture of Furniture	2439	3241
造纸及纸制品业	Manufacture of Paper and Paper Products	20627	246844
印刷和记录媒介复制业	Printing,Reproduction of Recording Media	436	3240
文教、工美、体育和娱乐用品制造业	Manufacture of Articles for Culture, Education and Sport Activity	651	3045
石油加工、炼焦和核燃料加工业	Processing of Petroleum, Coking, Processing of Nuclear Fuel	31878	700242
化学原料和化学制品制造业	Manufacture of Raw Chemical Materials and Chemical Products	61510	652508

4-3 续表 3 continued

行　业	Sector	工业废气治理设施处理能力（万立方米/时）Capacity of Industrial Waste Gas Treatment Facilities (10 000 cu.m/hour)	工业废气治理设施本年运行费用（万元）Annual Expenditure of Industrial Waste Gas Treatment Facilities (10 000 yuan)
医药制造业	Manufacture of Medicines	9498	40216
化学纤维制造业	Manufacture of Chemical Fibers	4621	33680
橡胶制品业	Manufacture of Rubber	7014	56312
非金属矿物制品业	Manufacture of Non-metallic Mineral Products	205117	1187254
黑色金属冶炼及压延加工业	Smelting and Pressing of Ferrous Metals	360019	2872875
有色金属冶炼及压延加工业	Smelting and Pressing of Non-ferrous Metals	60609	688685
金属制品业	Manufacture of Metal Products	11942	121626
通用设备制造业	Manufacture of General Purpose Machinery	4384	16051
专用设备制造业	Manufacture of Special Purpose Machinery	4678	25028
汽车制造业	Manufacture of Automobile	16675	51713
铁路、船舶、航空航天和其他运输设备制造业	Manufacture of Railway, Shipbuilding, Aerospace and Other Transportation Equipment	7718	31569
电气机械及器材制造业	Manufacture of Electrical Machinery and Equipment	4703	144204
计算机、通信和其他电子设备制造业	Manufacture of Computers, Communication, and Other Electronic Equipment	10641	94188
仪器仪表制造业	Manufacture of Measuring Instrument	431	1855
其他制造业	Other Manufactures	1318	6738
废弃资源综合利用业	Utilization of Waste Resources	697	158843
金属制品、机械和设备修理业	Metal Products, Machinery and Equipment Repair	944	2111
电力、热力生产和供应业	Production and Supply of Electric Power and Heat Power	634672	8190222
燃气生产和供应业	Production and Supply of Gas	665	4331
水的生产和供应业	Production and Supply of Water	9	36
其它行业	Other Sectors	5	49

4-3 续表 4 continued

单位：吨 (ton)

行业	Sector	工业二氧化硫排放量 Industrial Sulphur Dioxide Emission	工业氮氧化物排放量 Industrial Nitrogen Oxides Emission	工业烟(粉)尘排放量 Industrial Soot (Dust) Emission
行业总计	**Total**	**18964630**	**16600615**	**10280165**
煤炭开采和洗选业	Mining and Washing of Coal	129254	44772	208876
石油和天然气开采业	Extraction of Petroleum and Natural Gas	25145	22813	16507
黑色金属矿采选业	Mining and Processing of Ferrous Metal Ores	26055	7959	121655
有色金属矿采选业	Mining and Processing of Non-ferrous Metal Ores	17832	3628	14640
非金属矿采选业	Mining and Processing of Nonmetal Ores	46271	11756	56466
开采辅助活动	Ancillary Activities for Exploitation	5405	1601	2758
其他采矿业	Mining of Other Ores	345	321	215
农副食品加工业	Processing of Food from Agricultural Products	239869	97836	202114
食品制造业	Manufacture of Foods	141630	47101	69643
酒、饮料和精制茶制造业	Manufacture of Wine, Drinks and Refined Tea	134222	39662	74457
烟草制品业	Manufacture of Tobacco	11074	4685	5904
纺织业	Manufacture of Textile	272288	76702	101440
纺织服装、服饰业	Manufacture of Textile Wearing and Apparel	19266	6326	8792
皮革、毛皮、羽毛及其制品和制鞋业	Manufacture of Leather, Fur, Feather and Related Products and Footware	25602	5637	12977
木材加工及木、竹、藤、棕、草制品业	Processing of Timber, Manufacture of Wood, Bamboo,Rattan, Palm, and Straw Products	47070	13915	204574
家具制造业	Manufacture of Furniture	2873	846	2864
造纸及纸制品业	Manufacture of Paper and Paper Products	542812	220905	207497
印刷和记录媒介复制业	Printing,Reproduction of Recording Media	4083	943	1793
文教、工美、体育和娱乐用品制造业	Manufacture of Articles for Culture, Education and Sport Activity	2321	727	2151
石油加工、炼焦和核燃料加工业	Processing of Petroleum, Coking, Processing of Nuclear Fuel	808113	365081	458741
化学原料和化学制品制造业	Manufacture of Raw Chemical Materials and Chemical Products	1274718	514954	657009

4-3 续表 5 continued

单位：吨 (ton)

行业	Sector	工业二氧化硫排放量 Industrial Sulphur Dioxide Emission	工业氮氧化物排放量 Industrial Nitrogen Oxides Emission	工业烟(粉)尘排放量 Industrial Soot (Dust) Emission
医药制造业	Manufacture of Medicines	104078	29304	48427
化学纤维制造业	Manufacture of Chemical Fibers	121463	53098	33127
橡胶制品业	Manufacture of Rubber	81120	26617	30168
非金属矿物制品业	Manufacture of Non-metallic Mineral Products	2016894	2694251	2790786
黑色金属冶炼及压延加工业	Smelting and Pressing of Ferrous Metals	2514490	951068	2061538
有色金属冶炼及压延加工业	Smelting and Pressing of Non-ferrous Metals	1146272	202004	348479
金属制品业	Manufacture of Metal Products	58336	18419	87576
通用设备制造业	Manufacture of General Purpose Machinery	27042	8754	49025
专用设备制造业	Manufacture of Special Purpose Machinery	16430	9395	22229
汽车制造业	Manufacture of Automobile	13215	7296	100381
铁路、船舶、航空航天和其他运输设备制造业	Manufacture of Railway, Shipbuilding, Aerospace and Other Transportation Equipment	17044	9362	59058
电气机械及器材制造业	Manufacture of Electrical Machinery and Equipment	9429	4069	5762
计算机、通信和其他电子设备制造业	Manufacture of Computers, Communication, and Other Electronic Equipment	7954	5596	5369
仪器仪表制造业	Manufacture of Measuring Instrument	923	272	1016
其他制造业	Other Manufactures	13982	9666	21749
废弃资源综合利用业	Utilization of Waste Resources	4094	2372	4740
金属制品、机械和设备修理业	Metal Products, Machinery and Equipment Repair	1606	652	10047
电力、热力生产和供应业	Production and Supply of Electric Power and Heat Power	9011882	11068392	2155978
燃气生产和供应业	Production and Supply of Gas	16452	11466	11965
水的生产和供应业	Production and Supply of Water	4265	117	262
其它行业	Other Sectors	1413	273	1406

4-4 主要城市工业废气排放及处理情况(2011年)
Emission and Treatment of Industrial Waste Gas in Major Cities (2011)

单位: 吨 (ton)

城市	City	工业废气排放量(万立方米) Industrial Waste Gas Emission (10 000 cu.m)	工业二氧化硫排放量 Industrial Sulphur Dioxide Emission	工业氮氧化物排放量 Industrial Nitrogen Oxides Emission	工业烟(粉)尘排放量 Industrial Soot (Dust) Emission	生活二氧化硫排放量 Household Sulphur Dioxide Emission	生活氮氧化物排放量 Household Nitrogen Oxides Emission	生活烟尘排放量 Household Soot Emission
北京	Beijing	4897	61299	90317	29405	36539	12145	31967
天津	Tianjin	8919	221897	300404	65333	8959	4447	4071
石家庄	Shijiazhuang	6606	196763	215200	96123	10233	3191	1783
太原	Taiyuan	5442	108234	114190	44203	32943	8694	34055
呼和浩特	Hohhot	3366	107187	167386	25329	5117	645	4838
沈阳	Shenyang	1923	95199	80937	50728	15737	2200	9745
长春	Changchun	2610	68978	92561	116194	7344	1600	8000
哈尔滨	Harbin	1995	90208	100735	47577	32130	13646	86542
上海	Shanghai	13704	210092	326949	66446	29860	9079	14850
南京	Nanjing	6963	125653	150175	56489	827	683	463
杭州	Hangzhou	4613	91688	83079	38550	739	569	87
合肥	Hefei	2775	49497	87725	40062	2347	110	58
福州	Fuzhou	3593	91320	101834	33813	1226	236	547
南昌	Nanchang	1175	35000	27350	19051	1159	124	496
济南	Jinan	4555	109299	83022	103915	11306	3629	8355
郑州	Zhengzhou	3567	110969	148633	41593	5900	1222	5000
武汉	Wuhan	6329	108694	120463	22579	5720	1416	1001
长沙	Changsha	1022	26116	22385	15903	2328	225	2946
广州	Guangzhou	3512	68295	73809	15181	1813	1906	654
南宁	Nanning	1248	32444	23954	26916	8747	1123	4631
海口	Haikou	28	2002	438	722	21	60	2
重庆	Chongqing	9121	531340	293820	171224	55585	4817	2463
成都	Chengdu	2832	52576	57405	22236	4331	1815	589
贵阳	Guiyang	1557	81625	29558	30892	33515	2393	5380
昆明	Kunming	4069	104340	73478	61533	5261	942	320
拉萨	Lhasa	63	1109	2438	631	468	41	206
西安	Xi'an	996	97884	48678	17295	16923	7675	11899
兰州	Lanzhou	3183	92722	79722	39710	11836	1979	1741
西宁	Xining	2884	72382	50067	48797	5965	1208	4010
银川	Yinchuan	1752	75355	67383	26415	5428	929	2538
乌鲁木齐	Urumqi	3268	129445	111978	62365	9207	1540	6700

4-5 沿海城市工业废气排放及处理情况(2011年)
Emission and Treatment of Industrial Waste Gas in Coastal Cities (2011)

单位: 吨 (ton)

城市	City	工业废气排放量(万立方米) Industrial Waste Gas Emission (10 000 cu.m)	工业二氧化硫排放量 Industrial Sulphur Dioxide Emission	工业氮氧化物排放量 Industrial Nitrogen Oxides Emission	工业烟(粉)尘排放量 Industrial Soot (Dust) Emission	生活二氧化硫排放量 Household Sulphur Dioxide Emission	生活氮氧化物排放量 Household Nitrogen Oxides Emission	生活烟尘排放量 Household Soot Emission
天　津	Tianjin	8919	221897	300404	65333	8959	4447	4071
秦皇岛	Qinhuangdao	3201	75555	59629	69760	2370	708	1969
大　连	Dalian	2871	132003	111836	51295	14298	2403	9612
上　海	Shanghai	13704	210092	326949	66446	29860	9079	14850
连云港	Lianyungang	831	45390	34087	19133	6945	904	775
宁　波	Ningbo	5910	152601	252583	31816	2343	648	461
温　州	Wenzhou	1786	39982	48938	24976	598	400	466
福　州	Fuzhou	3593	91320	101834	33813	1226	236	547
厦　门	Xiamen	1104	19108	18303	3140	486	54	54
青　岛	Qingdao	2438	75777	78225	26849	27059	2601	9795
烟　台	Yantai	2659	88186	82587	33790	13073	2354	9693
深　圳	Shenzhen	1885	10435	35425	1236	488	285	82
珠　海	Zhuhai	1518	31784	54467	10014	280	118	13
汕　头	Shantou	984	26868	31595	4377	455	117	55
湛　江	Zhanjiang	953	29778	28610	17421	1999	363	208
北　海	Beihai	501	10827	18203	6170	1240	141	122
海　口	Haikou	28	2002	438	722	21	60	2

五、固体废物

Solid Wastes

5-1 全国工业固体废物产生、排放和综合利用情况(2000−2010年)
Generation, Discharge and Utilization of Industrial Solid Wastes(2000-2010)

年 份 Year	工业固体废物产生量(万吨) Industrial Solid Wastes Generated (10 000 tons)	工业固体废物排放量(万吨) Industrial Solid Wastes Discharged (10 000 tons)	工业固体废物综合利用量(万吨) Industrial Solid Wastes Utilized (10 000 tons)	工业固体废物贮存量(万吨) Stock of Industrial Solid Wastes (10 000 tons)	工业固体废物处置量(万吨) Industrial Solid Wastes Disposed (10 000 tons)	工业固体废物综合利用率(%) Ratio of Industrial Solid Wastes Utilized (%)	“三废”综合利用产品产值(亿元) Output Value of Products Made from Waste Gas, Waste Water & Solid Wastes (100 million yuan)
2000	81608	3186.2	37451	28921	9152	45.9	310.5
2001	88840	2893.8	47290	30183	14491	52.1	344.6
2002	94509	2635.2	50061	30040	16618	51.9	385.6
2003	100428	1940.9	56040	27667	17751	54.8	441.0
2004	120030	1762.0	67796	26012	26635	55.7	573.3
2005	134449	1654.7	76993	27876	31259	56.1	755.5
2006	151541	1302.1	92601	22399	42883	60.2	1026.8
2007	175632	1196.7	110311	24119	41350	62.1	1351.3
2008	190127	781.8	123482	21883	48291	64.3	1621.4
2009	203943	710.5	138186	20929	47488	67.0	1608.2
2010	240944	498.2	161772	23918	57264	66.7	1778.5

5-2 各地区固体废物产生和排放情况(2011年)

Generation and Discharge of Solid Wastes by Region (2011)

单位：万吨 (10 000 tons)

地区	Region	一般工业固体废物产生量 Common Industrial Solid Wastes Produced	一般工业固体废物综合利用量 Common Industrial Solid Wastes Utilized	一般工业固体废物处置量 Common Industrial Solid Wastes Disposed	一般工业固体废物贮存量 Stock of Common Industrial Solid Wastes	一般工业固体废物倾倒丢弃量 Common Industrial Solid Wastes Discharged
全国	**National Total**	**322772**	**195215**	**70465**	**60424**	**433.31**
北京	Beijing	1126	749	349	28	
天津	Tianjin	1752	1749	9		
河北	Hebei	45129	18821	6806	20184	0.40
山西	Shanxi	27556	15818	9187	2578	29.10
内蒙古	Inner Mongolia	23584	13701	7429	2647	3.10
辽宁	Liaoning	28270	10748	13394	4335	8.18
吉林	Jilin	5379	3171	920	1290	
黑龙江	Heilongjiang	6017	4139	643	1308	6.72
上海	Shanghai	2442	2358	75	11	0.47
江苏	Jiangsu	10475	9997	335	220	
浙江	Zhejiang	4446	4092	310	51	0.44
安徽	Anhui	11473	9366	1761	1096	
福建	Fujian	4415	3024	1304	98	0.87
江西	Jiangxi	11372	6305	652	4420	15.44
山东	Shandong	19533	18298	1106	350	0.00
河南	Henan	14574	10964	2602	1200	2.14
湖北	Hubei	7596	6007	1424	268	16.64
湖南	Hunan	8487	5679	2215	696	9.32
广东	Guangdong	5849	5119	810	75	3.41
广西	Guangxi	7438	4292	2050	1516	2.57
海南	Hainan	421	201	182	42	0.05
重庆	Chongqing	3299	2585	518	199	24.15
四川	Sichuan	12684	6002	3988	2773	6.02
贵州	Guizhou	7598	4015	2033	1552	28.88
云南	Yunnan	17335	8728	4969	3687	168.70
西藏	Tibet	301	8	16	284	0.02
陕西	Shaanxi	7118	4266	1836	1008	9.15
甘肃	Gansu	6524	3342	2041	1143	6.59
青海	Qinghai	12017	6785	14	5226	0.49
宁夏	Ningxia	3344	2048	865	435	1.72
新疆	Xinjiang	5219	2838	621	1702	88.73

资料来源：环境保护部(以下各表同)。
Source:Ministy of Environmental Protection (the same as in the following tables).

5-2 续表 continued

单位：万吨 (10 000 tons)

地 区	Region	危险废物产生量 Hazardous Wastes Produced	危险废物综合利用量 Hazardous Wastes Utilized	危险废物处置量 Hazardous Wastes Disposed	危险废物贮存量 Stock of Hazardous Wastes
全 国	**National Total**	**3431.22**	**1773.05**	**916.48**	**823.73**
北 京	Beijing	11.92	5.05	6.86	
天 津	Tianjin	10.27	3.09	7.18	…
河 北	Hebei	52.04	33.27	18.79	
山 西	Shanxi	22.21	18.06	4.11	0.04
内蒙古	Inner Mongolia	111.88	54.43	49.93	11.65
辽 宁	Liaoning	78.49	59.86	25.30	0.09
吉 林	Jilin	90.04	60.13	29.90	0.03
黑龙江	Heilongjiang	19.56	3.70	15.16	0.73
上 海	Shanghai	56.36	30.13	26.01	0.34
江 苏	Jiangsu	188.94	95.29	93.33	1.01
浙 江	Zhejiang	78.47	31.83	46.08	1.31
安 徽	Anhui	24.28	21.27	2.95	0.19
福 建	Fujian	10.31	4.38	5.71	0.27
江 西	Jiangxi	23.24	17.89	5.20	0.19
山 东	Shandong	937.84	657.52	290.96	0.26
河 南	Henan	47.62	39.42	7.05	1.37
湖 北	Hubei	40.53	26.85	20.85	0.32
湖 南	Hunan	246.68	194.38	44.22	23.15
广 东	Guangdong	126.79	70.20	56.91	0.46
广 西	Guangxi	22.94	13.49	5.71	7.44
海 南	Hainan	0.71	0.12	0.52	0.07
重 庆	Chongqing	46.50	5.64	43.61	0.51
四 川	Sichuan	115.85	77.97	46.75	1.12
贵 州	Guizhou	38.89	12.95	1.05	25.69
云 南	Yunnan	134.10	87.74	19.51	27.05
西 藏	Tibet				
陕 西	Shaanxi	33.15	17.32	9.86	6.06
甘 肃	Gansu	24.68	10.88	17.92	8.06
青 海	Qinghai	355.98	56.36	6.10	298.06
宁 夏	Ningxia	10.81	9.81	0.64	0.36
新 疆	Xinjiang	470.14	54.01	8.33	407.91

5-3 各行业固体废物产生和排放情况(2011年)

Generation and Discharge of Solid Wastes by Sector (2011)

单位：万吨 (10 000 tons)

行　业	Sector	一般工业固体废物产生量 Common Industrial Solid Wastes Produced	一般工业固体废物综合利用量 Common Industrial Solid Wastes Utilized	一般工业固体废物处置量 Common Industrial Solid Wastes Disposed
行业总计	**Total**	**306133.1**	**183727.3**	**67562.1**
煤炭开采和洗选业	Mining and Washing of Coal	34987.6	26730.0	6856.9
石油和天然气开采业	Extraction of Petroleum and Natural Gas	124.0	84.6	36.9
黑色金属矿采选业	Mining and Processing of Ferrous Metal Ores	69085.0	13365.0	28999.5
有色金属矿采选业	Mining and Processing of Non-ferrous Metal Ores	37418.6	13508.1	12264.5
非金属矿采选业	Mining and Processing of Nonmetal Ores	3736.6	1922.0	1109.1
开采辅助活动	Ancillary Activities for Exploitation	267.0	39.5	225.7
其他采矿业	Mining of Other Ores	8.8	6.3	2.5
农副食品加工业	Processing of Food from Agricultural Products	1986.5	1846.2	133.2
食品制造业	Manufacture of Foods	610.1	585.4	25.3
酒、饮料和精制茶制造业	Manufacture of Wine, Drinks and Refined Tea	1006.4	930.0	74.1
烟草制品业	Manufacture of Tobacco	57.5	43.9	13.2
纺织业	Manufacture of Textile	673.3	578.8	93.0
纺织服装、服饰业	Manufacture of Textile Wearing and Apparel	46.6	42.2	3.8
皮革、毛皮、羽毛及其制品和制鞋业	Manufacture of Leather, Fur, Feather and Related Products and Footware	63.6	47.9	15.5
木材加工及木、竹、藤、棕、草制品业	Processing of Timber, Manufacture of Wood, Bamboo,Rattan, Palm, and Straw Products	344.4	339.0	4.9
家具制造业	Manufacture of Furniture	12.6	11.9	0.6
造纸及纸制品业	Manufacture of Paper and Paper Products	2482.5	2132.9	320.6
印刷和记录媒介复制业	Printing,Reproduction of Recording Media	22.3	15.5	6.8
文教、工美、体育和娱乐用品制造业	Manufacture of Articles for Culture, Education and Sport Activity	6.1	4.8	1.1
石油加工、炼焦和核燃料加工业	Processing of Petroleum, Coking, Processing of Nuclear Fuel	3950.6	3113.5	690.9
化学原料和化学制品制造业	Manufacture of Raw Chemical Materials and Chemical Products	26547.7	16927.2	4027.6

5-3 续表 1 continued

单位：万吨 (10 000 tons)

行业	Sector	一般工业固体废物产生量 Common Industrial Solid Wastes Produced	一般工业固体废物综合利用量 Common Industrial Solid Wastes Utilized	一般工业固体废物处置量 Common Industrial Solid Wastes Disposed
医药制造业	Manufacture of Medicines	308.9	273.4	31.7
化学纤维制造业	Manufacture of Chemical Fibers	365.3	315.8	36.0
橡胶制品业	Manufacture of Rubber	208.4	197.2	10.3
非金属矿物制品业	Manufacture of Non-metallic Mineral Products	5949.5	5625.0	279.2
黑色金属冶炼及压延加工业	Smelting and Pressing of Ferrous Metals	42344.2	38139.1	2492.3
有色金属冶炼及压延加工业	Smelting and Pressing of Non-ferrous Metals	10303.9	5148.6	2869.0
金属制品业	Manufacture of Metal Products	472.2	335.0	118.8
通用设备制造业	Manufacture of General Purpose Machinery	211.1	153.5	41.8
专用设备制造业	Manufacture of Special Purpose Machinery	150.9	126.2	24.4
汽车制造业	Manufacture of Automobile	329.5	293.6	35.3
铁路、船舶、航空航天和其他运输设备制造业	Manufacture of Railway, Shipbuilding, Aerospace and Other Transportation Equipment	244.3	206.2	37.5
电气机械及器材制造业	Manufacture of Electrical Machinery and Equipment	67.3	56.3	11.0
计算机、通信和其他电子设备制造业	Manufacture of Computers, Communication, and Other Electronic Equipment	96.7	63.3	33.2
仪器仪表制造业	Manufacture of Measuring Instrument	4.5	3.1	1.3
其他制造业	Other Manufactures	114.1	109.8	4.3
废弃资源综合利用业	Utilization of Waste Resources	354.5	335.7	15.4
金属制品、机械和设备修理业	Metal Products, Machinery and Equipment Repair	28.8	28.0	0.8
电力、热力生产和供应业	Production and Supply of Electric Power and Heat Power	61060.6	49964.5	6612.1
燃气生产和供应业	Production and Supply of Gas	68.0	66.1	1.9
水的生产和供应业	Production and Supply of Water	10.3	10.3	…
其它行业	Other Sectors	2.2	2.1	…

5-3 续表 2 continued

单位：万吨 (10 000 tons)

行 业	Sector	一般工业固体废物贮存量 Stock of Common Industrial Solid Wastes	一般工业固体废物倾倒丢弃量 Common Industrial Solid Wastes Discharged
行业总计	**Total**	**58746.9**	**389.28**
煤炭开采和洗选业	Mining and Washing of Coal	2581.4	129.84
石油和天然气开采业	Extraction of Petroleum and Natural Gas	3.6	0.01
黑色金属矿采选业	Mining and Processing of Ferrous Metal Ores	27004.9	56.35
有色金属矿采选业	Mining and Processing of Non-ferrous Metal Ores	12080.9	90.11
非金属矿采选业	Mining and Processing of Nonmetal Ores	963.8	5.41
开采辅助活动	Ancillary Activities for Exploitation	1.8	0.01
其他采矿业	Mining of Other Ores		
农副食品加工业	Processing of Food from Agricultural Products	4.0	6.65
食品制造业	Manufacture of Foods	2.9	0.67
酒、饮料和精制茶制造业	Manufacture of Wine, Drinks and Refined Tea	1.6	1.59
烟草制品业	Manufacture of Tobacco	…	0.43
纺织业	Manufacture of Textile	1.0	1.14
纺织服装、服饰业	Manufacture of Textile Wearing and Apparel	0.2	0.38
皮革、毛皮、羽毛及其制品和制鞋业	Manufacture of Leather, Fur, Feather and Related Products and Footware	0.1	0.15
木材加工及木、竹、藤、棕、草制品业	Processing of Timber, Manufacture of Wood, Bamboo,Rattan, Palm, and Straw Products	0.4	0.28
家具制造业	Manufacture of Furniture	…	0.11
造纸及纸制品业	Manufacture of Paper and Paper Products	37.9	0.69
印刷和记录媒介复制业	Printing,Reproduction of Recording Media	…	0.03
文教、工美、体育和娱乐用品制造业	Manufacture of Articles for Culture, Education and Sport Activity	…	0.08
石油加工、炼焦和核燃料加工业	Processing of Petroleum, Coking, Processing of Nuclear Fuel	154.2	8.38
化学原料和化学制品制造业	Manufacture of Raw Chemical Materials and Chemical Products	5800.1	19.92

5-3 续表 3 continued

单位：万吨 (10 000 tons)

行 业	Sector	一般工业固体废物贮存量 Stock of Common Industrial Solid Wastes	一般工业固体废物倾倒丢弃量 Common Industrial Solid Wastes Discharged
医药制造业	Manufacture of Medicines	3.1	0.95
化学纤维制造业	Manufacture of Chemical Fibers	4.9	8.67
橡胶制品业	Manufacture of Rubber	0.6	0.29
非金属矿物制品业	Manufacture of Non-metallic Mineral Products	138.0	21.71
黑色金属冶炼及压延加工业	Smelting and Pressing of Ferrous Metals	2233.5	18.54
有色金属冶炼及压延加工业	Smelting and Pressing of Non-ferrous Metals	2345.9	4.10
金属制品业	Manufacture of Metal Products	17.9	0.50
通用设备制造业	Manufacture of General Purpose Machinery	9.5	6.43
专用设备制造业	Manufacture of Special Purpose Machinery	0.4	0.40
汽车制造业	Manufacture of Automobile	0.6	0.17
铁路、船舶、航空航天和其他运输设备制造业	Manufacture of Railway, Shipbuilding, Aerospace and Other Transportation Equipment	0.3	0.36
电气机械及器材制造业	Manufacture of Electrical Machinery and Equipment	0.1	0.07
计算机、通信和其他电子设备制造业	Manufacture of Computers, Communication, and Other Electronic Equipment	0.2	0.27
仪器仪表制造业	Manufacture of Measuring Instrument	0.1	0.01
其他制造业	Other Manufactures	0.1	0.02
废弃资源综合利用业	Utilization of Waste Resources	3.3	0.05
金属制品、机械和设备修理业	Metal Products, Machinery and Equipment Repair	…	0.02
电力、热力生产和供应业	Production and Supply of Electric Power and Heat Power	5349.7	4.51
燃气生产和供应业	Production and Supply of Gas	…	…
水的生产和供应业	Production and Supply of Water		
其它行业	Other Sectors		

5-3 续表 4 continued

单位：万吨 (10 000 tons)

行　业	Sector	危险废物产生量 Hazardous Wastes Produced	危险废物综合利用量 Hazardous Wastes Utilized	危险废物处置量 Hazardous Wastes Disposed	危险废物贮存量 Stock of Hazardous Wastes
行业总计	**Total**	**3431.22**	**1773.05**	**916.48**	**823.54**
煤炭开采和洗选业	Mining and Washing of Coal	0.30	0.25	0.05	…
石油和天然气开采业	Extraction of Petroleum and Natural Gas	35.89	13.69	21.95	0.41
黑色金属矿采选业	Mining and Processing of Ferrous Metal Ores	6.85	0.02	0.03	6.79
有色金属矿采选业	Mining and Processing of Non-ferrous Metal Ores	109.90	87.61	10.64	23.38
非金属矿采选业	Mining and Processing of Nonmetal Ores	723.12	37.44	…	685.68
开采辅助活动	Ancillary Activities for Exploitation	0.68	0.10	0.68	
其他采矿业	Mining of Other Ores				
农副食品加工业	Processing of Food from Agricultural Products	0.43	0.14	0.28	0.01
食品制造业	Manufacture of Foods	2.34	2.17	0.17	…
酒、饮料和精制茶制造业	Manufacture of Wine, Drinks and Refined Tea	0.12	0.01	0.11	…
烟草制品业	Manufacture of Tobacco	0.02	…	0.01	…
纺织业	Manufacture of Textile	3.68	1.55	2.14	0.02
纺织服装、服饰业	Manufacture of Textile Wearing and Apparel	0.07	0.05	0.03	…
皮革、毛皮、羽毛及其制品和制鞋业	Manufacture of Leather, Fur, Feather and Related Products and Footware	2.86	0.77	2.05	0.05
木材加工及木、竹、藤、棕、草制品业	Processing of Timber, Manufacture of Wood, Bamboo,Rattan, Palm, and Straw Products	0.10	0.01	0.07	…
家具制造业	Manufacture of Furniture	0.24	0.04	0.21	…
造纸及纸制品业	Manufacture of Paper and Paper Products	745.67	486.86	258.72	0.08
印刷和记录媒介复制业	Printing,Reproduction of Recording Media	1.09	0.23	0.87	…
文教、工美、体育和娱乐用品制造业	Manufacture of Articles for Culture, Education and Sport Activity	0.99	0.05	0.93	…
石油加工、炼焦和核燃料加工业	Processing of Petroleum, Coking, Processing of Nuclear Fuel	192.13	146.09	45.21	1.04
化学原料和化学制品制造业	Manufacture of Raw Chemical Materials and Chemical Products	642.58	442.13	224.74	27.72

5-3 续表 5 continued

单位：万吨 (10 000 tons)

行　　业	Sector	危险废物产生量 Hazardous Wastes Produced	危险废物综合利用量 Hazardous Wastes Utilized	危险废物处置量 Hazardous Wastes Disposed	危险废物贮存量 Stock of Hazardous Wastes
医药制造业	Manufacture of Medicines	55.50	42.55	12.87	0.24
化学纤维制造业	Manufacture of Chemical Fibers	30.84	1.43	29.40	0.01
橡胶制品业	Manufacture of Rubber	6.84	2.66	4.17	0.01
非金属矿物制品业	Manufacture of Non-metallic Mineral Products	27.76	14.02	13.67	0.10
黑色金属冶炼及压延加工业	Smelting and Pressing of Ferrous Metals	153.55	123.28	33.35	5.29
有色金属冶炼及压延加工业	Smelting and Pressing of Non-ferrous Metals	373.33	227.61	82.13	69.26
金属制品业	Manufacture of Metal Products	41.07	16.49	24.05	0.75
通用设备制造业	Manufacture of General Purpose Machinery	9.73	1.93	7.19	0.64
专用设备制造业	Manufacture of Special Purpose Machinery	3.10	0.60	2.48	0.03
汽车制造业	Manufacture of Automobile	22.33	4.43	17.81	0.10
铁路、船舶、航空航天和其他运输设备制造业	Manufacture of Railway, Shipbuilding, Aerospace and Other Transportation Equipment	12.21	6.70	5.49	0.02
电气机械及器材制造业	Manufacture of Electrical Machinery and Equipment	18.43	6.60	11.52	0.43
计算机、通信和其他电子设备制造业	Manufacture of Computers, Communication, and Other Electronic Equipment	138.65	81.53	57.04	0.19
仪器仪表制造业	Manufacture of Measuring Instrument	9.99	8.40	1.59	0.01
其他制造业	Other Manufactures	2.86	0.38	2.49	0.01
废弃资源综合利用业	Utilization of Waste Resources	6.48	3.14	2.98	0.38
金属制品、机械和设备修理业	Metal Products, Machinery and Equipment Repair	0.67	0.13	0.53	0.01
电力、热力生产和供应业	Production and Supply of Electric Power and Heat Power	46.81	11.58	37.23	0.86
燃气生产和供应业	Production and Supply of Gas	1.91	0.41	1.50	…
水的生产和供应业	Production and Supply of Water	0.09	…	0.09	…
其它行业	Other Sectors	…		…	

5-4 主要城市固体废物产生和排放情况(2011年)
Generation and Discharge of Solid Wastes in Major Cities (2011)

单位：万吨 (10 000 tons)

城市	City	一般工业固体废物产生量 Common Industrial Solid Wastes Produced	一般工业固体废物综合利用量 Common Industrial Solid Wastes Utilized	一般工业固体废物处置量 Common Industrial Solid Wastes Disposed	一般工业固体废物贮存量 Stock of Common Industrial Solid Wastes	一般工业固体废物倾倒丢弃量 Common Industrial Solid Wastes Discharged
北京	Beijing	1125.59	748.70	348.61	28.34	
天津	Tianjin	1752.22	1748.57	9.15		
石家庄	Shijiazhuang	1520.23	1516.66	9.05	123.69	
太原	Taiyuan	3153.52	1672.67	1422.58	44.36	1.34
呼和浩特	Hohhot	892.14	358.55	480.13	53.46	
沈阳	Shenyang	704.61	660.63	137.48	29.81	
长春	Changchun	616.89	612.94	3.95		
哈尔滨	Harbin	564.47	518.43	35.67	104.21	
上海	Shanghai	2442.20	2358.11	74.89	11.40	0.47
南京	Nanjing	1759.40	1504.45	115.08	145.73	
杭州	Hangzhou	763.26	707.58	55.67	0.03	
合肥	Hefei	1065.96	1000.83	8.19	57.94	
福州	Fuzhou	693.68	623.02	68.87	5.33	0.27
南昌	Nanchang	185.25	182.16	2.47	…	0.61
济南	Jinan	1126.35	1116.79	5.94	3.61	
郑州	Zhengzhou	1249.30	918.70	302.89	27.80	
武汉	Wuhan	1379.67	1373.83	50.13	5.60	
长沙	Changsha	177.59	174.82	2.76	0.01	0.02
广州	Guangzhou	659.35	625.51	29.84	4.76	
南宁	Nanning	348.75	315.80	13.12	22.61	
海口	Haikou	4.77	4.30	0.47		
重庆	Chongqing	3299.18	2584.92	518.28	198.76	24.15
成都	Chengdu	518.02	511.64	6.12	0.25	
贵阳	Guiyang	1140.05	642.49	472.96	26.47	0.04
昆明	Kunming	3669.92	1682.81	1862.81	356.86	14.27
拉萨	Lhasa	248.11	7.63	16.00	233.17	0.02
西安	Xi'an	277.97	271.30	5.15	1.50	0.02
兰州	Lanzhou	604.55	561.16	43.40	0.04	
西宁	Xining	501.19	492.74	10.58	5.81	
银川	Yinchuan	624.72	523.49	72.45	28.18	0.61
乌鲁木齐	Urumqi	1000.70	809.87	188.44	1.65	0.74

5-4 续表 continued

单位：万吨 (10 000 tons)

城 市	City	危险废物产生量 Hazardous Wastes Produced	危险废物综合利用量 Hazardous Wastes Utilized	危险废物处置量 Hazardous Wastes Disposed	危险废物贮存量 Stock of Hazardous Wastes
北 京	Beijing	11.92	5.05	6.86	
天 津	Tianjin	10.27	3.09	7.18	…
石家庄	Shijiazhuang	24.67	12.45	12.25	
太 原	Taiyuan	5.23	2.09	3.14	…
呼和浩特	Hohhot	5.17	5.02	0.15	
沈 阳	Shenyang	7.40	5.07	2.33	…
长 春	Changchun	1.69	0.11	1.58	
哈尔滨	Harbin	2.36	1.07	1.30	…
上 海	Shanghai	56.36	30.13	26.01	0.34
南 京	Nanjing	32.18	16.01	15.84	0.59
杭 州	Hangzhou	11.45	8.68	2.74	0.06
合 肥	Hefei	1.66	1.18	0.47	…
福 州	Fuzhou	2.16	0.96	1.10	0.10
南 昌	Nanchang	1.53	1.09	0.44	…
济 南	Jinan	15.39	4.27	13.20	0.02
郑 州	Zhengzhou	0.89	0.21	0.67	…
武 汉	Wuhan	5.83	2.38	3.46	…
长 沙	Changsha	0.11	0.07	0.01	0.03
广 州	Guangzhou	30.29	11.83	18.46	
南 宁	Nanning	0.17	0.14	0.03	…
海 口	Haikou	0.18	0.06	0.12	…
重 庆	Chongqing	46.50	5.64	43.61	0.51
成 都	Chengdu	4.74	1.52	3.18	0.05
贵 阳	Guiyang	1.27	1.77	0.30	
昆 明	Kunming	58.45	54.74	3.71	
拉 萨	Lhasa				
西 安	Xi'an	0.92	0.07	0.86	…
兰 州	Lanzhou	10.10	5.06	5.04	…
西 宁	Xining	25.71	18.92	6.09	5.22
银 川	Yinchuan	3.03	2.60	0.42	
乌鲁木齐	Urumqi	22.39	19.53	2.86	…

5-5 沿海城市固体废物产生和排放情况(2011年)
Generation, Discharge of Solid Wastes in Coastal Cities (2011)

单位：万吨 (10 000 tons)

城市	City	一般工业固体废物产生量 Common Industrial Solid Wastes Produced	一般工业固体废物综合利用量 Common Industrial Solid Wastes Utilized	一般工业固体废物处置量 Common Industrial Solid Wastes Disposed	一般工业固体废物贮存量 Stock of Common Industrial Solid Wastes	一般工业固体废物倾倒丢弃量 Common Industrial Solid Wastes Discharged
天　津	Tianjin	1752.22	1748.57	9.15		
秦皇岛	Qinhuangdao	1986.84	1150.49	663.12	173.13	
大　连	Dalian	528.67	508.09	20.60		
上　海	Shanghai	2442.20	2358.11	74.89	11.40	0.47
连云港	Lianyungang	448.07	409.76	8.28	45.80	
宁　波	Ningbo	1421.86	1281.44	112.47	33.29	0.01
温　州	Wenzhou	242.77	226.87	15.81		0.10
福　州	Fuzhou	693.68	623.02	68.87	5.33	0.27
厦　门	Xiamen	119.18	111.67	5.38	5.11	
青　岛	Qingdao	887.90	881.92	9.74	14.29	
烟　台	Yantai	2358.38	1946.33	368.66	43.95	
深　圳	Shenzhen	95.77	92.13	3.61	0.20	0.05
珠　海	Zhuhai	309.64	300.44	7.79		
汕　头	Shantou	119.78	109.67	0.58	9.81	
湛　江	Zhanjiang	262.18	249.24	9.32	3.34	0.09
北　海	Beihai	369.02	163.76	205.48		0.02
海　口	Haikou	4.77	4.30	0.47		

5-5 续表 continued

单位：万吨 (10 000 tons)

城 市	City	危险废物产生量 Hazardous Wastes Produced	危险废物综合利用量 Hazardous Wastes Utilized	危险废物处置量 Hazardous Wastes Disposed	危险废物贮存量 Stock of Hazardous Wastes
天 津	Tianjin	10.27	3.09	7.18	…
秦皇岛	Qinhuangdao	2.44	0.13	2.31	
大 连	Dalian	13.84	1.23	12.60	…
上 海	Shanghai	56.36	30.13	26.01	0.34
连云港	Lianyungang	0.68	0.26	0.44	…
宁 波	Ningbo	22.76	13.24	9.43	0.17
温 州	Wenzhou	3.96	1.67	2.29	…
福 州	Fuzhou	2.16	0.96	1.10	0.10
厦 门	Xiamen	2.07	0.74	1.32	0.03
青 岛	Qingdao	3.60	1.67	1.92	0.01
烟 台	Yantai	127.63	123.90	12.47	
深 圳	Shenzhen	36.97	19.26	17.72	
珠 海	Zhuhai	7.59	4.67	2.93	
汕 头	Shantou	0.80	0.57	0.23	…
湛 江	Zhanjiang	0.21		0.21	
北 海	Beihai	0.53		0.53	
海 口	Haikou	0.18	0.06	0.12	…

六、自然生态

Natural Ecology

6-1 全国自然生态情况(2000-2011年)
Natural Ecology(2000-2011)

年 份 Year	自然保护区数 (个) Number of Nature Reserves (unit)	自然保护区面积 (万公顷) Area of Nature Reserves (10 000 hectares)	保护区面积占辖区面积比重 (%) Percentage of Nature Reserves in the Region (%)	除涝面积 (万公顷) Area with Flood Prevention Measures (10 000 hectares)	水土流失治理面积 (万公顷) Area of Soil Erosion under Control (10 000 hectares)
2000	1227	9821	9.9		8096.1
2001	1551	12989	12.9		8153.9
2002	1757	13295	13.2		8541.0
2003	1999	14398	14.4	2113.9	8971.4
2004	2194	14823	14.8	2119.8	9200.5
2005	2349	14995	15.0	2134.0	9465.5
2006	2395	15154	15.2	2137.6	9749.1
2007	2531	15188	15.2	2141.9	9987.1
2008	2538	14894	14.9	2142.5	10158.7
2009	2541	14775	14.7	2158.4	10454.5
2010	2588	14944	14.9	2169.2	10680.0
2011	2640	14971	14.9	2172.2	10966.4

6-2 各地区自然保护基本情况(2011年)
Basic Situation of Natural Protection by Region (2011)

地区 Region	自然保护区数(个) Number of Nature Reserves (unit)	#国家级 National Level	#省级 Provincial Level	自然保护区面积(万公顷) Area of Nature Reserves (10000 hectares)	#国家级 National Level	#省级 Provincial Level	保护区面积占辖区面积比重(%) Percentage of Nature Reserves in the Region (%)
全 国 National Total	**2640**	**335**	**870**	**14971.1**	**9315.3**	**4152.6**	**14.9**
北 京 Beijing	20	2	12	13.4	2.6	7.1	8.0
天 津 Tianjin	8	3	5	9.1	3.8	5.3	8.1
河 北 Hebei	35	12	19	58.7	23.8	33.0	3.1
山 西 Shanxi	46	5	41	115.7	8.3	107.4	7.4
内蒙古 Inner Mongolia	184	24	60	1380.5	395.0	698.4	11.7
辽 宁 Liaoning	101	13	30	271.5	94.8	87.4	12.8
吉 林 Jilin	38	14	15	230.4	94.6	131.4	12.3
黑龙江 Heilongjiang	221	24	87	660.5	240.0	298.4	14.5
上 海 Shanghai	4	2	2	9.4	6.6	2.8	5.2
江 苏 Jiangsu	30	3	10	56.5	33.6	8.5	4.1
浙 江 Zhejiang	32	10	8	19.7	14.7	1.3	1.5
安 徽 Anhui	102	7	26	52.5	13.9	28.2	3.8
福 建 Fujian	92	12	26	44.5	20.6	13.1	3.0
江 西 Jiangxi	195	9	34	119.1	15.6	40.0	7.1
山 东 Shandong	86	7	33	109.8	22.0	49.9	4.8
河 南 Henan	34	11	21	73.5	42.6	30.7	4.4
湖 北 Hubei	64	11	18	95.9	26.1	37.5	5.2
湖 南 Hunan	123	18	32	125.0	51.8	44.7	5.9
广 东 Guangdong	368	11	66	355.3	22.6	59.8	6.7
广 西 Guangxi	78	16	50	145.3	30.8	90.4	6.0
海 南 Hainan	50	9	24	273.5	10.7	261.5	7.0
重 庆 Chongqing	57	4	18	85.0	21.9	27.6	10.3
四 川 Sichuan	167	24	68	899.4	277.1	316.7	18.6
贵 州 Guizhou	129	8	4	95.2	24.4	5.7	5.4
云 南 Yunnan	163	17	42	297.8	144.4	86.7	7.8
西 藏 Tibet	47	9	14	4136.9	3715.3	420.9	33.9
陕 西 Shaanxi	55	14	34	117.2	46.7	60.9	5.7
甘 肃 Gansu	59	16	39	734.7	482.5	240.7	16.2
青 海 Qinghai	11	5	6	2182.2	2025.2	157.0	30.2
宁 夏 Ningxia	14	6	8	53.6	42.7	10.9	10.3
新 疆 Xinjiang	27	9	18	2149.4	1360.6	788.8	13.0

资料来源：环境保护部。
Source:Ministry of Environmental Protection.

6-3 海洋类型自然保护区建设情况(2011年)
Construction of Nature Reserves by Sea Type (2011)

海域 Sea Area	保护区数量(个) Number of Nature Reserves (unit)						保护区面积(平方公里) Area of Nature Reserves (sq.km)
	合计 Total	按保护级别分 by Level		按保护类型分 by Type			
		国家级 National Level	地方级 Local Level	海洋海岸生态系统 Biogeocenose of Coast	海洋自然遗迹 Natural Relic	海洋生物多样性 Biology Variety	
总计 Total	**124**	**28**	**96**	**47**	**26**	**48**	**475168**
天津 Tianjin	1	1			1		359
河北 Hebei	5	1	4	4	1		342
辽宁 Liaoning	14	6	8	9	2	3	9022
上海 Shanghai	4	2	2	1			941
江苏 Jiangsu	5	1	4	1	1	3	833
浙江 Zhejiang	3	2	1	1		2	691
福建 Fujian	12	3	9	5	2	5	1018
山东 Shandong	10	1	9	4		6	2386
广东 Guangdong	48	5	43	20		28	434459
广西 Guangxi	2	2		2			120
海南 Hainan	20	4	16		19	1	24997

资料来源：国家海洋局。
Source: State Oceanic Administration.

6-4 各地区草原建设利用情况(2011年)

Construction & Utilization of Grassland by Region (2011)

单位：千公顷 (1 000 hectares)

地 区	Region	天然草原总面积 Area of Natural Grassland	可利用草原面积 Grassland Available	累计种草保留面积 Accumulated Grass Reserved	当年新增种草面积 Newly Increased Grassland of the Year
全 国	**National Total**	**392832.7**	**330995.4**	**19511.0**	**7439.9**
北 京	Beijing	394.8	336.3	11.4	7.7
天 津	Tianjin	146.6	135.4	7.1	6.5
河 北	Hebei	4712.1	4085.3	677.8	139.8
山 西	Shanxi	4552.0	4552.0	465.9	184.8
内蒙古	Inner Mongolia	78804.5	63591.1	4311.8	1798.5
辽 宁	Liaoning	3388.8	3239.3	608.7	356.3
吉 林	Jilin	5842.2	4379.0	680.6	409.9
黑龙江	Heilongjiang	7531.8	6081.7	1375.7	412.4
上 海	Shanghai	73.3	37.3		
江 苏	Jiangsu	412.7	325.7	38.6	28.1
浙 江	Zhejiang	3169.9	2075.2	50.5	34.9
安 徽	Anhui	1663.2	1485.2	116.3	71.4
福 建	Fujian	2048.0	1957.1	54.5	30.3
江 西	Jiangxi	4442.3	3847.6	235.0	135.5
山 东	Shandong	1638.0	1329.2	201.5	113.1
河 南	Henan	4433.8	4043.3	231.8	45.8
湖 北	Hubei	6352.2	5071.5	218.2	93.7
湖 南	Hunan	6372.7	5666.3	199.4	42.5
广 东	Guangdong	3266.2	2677.2	33.7	19.7
广 西	Guangxi	8698.3	6500.3	81.6	18.3
海 南	Hainan	949.8	843.3	18.2	0.2
重 庆	Chongqing	2158.4	1867.2	88.0	41.8
四 川	Sichuan	20380.4	17753.1	1822.7	1083.7
贵 州	Guizhou	4287.3	3759.7	576.0	160.0
云 南	Yunnan	15308.4	11925.6	685.4	203.4
西 藏	Tibet	82051.9	70846.8	113.2	49.3
陕 西	Shaanxi	5206.2	4349.2	853.3	93.5
甘 肃	Gansu	17904.2	16071.6	2644.2	624.3
青 海	Qinghai	36369.7	31530.7	845.3	498.7
宁 夏	Ningxia	3014.1	2625.6	663.7	249.6
新 疆	Xinjiang	54504.2	45902.2	1394.4	397.5
新疆兵团	Xinjiang Production & Construction Corps	2754.6	2104.6	206.2	88.6

资料来源：农业部。
Source: Ministry of Agriculture.

6-5 各地区地质公园建设情况(2011年)
Construction of Geoparks by Region (2011)

地　区 Region	地质公园(个) Geopark (unit)	#国家级 National Level	地质公园积(公顷) Area of Geopark (hectare)	#国家级 National Level	地质公园类别(个) Categories of Geoparks (unit) 地质构造、剖面和形迹 Geological Structure, Section or Traces	古生物化石 Fossil	地质地貌景观 Geological-geomor Phological Landscape	建设投资(万元) Investment in Construction (10 000 yuan)	#本年投资 Investment in Current Year
全　国 National Total	**320**	**138**	**8077271**	**5593592**	**39**	**26**	**255**	**3173604**	**258812**
北　京 Beijing	7	3	154612	56350	1	1	5	179000	1700
天　津 Tianjin	1	1	34200	34200	1			5792	180
河　北 Hebei	14	7	532612	407318	3	1	10	87115	26190
山　西 Shanxi	14	4	124102	124102	1	1	12	59701	2052
内蒙古 Inner Mongolia	12	3	662217	278710		3	9	20612	5300
辽　宁 Liaoning	5	4	257150	255321	1	1	3	56025	9804
吉　林 Jilin	8	1	325281	38278			8	14794	1400
黑龙江 Heilongjiang	23	5	1121312	776386		1	22	68815	
上　海 Shanghai	1	1	14500	14500			1	4580	1350
江　苏 Jiangsu	5	2	10979	492			5	51375	5776
浙　江 Zhejiang	8	4	70908	44316	1	1	6	36184	5443
安　徽 Anhui	16	7	163553	112912	3		13	57261	9616
福　建 Fujian	10	8	172549	143619	2		8	234891	15541
江　西 Jiangxi	8	4	365809	203613			8	216408	8300
山　东 Shandong	25	6	356118	231560	2	1	22	136453	22013
河　南 Henan	15	11	405547	377587	4	1	10	152940	26092
湖　北 Hubei	20	4	574686	261775	2	2	16	49999	9056
湖　南 Hunan	23	6	352800	140200			23	152172	2400
广　东 Guangdong	9	7	101820	101820			9	89626	31586
广　西 Guangxi	10	5	156140	110640	1		9	12601	2120
海　南 Hainan	3	1	337398	10800			3	3808	517
重　庆 Chongqing	7	3	13836	13448		1	6	20369	1840
四　川 Sichuan	23	12	473646	314387	8	3	12	556639	12560
贵　州 Guizhou	14	6	326151	219160	2	3	9	16132	5827
云　南 Yunnan	10	6	298654	298654		3	7	212215	2376
西　藏 Tibet	5	2	78406	462480	3		2	7964	539
陕　西 Shaanxi	9	3	125886	119805	2		7	323968	7247
甘　肃 Gansu	4	4	54700	54700		1	3	17177	2800
青　海 Qinghai	4	4	174900	174900			4	7068	2288
宁　夏 Ningxia	4	1	38201	12960	2	1	1	3430	1200
新　疆 Xinjiang	3	3	198600	198600		1	2	318490	35700

资料来源：国土资源部(下表同)。
Source:Ministry of Land and Resources (the same as in the following table).

6-6 各地区矿山环境保护情况(2011年)
Protection of Mine Environment by Region (2011)

地 区	Region	累计矿山占用破坏土地(公顷) Land Occupied or Destructed by Mines (hectare)	矿山环境恢复治理 Rehabilitation and Inprovement of Mine Environment			
			投入资金(万元) Investment (10 000 yuan)	中央财政 Central Finance	地方财政 Local Finance	本年恢复面积(公顷) Area of Rehabilitation in Current Year (hectare)
全 国	**National Total**	**2659851**	**969858**	**451726**	**223589**	**71406**
北 京	Beijing	21950	11250	9133	2117	360
天 津	Tianjin	1646	5862			77
河 北	Hebei	67452	36381	17500	4930	1752
山 西	Shanxi	118362	18888	12784	2265	469
内蒙古	Inner Mongolia	425845	29160	4500	24660	4011
辽 宁	Liaoning	122337	59416	58380	1036	36621
吉 林	Jilin	19848	43406	25700	5000	324
黑龙江	Heilongjiang	902265	20835	11500	8580	593
上 海	Shanghai	31	800			2
江 苏	Jiangsu	25043	47408	3500	30753	517
浙 江	Zhejiang	11728	21865	5100	11533	516
安 徽	Anhui	72322	66011	25500	17094	789
福 建	Fujian	5570	7653	1785	1236	626
江 西	Jiangxi	82489	28743	19500	5580	5749
山 东	Shandong	29422	83567	17600	16476	3817
河 南	Henan	48037	79146	22757	46745	2260
湖 北	Hubei	32723	71336	50000	5163	535
湖 南	Hunan	23413	78466	30500	14937	640
广 东	Guangdong	12656	15709	1900	6469	479
广 西	Guangxi	55787	19199	16500	625	1074
海 南	Hainan	6105	3696		267	732
重 庆	Chongqing	116858	17370	15000	2370	570
四 川	Sichuan	9502	22036	9000	5454	757
贵 州	Guizhou	13127	40545	5008	1180	272
云 南	Yunnan	30295	63171	23670	4355	1855
西 藏	Tibet	9074	1909	1909		91
陕 西	Shaanxi	53413	13867	13500	45	234
甘 肃	Gansu	49180	29800	27500	2300	1001
青 海	Qinghai	244003	4500	4500		2004
宁 夏	Ningxia	6233	16547	16500		963
新 疆	Xinjiang	43131	11318	1000	2420	1717

6-7 各流域除涝情况(2011年)
Flood Prevention Measures by River Valley (2011)

单位：千公顷 (1 000 hectares)

流域片	River Valley	累计除涝面积 Area with Flood Prevention Measures	本年除涝面积 Change in Area with Flood Prevention Measures	
			新增 Increase	减少 Reduction
全国	**National Total**	**21721.62**	**295.88**	**224.59**
松花江区	Songhuajiang River	4301.31	39.73	23.37
辽河区	Liaohe River	1294.17	4.93	1.06
海河区	Haihe River	3222.78	10.25	6.23
黄河区	Huanghe River	596.83	7.01	7.89
淮河区	Huaihe River	6776.55	140.71	137.14
长江区	Changjiang River	4131.04	71.49	46.67
东南诸河区	Southeastern Rivers	407.47	9.31	1.89
珠江区	Zhujiang River	837.40	9.92	0.22
西南诸河区	Southwestern Rivers	109.14	2.48	0.12
西北诸河区	Northwestern Rivers	44.94	0.05	

资料来源:水利部(以下各表同)。
Source:Ministry of Water Resource (the same as in the following tables).

6-8 各流域水土流失治理情况(2011年)
Area of Soil Erosion under Control by River Valley (2011)

单位：千公顷 (1 000 hectares)

流域片	River Valley	累计水土流失治理面积 Area of Soil Erosion under Control	#小流域治理面积 Small Drainage Area	水土流失治理面积 Change in Area of Soil Erosion under Control	
				新增 Increase	减少 Reduction
全国	**National Total**	**109663.8**	**41425.4**	**4008.3**	**1305.5**
松花江区	Songhuajiang River	9362.2	2297.9	294.9	19.8
辽河区	Liaohe River	11260.5	4809.6	304.5	42.6
海河区	Haihe River	10171.0	4649.7	337.2	140.6
黄河区	Huanghe River	24584.9	7021.7	1065.1	608.6
淮河区	Huaihe River	7008.6	2716.7	196.7	64.4
长江区	Changjiang River	34083.2	15227.0	1262.2	330.3
东南诸河区	Southeastern Rivers	3895.5	1311.9	109.2	61.2
珠江区	Zhujiang River	5488.7	2129.2	235.7	20.8
西南诸河区	Southwestern Rivers	1882.9	723.9	102.7	3.0
西北诸河区	Northwestern Rivers	1926.2	538.0	100.2	14.3

6-9 各地区除涝情况(2011年)
Flood Prevention Measures by Region (2011)

单位：千公顷 (10 00 hectares)

地 区	Region	累计除涝面积 Area with Flood Prevention Measures	本年除涝面积 Change in Area with Flood Prevention Measures	
			新 增 Increase	减 少 Reduction
全 国	**National Total**	**21721.62**	**295.88**	**224.59**
北 京	Beijing	149.77		
天 津	Tianjin	376.75	0.10	0.57
河 北	Hebei	1649.72	1.08	
山 西	Shanxi	89.13		
内蒙古	Inner Mongolia	277.00		
辽 宁	Liaoning	989.12	4.93	1.06
吉 林	Jilin	1022.90	1.50	
黑龙江	Heilongjiang	3349.76	38.23	23.37
上 海	Shanghai	56.82	1.47	
江 苏	Jiangsu	2778.25	53.01	76.99
浙 江	Zhejiang	499.71	3.59	0.59
安 徽	Anhui	2283.40	23.86	9.51
福 建	Fujian	134.58	6.37	1.38
江 西	Jiangxi	378.24	3.84	1.32
山 东	Shandong	2666.29	19.76	5.27
河 南	Henan	1973.30	108.89	95.55
湖 北	Hubei	1219.48	6.73	6.43
湖 南	Hunan	448.83	6.41	1.80
广 东	Guangdong	519.08	4.79	0.20
广 西	Guangxi	211.40	1.82	
海 南	Hainan	20.20	2.69	
重 庆	Chongqing			
四 川	Sichuan	94.44	0.48	0.02
贵 州	Guizhou	54.81	0.81	
云 南	Yunnan	257.77	3.90	0.12
西 藏	Tibet	22.34		
陕 西	Shaanxi	131.97	1.57	0.41
甘 肃	Gansu	12.47		
青 海	Qinghai			
宁 夏	Ningxia	10.50		
新 疆	Xinjiang	43.61	0.05	

6-10 各地区水土流失治理情况(2011年)
Area of Soil Erosion under Control by Region (2011)

单位：千公顷 (1 000 hectares)

地区	Region	累计水土流失治理面积 Area of Soil Erosion under Control	#小流域治理面积 Smasll Drainage Area	水土流失治理面积 Change in Area of Soil Erosion under Control	
				新增 Increase	减少 Reduction
全国	**National Total**	**109663.8**	**41425.4**	**4008.3**	**1305.5**
北京	Beijing	579.8	579.8	37.0	
天津	Tianjin	51.6	33.4	5.2	0.1
河北	Hebei	6351.5	3211.3	147.7	86.5
山西	Shanxi	5560.6	756.8	256.0	47.9
内蒙古	Inner Mongolia	11219.3	3454.8	445.3	123.5
辽宁	Liaoning	6486.5	3219.6	181.8	29.0
吉林	Jilin	3639.2	483.0	52.6	
黑龙江	Heilongjiang	4838.8	1631.3	168.1	19.8
上海	Shanghai				
江苏	Jiangsu	1110.2	269.6	73.0	15.0
浙江	Zhejiang	2457.6	525.3	46.6	20.6
安徽	Anhui	2180.3	952.9	45.1	0.8
福建	Fujian	1493.1	813.5	63.7	40.6
江西	Jiangxi	4626.8	908.6	129.6	16.8
山东	Shandong	4722.5	1354.3	88.7	17.7
河南	Henan	4412.6	2552.8	116.1	132.2
湖北	Hubei	4832.7	1448.4	168.7	2.5
湖南	Hunan	2906.9	895.3	44.9	9.3
广东	Guangdong	1418.7	573.4	41.3	1.1
广西	Guangxi	1952.1	301.1	86.1	7.8
海南	Hainan	37.7	0.4	5.0	
重庆	Chongqing	2376.7	1829.3	86.5	22.1
四川	Sichuan	6536.2	3812.0	213.9	7.3
贵州	Guizhou	3249.8	2817.0	145.1	4.4
云南	Yunnan	5866.8	2868.5	330.1	18.9
西藏	Tibet	42.3	3.6	1.9	
陕西	Shaanxi	9407.1	3305.9	658.7	559.7
甘肃	Gansu	8096.8	2072.8	203.1	53.3
青海	Qinghai	840.8	312.6	15.3	
宁夏	Ningxia	1910.0	280.3	113.1	69.0
新疆	Xinjiang	458.7	158.2	38.3	

6-11 各地区湿地情况
Area of Wetland by Region

地 区	Region	湿地面积（千公顷） Area of Wetland (1 000 hectares)							湿地总面积占国土面积比重(%) Proportion of Wetland in Total Aera of Territory (%)
			自然湿地 Natural Wetland					人工湿地 Man-made Wetland	
				近岸及海岸 Coast & Seashores	河流 Rivers	湖泊 Lakes	沼泽 Marshland		
全 国	**National Total**	**38485.5**	**36200.6**	**5941.7**	**8207.0**	**8351.6**	**13700.3**	**2285.0**	**4.01**
北 京	Beijing	34.4	5.0		5.0			29.4	1.93
天 津	Tianjin	171.8	133.7	58.1	55.1	12.3	8.2	38.1	14.95
河 北	Hebei	1081.9	1042.3	278.8	319.3	307.2	136.9	39.6	5.82
山 西	Shanxi	499.9	462.2		454.1	8.1		37.7	3.19
内蒙古	Inner Mongolia	4245.0	4200.8		607.5	495.2	3098.1	44.3	3.66
辽 宁	Liaoning	1219.6	1106.8	738.1	252.2	6.3	110.2	112.9	8.37
吉 林	Jilin	1203.4	1016.4	5.8	581.4	74.5	354.7	187.0	6.37
黑龙江	Heilongjiang	4314.8	4182.8		460.7	401.9	3320.3	132.0	9.49
上 海	Shanghai	319.7	319.4	305.4	7.2	6.8		0.3	53.68
江 苏	Jiangsu	1674.7	1651.1	843.5	203.3	604.2		23.6	16.32
浙 江	Zhejiang	802.2	695.9	574.3	118.5	3.0	0.1	106.3	7.88
安 徽	Anhui	653.9	590.0		239.5	350.5		63.9	4.73
福 建	Fujian	443.0	421.2	370.6	31.1	19.5		21.8	3.65
江 西	Jiangxi	998.8	872.9		314.9	443.2	114.8	125.9	5.99
山 东	Shandong	1784.1	1681.4	1210.9	301.1	165.5	3.9	102.7	11.72
河 南	Henan	624.1	482.2		472.7	2.6	6.9	141.9	3.74
湖 北	Hubei	927.3	730.5		377.4	294.7	58.4	196.9	4.99
湖 南	Hunan	1226.9	1047.5		683.1	359.3	5.1	179.5	5.79
广 东	Guangdong	1398.1	1252.0	1017.8	231.7	1.5	1.0	146.0	7.86
广 西	Guangxi	656.1	567.5	348.4	219.1			88.6	2.76
海 南	Hainan	311.5	256.6	190.0	38.3	17.3	11.0	54.9	9.13
重 庆	Chongqing	43.2	31.9		31.6	0.3		11.3	0.52
四 川	Sichuan	961.7	919.5		563.9	13.4	342.3	42.1	1.98
贵 州	Guizhou	79.4	65.9		58.0	2.3	5.7	13.5	0.45
云 南	Yunnan	235.3	220.3		119.8	96.5	4.0	15.0	0.61
西 藏	Tibet	5232.0	5231.5		231.1	2538.6	2461.7	0.5	4.26
陕 西	Shaanxi	292.9	277.2		252.1	7.3	17.8	15.7	1.42
甘 肃	Gansu	1258.1	1131.4		565.6	44.3	521.5	126.7	2.80
青 海	Qinghai	4126.0	4087.7		107.5	1232.0	2748.1	38.3	5.72
宁 夏	Ningxia	255.6	252.4		104.1	148.3		3.2	3.85
新 疆	Xinjiang	1410.2	1264.6		200.2	694.9	369.5	145.5	0.86

注：本表为中国首次湿地调查(1995-2003)资料，不包括台湾省、香港和澳门特别行政区；湿地面积不包括水稻田湿地。

Note: Data in the table are figures of China's First Wetland Survey (1995-2003), excluding the wetland of Taiwan Province, Hong Kong SAR and Macao SAR. Area of wetland excludes the wetland of paddyfields.

6-12 各地区沙化土地情况
Sandy Land by Region

单位：万公顷 (10 000 hectares)

地 区	Region	沙化土地面积 Area of Sandy Land	流动沙丘(地) Mobile Sand	半固定沙丘(地) Semi-fixed Sand	固定沙丘(地) Fixed Sand	露沙地 Bare Sand
全 国	**National Total**	**17310.77**	**4061.34**	**1771.57**	**2779.25**	**997.62**
北 京	Beijing	5.24			5.24	
天 津	Tianjin	1.54			0.73	
河 北	Hebei	212.53		1.43	99.63	
山 西	Shanxi	61.78		3.23	48.87	0.38
内蒙古	Inner Mongolia	4146.83	847.99	585.11	1224.15	587.49
辽 宁	Liaoning	54.95	0.11	0.99	38.09	0.11
吉 林	Jilin	70.80		1.48	34.52	
黑龙江	Heilongjiang	49.57		0.78	41.42	
上 海	Shanghai					
江 苏	Jiangsu	58.44			8.06	
浙 江	Zhejiang	0.01			0.01	
安 徽	Anhui	12.05			5.05	
福 建	Fujian	4.15	0.11	0.05	1.48	
江 西	Jiangxi	7.25	0.06	0.28	2.76	
山 东	Shandong	76.76	0.08	0.90	24.35	
河 南	Henan	62.86	0.06	0.90	12.62	
湖 北	Hubei	18.99	0.12	0.13	7.00	0.01
湖 南	Hunan	5.88	0.02	0.09	5.42	
广 东	Guangdong	10.03	0.34	0.11	4.29	
广 西	Guangxi	19.49	0.07	0.03	4.40	
海 南	Hainan	5.99			4.87	
重 庆	Chongqing	0.25	0.01	…	0.02	
四 川	Sichuan	91.38	1.06	3.76	19.45	61.64
贵 州	Guizhou	0.62	0.10	0.03	0.14	
云 南	Yunnan	4.42	0.34	0.11	1.45	0.11
西 藏	Tibet	2161.86	39.03	101.24	39.13	144.78
陕 西	Shaanxi	141.32	2.83	12.87	122.16	
甘 肃	Gansu	1192.24	189.48	120.67	175.18	3.81
青 海	Qinghai	1250.35	120.11	115.62	118.07	199.28
宁 夏	Ningxia	116.23	10.78	11.44	74.03	
新 疆	Xinjiang	7466.97	2848.64	810.33	656.68	

注：本表为第四次全国荒漠化和沙化监测(2009年)资料。
Note:Data in the table are the figures of the Fourth National Desertification and Sandy Land Monitoring (2009).

6-12 续表 continued

单位：万公顷 (10 000 hectares)

地 区	Region	沙化耕地 Arable Land Desertificated	非生物工程 Non-biological Engineering	风蚀残丘 Mound of Wind Erosion	风蚀劣地 Badlands of Wind Erosion	戈壁 Gobi
全 国	**National Total**	**445.94**	**0.66**	**88.98**	**557.26**	**6608.15**
北 京	Beijing					
天 津	Tianjin	0.80				
河 北	Hebei	111.48				
山 西	Shanxi	9.29				
内蒙古	Inner Mongolia	19.61		0.43	174.37	707.69
辽 宁	Liaoning	15.66				
吉 林	Jilin	34.80				
黑龙江	Heilongjiang	7.37				
上 海	Shanghai					
江 苏	Jiangsu	50.38				
浙 江	Zhejiang					
安 徽	Anhui	7.00				
福 建	Fujian	2.50				
江 西	Jiangxi	4.15				
山 东	Shandong	51.43				
河 南	Henan	49.28				
湖 北	Hubei	11.70	0.03			
湖 南	Hunan	0.36				
广 东	Guangdong	5.29	0.01			
广 西	Guangxi	14.98				
海 南	Hainan	1.12				
重 庆	Chongqing	0.22				
四 川	Sichuan	5.42	0.04			
贵 州	Guizhou	0.35				
云 南	Yunnan	2.41	…			
西 藏	Tibet	2.07	0.07			1835.54
陕 西	Shaanxi	3.46				
甘 肃	Gansu	6.18	0.17	1.63	15.81	679.31
青 海	Qinghai		0.09	73.23	312.10	311.86
宁 夏	Ningxia	10.10		0.09		9.80
新 疆	Xinjiang	18.53	0.24	13.61	54.98	3063.95

七、土地利用

Land Use

7-1 全国土地利用情况(2000-2008年)
Land Use (2000-2008)

单位：万公顷 (10 000 hectares)

年 份 Year	农用地 Land for Agriculture Use	#耕地 Coltivated Land	#园地 Garden Land	#林地 woodland	#牧草地 Grazing and Pasture Land
2000	65336.2	12824.3	1057.6	22878.9	26376.9
2001	65331.6	12761.6	1064.0	22919.1	26384.6
2002	65660.7	12593.0	1079.0	23072.0	26352.2
2003	65706.1	12339.2	1108.2	23396.8	26311.2
2004	65701.9	12244.4	1128.8	23504.7	26270.7
2005	65704.7	12208.3	1154.9	23574.1	26214.4
2006	65718.8	12177.6	1181.8	23612.1	26193.2
2007	65702.1	12173.5	1181.3	23611.7	26186.5
2008	65687.6	12171.6	1179.1	23609.2	26183.5

7-1 续表 continued

单位：万公顷 (10 000 hectares)

年 份 Year	建设用地 Land for Construction	居民点及工矿用地 Land for Living Quarters Mining and Manufacturing Sites	交通运输用地 Land for Transport Facilities	水利设施用地 Land for Water Conservancy Facilities
2000	3620.6	2470.9	576.1	573.6
2001	3641.3	2487.6	580.8	573.0
2002	3072.4	2509.5	207.7	355.2
2003	3106.5	2535.4	214.5	356.5
2004	3155.1	2572.8	223.3	359.0
2005	3192.2	2601.5	230.9	359.9
2006	3236.5	2635.4	239.5	361.5
2007	3272.0	2664.7	244.4	362.9
2008	3305.8	2691.6	249.6	364.5

7-2 各地区土地利用情况(2008年)
Land Use by Region (2008)

单位：万公顷 (10 000 hectares)

地 区	Region	农用地 Land for Agriculture Use	#耕 地 Cultivated Land	#园 地 Garden Land	#林 地 woodland	#牧草地 Grazing and Pasture Land
全 国	**National Total**	**65687.6**	**12171.6**	**1179.1**	**23609.2**	**26183.5**
北 京	Beijing	109.6	23.2	12.0	68.7	0.2
天 津	Tianjin	69.3	44.1	3.5	3.6	0.1
河 北	Hebei	1308.2	631.7	70.5	442.2	79.9
山 西	Shanxi	1014.3	405.6	29.5	442.0	65.8
内蒙古	Inner Mongolia	9523.0	714.7	7.3	2184.3	6560.9
辽 宁	Liaoning	1122.8	408.5	59.6	569.9	34.9
吉 林	Jilin	1639.3	553.5	11.5	924.5	104.4
黑龙江	Heilongjiang	3792.4	1183.0	6.0	2288.3	220.8
上 海	Shanghai	36.7	24.4	2.1	2.4	…
江 苏	Jiangsu	671.6	476.4	31.6	32.3	0.1
浙 江	Zhejiang	867.2	192.1	66.1	562.9	…
安 徽	Anhui	1119.0	573.0	33.9	359.6	2.8
福 建	Fujian	1073.1	133.0	62.9	830.7	0.3
江 西	Jiangxi	1416.4	282.7	27.8	1031.4	0.4
山 东	Shandong	1156.6	751.5	100.7	135.7	3.4
河 南	Henan	1228.1	792.6	31.4	301.9	1.4
湖 北	Hubei	1465.2	466.4	42.4	793.7	4.4
湖 南	Hunan	1789.8	378.9	49.0	1190.5	10.4
广 东	Guangdong	1489.1	283.1	100.8	1012.8	2.7
广 西	Guangxi	1786.6	421.8	53.9	1160.0	71.6
海 南	Hainan	282.3	72.8	53.2	148.1	1.9
重 庆	Chongqing	692.0	223.6	24.0	329.1	23.7
四 川	Sichuan	4239.8	594.7	71.6	1967.8	1371.1
贵 州	Guizhou	1524.6	448.5	12.1	790.9	159.8
云 南	Yunnan	3176.0	607.2	84.2	2214.1	78.2
西 藏	Tibet	7760.6	36.2	0.2	1268.4	6444.1
陕 西	Shaanxi	1847.8	405.0	70.6	1035.4	306.4
甘 肃	Gansu	2387.9	465.9	20.0	514.9	1261.3
青 海	Qinghai	4372.4	54.3	0.7	266.5	4034.7
宁 夏	Ningxia	417.4	110.7	3.4	60.6	226.4
新 疆	Xinjiang	6308.5	412.5	36.4	676.5	5111.4

资料来源：国土资源部(以下各表同)。
Source:Ministry of Land and Resources (the same as in the following tables).

7-2 续表 continued

单位：万公顷 (10 000 hectares)

地区	Region	建设用地 Land for Construction	居民点及工矿用地 Land for Living Quarters Mining and Manufacturing Sites	交通运输用地 Land for Transport Facilities	水利设施用地 Land for Water Conservancy Facilities
全国	**National Total**	**3305.8**	**2691.6**	**249.6**	**364.5**
北京	Beijing	33.8	27.9	3.3	2.6
天津	Tianjin	36.8	28.1	2.2	6.5
河北	Hebei	179.4	154.5	12.0	12.9
山西	Shanxi	86.9	77.3	6.3	3.3
内蒙古	Inner Mongolia	149.2	123.9	16.0	9.3
辽宁	Liaoning	139.9	115.9	9.2	14.8
吉林	Jilin	106.5	84.2	6.7	15.6
黑龙江	Heilongjiang	149.2	116.1	11.9	21.2
上海	Shanghai	25.4	23.0	2.1	0.2
江苏	Jiangsu	193.4	161.0	13.1	19.3
浙江	Zhejiang	104.9	81.7	9.5	13.8
安徽	Anhui	166.2	133.4	10.1	22.7
福建	Fujian	64.7	50.7	7.9	6.1
江西	Jiangxi	95.4	67.5	7.5	20.5
山东	Shandong	251.1	209.3	16.3	25.5
河南	Henan	218.7	188.3	12.2	18.2
湖北	Hubei	140.0	100.9	9.2	30.0
湖南	Hunan	139.0	108.8	10.4	19.8
广东	Guangdong	179.0	145.7	12.1	21.1
广西	Guangxi	95.4	71.0	8.8	15.5
海南	Hainan	29.8	22.3	1.4	6.1
重庆	Chongqing	59.3	48.9	4.8	5.5
四川	Sichuan	160.3	136.6	13.5	10.2
贵州	Guizhou	55.7	45.7	6.1	4.0
云南	Yunnan	81.6	62.8	10.0	8.8
西藏	Tibet	6.7	4.2	2.4	0.1
陕西	Shaanxi	81.7	71.0	6.6	4.0
甘肃	Gansu	97.7	88.2	6.6	2.9
青海	Qinghai	32.7	24.7	3.2	4.8
宁夏	Ningxia	21.2	18.6	1.9	0.7
新疆	Xinjiang	124.0	99.3	6.3	18.4

7-3 各地区耕地变动情况(2008年)
Change of Cultivated Land by Region (2008)

单位：公顷 (hectare)

地 区	Region	年初耕地面积 Area of Cultivated Land at Beginning of the year	本年增加耕地面积 Area of Increased Cultivated Land	整理 Land Rehabilitation	复垦 Cultivate Renewdely Reclamation	开发 Redevelopment	农业结构调整 Structural Adjustment to Agriculture
全 国	**National Total**	**121735199**	**258705**	**61909**	**29334**	**138364**	**29098**
北 京	Beijing	232187	1984	1122	30	786	47
天 津	Tianjin	443676	3789	540	48	3200	
河 北	Hebei	6315140	15811	3155	1421	8244	2991
山 西	Shanxi	4053448	5430	401	137	4761	131
内蒙古	Inner Mongolia	7146280	5113	1036	549	3036	492
辽 宁	Liaoning	4085168	5095	456	79	4518	43
吉 林	Jilin	5535022	4483	1801	387	2295	
黑龙江	Heilongjiang	11838365	6735	1631	525	3703	876
上 海	Shanghai	259634	3143	643	1024	1	1475
江 苏	Jiangsu	4763775	22328	3311	6865	12152	…
浙 江	Zhejiang	1917536	24379	9719	2349	9752	2559
安 徽	Anhui	5728153	11941	2000	4220	4805	916
福 建	Fujian	1333076	4047	386	36	3581	45
江 西	Jiangxi	2826748	6086	398	25	5525	136
山 东	Shandong	7507062	23082	7978	2681	8561	3861
河 南	Henan	7926027	10431	1791	1468	6992	180
湖 北	Hubei	4663355	8859	2471	1818	4439	131
湖 南	Hunan	3788971	6539	1262	76	5121	80
广 东	Guangdong	2847659	5391	818	126	4189	258
广 西	Guangxi	4214697	7809	719	19	6522	549
海 南	Hainan	727499	1601	918		665	19
重 庆	Chongqing	2239082	7183	4498	306	2177	202
四 川	Sichuan	5950121	19615	10438	478	3181	5517
贵 州	Guizhou	4487455	5471	221	339	4871	41
云 南	Yunnan	6072358	11657	542	1107	7197	2811
西 藏	Tibet	361139	818	114	29	642	33
陕 西	Shaanxi	4049045	9834	1223	2504	5934	173
甘 肃	Gansu	4659754	3362	1026	365	1828	142
青 海	Qinghai	542202	1278	104	7	1164	3
宁 夏	Ningxia	1106340	2683	177	2	1748	756
新 疆	Xinjiang	4114225	12728	1010	316	6771	4631

7-3 续表 continued

单位：公顷 (hectare)

地区 Region	本年减少耕地面积 Area of Reduce Cultivated Land	建设占用 Used for Construction Purpose	灾害损毁 Destroyed by Disasters	生态退耕 Restored to Original-land land for Ecological Preservation	农业结构调整 Structural Adjustment to Agriculture	年末耕地面积 Area of Cultivated Land at the end of the year	人均耕地面积(亩) Cultivated Land per Capita (a unit of area)
全 国 National Total	**278012**	**191568**	**24803**	**7598**	**54043**	**121715892**	**1.37**
北 京 Beijing	2484	2027		171	286	231688	0.21
天 津 Tianjin	6375	3788	2587		…	441090	0.56
河 北 Hebei	13654	7527	11	2763	3352	6317297	1.36
山 西 Shanxi	3054	3013	5	5	31	4055823	1.78
内蒙古 Inner Mongolia	4150	2965	1004	…	180	7147243	4.44
辽 宁 Liaoning	4980	4910		46	24	4085283	1.42
吉 林 Jilin	4861	4284	…	330	247	5534644	3.04
黑龙江 Heilongjiang	14979	5037	19	1	9922	11830121	4.64
上 海 Shanghai	18817	7211	122	466	11018	243960	0.19
江 苏 Jiangsu	22310	22310				4763793	0.93
浙 江 Zhejiang	21060	20463	76	22	500	1920855	0.56
安 徽 Anhui	9905	8896	4	212	793	5730189	1.40
福 建 Fujian	7019	6500	255	3	261	1330104	0.55
江 西 Jiangxi	5747	5696	12	4	35	2827086	0.96
山 东 Shandong	14837	13555	28	251	1003	7515306	1.20
河 南 Henan	10084	9779		68	237	7926374	1.26
湖 北 Hubei	8092	6874	217	34	968	4664121	1.23
湖 南 Hunan	6135	5960	67	7	100	3789374	0.89
广 东 Guangdong	22319	3547	534	372	17866	2830731	0.44
广 西 Guangxi	4986	4567	162	101	157	4217520	1.31
海 南 Hainan	1592	602	57	62	871	727509	1.28
重 庆 Chongqing	10333	5035	4416	168	713	2235932	1.18
四 川 Sichuan	22337	12276	9159	314	589	5947399	1.10
贵 州 Guizhou	7629	3592	3170	572	295	4485297	1.77
云 南 Yunnan	11955	8685	2029	205	1035	6072060	2.00
西 藏 Tibet	325	195	57	45	29	361631	1.89
陕 西 Shaanxi	8531	6140	213	590	1588	4050348	1.61
甘 肃 Gansu	4348	2587	575	213	973	4658767	2.66
青 海 Qinghai	761	744		…	17	542719	1.47
宁 夏 Ningxia	1961	1527	…	28	406	1107062	2.69
新 疆 Xinjiang	2390	1273	24	545	547	4124564	2.90

八、林业

Forestry

8-1 全国造林情况(2000-2011年)
Area of Afforestation (2000-2011)

单位：万公顷 (10 000 hectares)

年 份 Year	造林总面积 Total Afforestation Area	人工造林 Plantation Establishment	飞机播种 Aerial Seeding	无林地和疏林地新封 Area of No or Spare with Forests
2000	510.5	434.5	76.0	
2001	495.3	397.7	97.6	
2002	777.1	689.6	87.5	
2003	911.9	843.2	68.6	
2004	679.5	501.9	57.9	119.7
2005	540.4	323.2	41.6	175.6
2006	383.9	244.6	27.2	112.1
2007	390.8	273.9	11.9	105.1
2008	535.4	368.5	15.4	151.5
2009	626.2	415.6	22.6	188.0
2010	591.0	387.3	19.6	184.1
2011	599.7	406.6	19.7	173.4

8-2 各地区森林资源情况
Forest Resources by Region

地 区	Region	林地面积 (万公顷) Area of Afforested Land (10 000 hectares)	森林面积 (万公顷) Forest Aera (10 000 hectares)	#人工林 Man-made Foresr	森林覆盖率 (%) Forest Coverage Rate (%)	活立木总蓄积量 (万立方米) Total Standing Forest Stock (10 000 cu.m)	森林蓄积量 (万立方米) Stock Volume of Forest (10 000 cu.m)
全 国	**National Total**	**30590.41**	**19545.22**	**6168.84**	**20.36**	**1491268.19**	**1372080.36**
北 京	Beijing	101.46	52.05	35.65	31.72	1291.29	1038.58
天 津	Tianjin	14.22	9.32	8.88	8.24	277.01	198.89
河 北	Hebei	705.37	418.33	212.27	22.29	10183.91	8374.08
山 西	Shanxi	754.58	221.11	102.74	14.12	8846.96	7643.67
内蒙古	Inner Mongolia	4394.93	2366.40	303.91	20.00	136073.62	117720.51
辽 宁	Liaoning	666.28	511.98	283.03	35.13	21174.91	20226.85
吉 林	Jilin	848.73	736.57	148.94	38.93	88244.21	84412.29
黑龙江	Heilongjiang	2184.16	1926.97	235.68	42.39	165191.60	152104.96
上 海	Shanghai	7.46	5.97	5.97	9.41	275.20	100.95
江 苏	Jiangsu	128.64	107.51	104.15	10.48	5022.59	3501.75
浙 江	Zhejiang	667.97	584.42	267.44	57.41	19382.93	17223.14
安 徽	Anhui	439.40	360.07	209.87	26.06	16258.35	13755.41
福 建	Fujian	914.81	766.65	359.18	63.10	53226.01	48436.28
江 西	Jiangxi	1054.92	973.63	291.87	58.32	45045.51	39529.64
山 东	Shandong	342.12	254.46	244.38	16.72	8627.99	6338.53
河 南	Henan	502.02	336.59	217.39	20.16	18051.16	12936.12
湖 北	Hubei	822.01	578.82	167.01	31.14	23121.55	20942.49
湖 南	Hunan	1234.21	948.17	464.04	44.76	38177.20	34906.67
广 东	Guangdong	1073.07	873.98	503.18	49.44	32160.74	30183.37
广 西	Guangxi	1496.45	1252.50	515.52	52.71	51056.78	46875.18
海 南	Hainan	208.73	176.26	125.29	51.98	7940.93	7274.23
重 庆	Chongqing	400.18	286.92	76.20	34.85	13803.63	11331.85
四 川	Sichuan	2311.66	1659.52	415.65	34.31	168753.49	159572.37
贵 州	Guizhou	841.23	556.92	199.86	31.61	27911.53	24007.96
云 南	Yunnan	2476.11	1817.73	326.77	47.50	171216.68	155380.09
西 藏	Tibet	1746.63	1462.65	3.36	11.91	227271.36	224550.91
陕 西	Shaanxi	1205.80	767.56	183.27	37.26	36144.16	33820.54
甘 肃	Gansu	955.44	468.78	80.77	10.42	21708.26	19363.83
青 海	Qinghai	634.00	329.56	4.44	4.57	4413.80	3915.64
宁 夏	Ningxia	179.03	51.10	10.38	9.84	625.93	492.14
新 疆	Xinjiang	1066.57	661.65	61.75	4.02	33914.50	30100.54

注：1.本表为第七次全国森林资源清查(2004-2008)资料。
2.全国总计数包括台湾省和香港、澳门特别行政区数据。

Notes: a) Data in the table are the figures of the Seventh National Forestry Survey (2004-2008).
b) Data of national total include forest resources in Taiwan Province and Hong Kong SAR and Macao SAR.

8-3 各地区造林情况(2011年)
Area of Afforestation by Region (2011)

单位：公顷 (hectare)

地区	Region	造林总面积 Total Afforestation Area	按造林方式分 By Approach		
			人工造林 Plantation Establishment	飞播造林 Aerial Seeding	无林地和疏林地新封山育林 Area of No or Spare with Forests
全　国	**National Total**	**5996613**	**4065693**	**196931**	**1733989**
北　京	Beijing	20796	6510		14286
天　津	Tianjin	7401	7401		
河　北	Hebei	286423	175906	40665	69852
山　西	Shanxi	299713	215390	2668	81655
内蒙古	Inner Mongolia	731837	335136	113598	283103
辽　宁	Liaoning	246767	140167		106600
吉　林	Jilin	36424	34090		2334
黑龙江	Heilongjiang	123763	71921		51842
上　海	Shanghai	710	710		
江　苏	Jiangsu	57294	57294		
浙　江	Zhejiang	40473	36536		3937
安　徽	Anhui	45629	23373		22256
福　建	Fujian	212724	212724		
江　西	Jiangxi	164521	141693		22828
山　东	Shandong	219028	217329		1699
河　南	Henan	237740	193500		44240
湖　北	Hubei	194654	145911		48743
湖　南	Hunan	402435	235823		166612
广　东	Guangdong	125476	121640		3836
广　西	Guangxi	147810	132213		15597
海　南	Hainan	10914	10914		
重　庆	Chongqing	244644	139288		105356
四　川	Sichuan	251926	131636		120290
贵　州	Guizhou	202409	98724		103685
云　南	Yunnan	619961	551252		68709
西　藏	Tibet	46705	34306		12399
陕　西	Shaanxi	325752	200151	40000	85601
甘　肃	Gansu	189807	106043		83764
青　海	Qinghai	177492	49731		127761
宁　夏	Ningxia	90478	59810		30668
新　疆	Xinjiang	216907	160571		56336
大兴安岭	Daxinganling				

注：全国合计造林面积中包括军事管理区18000公顷退耕还林工程荒山荒地造林。
资料来源：国家林业局(以下各表同)。
Note:Total area of afforestation include 18000 hectares plantation of barren mountains and wasteland in the Conversion of Cropland to Forest Program.
Source:State Forestry Administration (the same as in the following tables).

8-3 续表 continued

单位：公顷 (hectare)

地区	Region	按林种用途分 By Function of Forest				
		用材林 Timber Forests	经济林 By-product Forests	防护林 Protection Forests	薪炭林 Fuelwood Forests	特种用途林 Special Purpose Forests
全国	**National Total**	**1019320**	**1218281**	**3688827**	**36805**	**33380**
北京	Beijing	11	390	19698		697
天津	Tianjin	1973	1037	4391		
河北	Hebei	24789	21437	240164		33
山西	Shanxi	300	81295	212168	5950	
内蒙古	Inner Mongolia	17738	14030	699445		624
辽宁	Liaoning	11947	16673	218032	62	53
吉林	Jilin	1819	3082	31480		43
黑龙江	Heilongjiang	17005	1899	102108	260	2491
上海	Shanghai		105	605		
江苏	Jiangsu	7601	7683	41082		928
浙江	Zhejiang	2665	8158	28734		916
安徽	Anhui	10329	14924	19997	334	45
福建	Fujian	144061	20590	46154	286	1633
江西	Jiangxi	71029	33418	56942	1617	1515
山东	Shandong	34598	51154	130896		2380
河南	Henan	56717	28704	150747	666	906
湖北	Hubei	66712	38733	85697	34	3478
湖南	Hunan	115459	48334	235527	1106	2009
广东	Guangdong	51541	13115	60478	200	142
广西	Guangxi	113198	12201	22165		246
海南	Hainan	458	1133	8715		608
重庆	Chongqing	53047	22834	164516	3655	592
四川	Sichuan	84882	50926	109431	667	6020
贵州	Guizhou	30013	67872	101038	2365	1121
云南	Yunnan	67076	433746	109746	9293	100
西藏	Tibet	27847	2115	8789	7954	
陕西	Shaanxi	4051	84570	237131		
甘肃	Gansu		15718	167756		6333
青海	Qinghai			177492		
宁夏	Ningxia	1630	21472	67376		
新疆	Xinjiang	824	100933	112327	2356	467
大兴安岭	Daxinganling					

8-4 各地区天然林资源保护情况(2011年)

Natural Forest Protection by Region (2011)

地 区	Region	木材产量 (立方米) Timber Output (cu.m)	林业投资完成额 (万元) Investment Completed (10 000 yuan)	#国家投资 State Investment	森林管护面积 (公顷) Area of Management and Protection of Forests (hectare)	#国有林 State-owned forests
全 国	**National Total**	**11143204**	**1826744**	**1696826**	**115961799**	**72365296**
北 京	Beijing					
天 津	Tianjin					
河 北	Hebei					
山 西	Shanxi	10081	40563	40237	4976858	1635808
内蒙古	Inner Mongolia	1385219	264999	253242	19899207	13279798
辽 宁	Liaoning					
吉 林	Jilin	2221028	114634	107750	3830551	3830551
黑龙江	Heilongjiang	1661446	547411	544311	8792319	8792319
上 海	Shanghai					
江 苏	Jiangsu					
浙 江	Zhejiang					
安 徽	Anhui					
福 建	Fujian					
江 西	Jiangxi					
山 东	Shandong					
河 南	Henan	132445	2375	2180	1689959	195366
湖 北	Hubei	264237	31071	19503	3362603	1064562
湖 南	Hunan					
广 东	Guangdong					
广 西	Guangxi					
海 南	Hainan		15823	5028	459000	459000
重 庆	Chongqing	97068	31022	30216	2845452	439059
四 川	Sichuan	2390656	209658	199304	19295757	13313329
贵 州	Guizhou	1523054	23467	23467	4486740	320860
云 南	Yunnan	425926	76738	62111	11688438	5099317
西 藏	Tibet		11977		1276667	1276667
陕 西	Shaanxi	144878	95879	78612	11855358	3667032
甘 肃	Gansu	29961	98647	80203	4713152	3338228
青 海	Qinghai		41592	32976	3678167	2816967
宁 夏	Ningxia		15305	15246	782190	507052
新 疆	Xinjiang	9279	28356	25213	4336012	4336012
大兴安岭	Daxinganling	847926	177227	177227	7993369	7993369

8-4 续表 continued

单位：公顷 (hectare)

地 区	Region	当年造林面积 Area of Afforestation in the Year	按造林方式分 by Approach 人工造林 Plantation Establishment	飞播造林 Aerial Seeding	无林地和疏林地新封山育林 Area without Forest or of Sparse Forest
全 国	**National Total**	**553564**	**139742**	**86931**	**326891**
北 京	Beijing				
天 津	Tianjin				
河 北	Hebei				
山 西	Shanxi	46343	13340		33003
内蒙古	Inner Mongolia	87317	12053	46931	28333
辽 宁	Liaoning				
吉 林	Jilin				
黑龙江	Heilongjiang				
上 海	Shanghai				
江 苏	Jiangsu				
浙 江	Zhejiang				
安 徽	Anhui				
福 建	Fujian				
江 西	Jiangxi				
山 东	Shandong				
河 南	Henan	4664	4664		
湖 北	Hubei	23694	5734		17960
湖 南	Hunan				
广 东	Guangdong				
广 西	Guangxi				
海 南	Hainan				
重 庆	Chongqing	32669	8670		23999
四 川	Sichuan	78199	8197		70002
贵 州	Guizhou	19336	13337		5999
云 南	Yunnan	72985	34031		38954
西 藏	Tibet	3333			3333
陕 西	Shaanxi	88634	17968	40000	30666
甘 肃	Gansu	50311	15002		35309
青 海	Qinghai	28132	1466		26666
宁 夏	Ningxia	17947	5280		12667
新 疆	Xinjiang				
大兴安岭	Daxinganling				

8-5 各地区退耕还林情况(2011年)

The Conversion of Cropland to Forest Program by Region (2011)

地 区	Region	当年造林面积(公顷) Area of Afforestation in the Year (hectare)	退耕地造林面积 Area of Cropland Converted to Forest	荒山荒地造林面积 Area of Plantation of Barren Mountains & Wasteland	无林地和疏林地新封山育林 Area without Forest or of Sparse Forest	林业投资完成额(万元) Investment Completed (10 000 yuan)	#国家投资 State Investment
全 国	**National Total**	**741251**	**59**	**527729**	**213463**	**2722725**	**2175650**
北 京	Beijing					5097	1565
天 津	Tianjin					938	
河 北	Hebei	21587		16522	5065	169218	144834
山 西	Shanxi	45291		36621	8670	99804	99797
内蒙古	Inner Mongolia	41563		26228	15335	199111	164407
辽 宁	Liaoning	30664		11998	18666	56234	50984
吉 林	Jilin	11269	59	9543	1667	56279	55571
黑龙江	Heilongjiang	27091		12424	14667	114316	100481
上 海	Shanghai						
江 苏	Jiangsu						
浙 江	Zhejiang						
安 徽	Anhui	15335		5333	10002	104569	28354
福 建	Fujian						
江 西	Jiangxi	22660		11999	10661	49859	26020
山 东	Shandong						
河 南	Henan	48261		30262	17999	69855	38586
湖 北	Hubei	42672		36009	6663	111549	68263
湖 南	Hunan	35487		17486	18001	149638	63863
广 东	Guangdong						
广 西	Guangxi	18246		15245	3001	73670	53650
海 南	Hainan	2465		2465		15582	13418
重 庆	Chongqing	26269		15602	10667	168968	148509
四 川	Sichuan	26897		16900	9997	349097	335465
贵 州	Guizhou	18667		11998	6669	180890	174102
云 南	Yunnan	137060		129057	8003	122351	68418
西 藏	Tibet	8666		4333	4333	11321	11321
陕 西	Shaanxi	59356		48689	10667	200057	141405
甘 肃	Gansu	22164		13365	8799	199212	189094
青 海	Qinghai	22516		8516	14000	44689	44689
宁 夏	Ningxia	5999		5999		92233	91945
新 疆	Xinjiang	33066		23135	9931	78188	60909
大兴安岭	Daxinganling						

注：全国合计造林面积中包括军事管理区18000公顷荒山荒地造林。
Note:Total area of afforestation include 18000 hectares plantation of barren mountains and wasteland.

8-6 三北、长江流域等重点防护林体系工程建设情况(2011年)
Key Shelterbelt Programs in North China and Changjiang River Basin (2011)

单位：公顷 (hectare)

地 区	Region	当年造林面积 Area of Afforestation in the Year	人工造林 Plantation Establish-ment	飞播造林 Aerial Seeding	无林地和疏林地新封山育林 Area without Forest or of Sparse Forest	林业投资完成额（万元） Investment Completed (10 000 yuan)	#国家投资 State Investment
全 国	**National Total**	**1264026**	**795268**		**468758**	**664819**	**394431**
北 京	Beijing	200	200			560	80
天 津	Tianjin	7401	7401			81963	77353
河 北	Hebei	73935	49158		24777	54002	20091
山 西	Shanxi	65408	39092		26316	22800	20947
内蒙古	Inner Mongolia	125380	64711		60669	46658	28639
辽 宁	Liaoning	98615	52457		46158	24987	20750
吉 林	Jilin	24004	23337		667	9103	7874
黑龙江	Heilongjiang	83064	45889		37175	33811	24632
上 海	Shanghai						
江 苏	Jiangsu	29517	29517			70061	4485
浙 江	Zhejiang	13595	10331		3264	12388	10366
安 徽	Anhui	23349	11095		12254	15312	5102
福 建	Fujian	46288	46288			14748	11108
江 西	Jiangxi	30230	20062		10168	9750	5247
山 东	Shandong	63733	63649		84	41008	16304
河 南	Henan	47027	22835		24192	12120	7660
湖 北	Hubei	36526	18564		17962	8458	6958
湖 南	Hunan	34606	17345		17261	9372	5830
广 东	Guangdong	44587	41884		2703	21246	12573
广 西	Guangxi	27346	22011		5335	15092	7629
海 南	Hainan	6551	6551			2569	1268
重 庆	Chongqing						
四 川	Sichuan						
贵 州	Guizhou	13238	4667		8571	3000	3000
云 南	Yunnan	20560	15087		5473	3753	3218
西 藏	Tibet						
陕 西	Shaanxi	83086	40221		42865	23355	20761
甘 肃	Gansu	68848	29391		39457	19267	19267
青 海	Qinghai	51059	17725		33334	8581	7900
宁 夏	Ningxia	16752	12084		4668	9722	4745
新 疆	Xinjiang	129121	83716		45405	91133	40644

8-7 京津风沙源治理工程建设情况(2011年)
Desertification Control Program in the Vicinity of Beijing and Tianjin (2011)

单位：公顷 (hectare)

地区	Region	当年造林面积 Area of Afforestation in the Year	人工造林 Plantation Establishment	飞播造林 Aerial Seeding	无林地和疏林地新封山育林 Area without Forest or of Sparse Forest
全国	**National Total**	**545191**	**215606**	**110000**	**219585**
北京	Beijing	17753	3467		14286
天津	Tianjin				
河北	Hebei	94705	40839	40665	13201
山西	Shanxi	24734	8733	2668	13333
内蒙古	Inner Mongolia	407999	162567	66667	178765

8-7 续表 continued

单位：公顷 (hectare)

地区	Region	草地治理面积 Improved Area of Grass Land	小流域治理面积 Improved Area of Small Drainage Areas	水利设施(处) Water Conservancy Facilities (unit)	投资完成额(万元) Investment Completed (10000 yuan)	#国家投资 State Investment
全国	**National Total**	**142399**	**83591**	**15235**	**250395**	**223978**
北京	Beijing	2400	6000		23454	7254
天津	Tianjin					
河北	Hebei	79033	34500	1404	21406	21186
山西	Shanxi	3914	15826	13048	34208	34208
内蒙古	Inner Mongolia	57052	27265	783	171327	161330

8-8 各地区林业系统野生动植物保护及自然保护区工程建设情况(2011年)

Wildlife Conservation and Nature Reserve Program of Forestry Establishments by Region(2011)

单位: 个，万公顷 (unit,10 000 hectares)

地 区	Region	自然保护区个数 Nature Reserves	#国家级 National Reserves	自然保护区面积 Nature Reserves Area	#国家级 National Reserves	禁猎(采)区个数 Number of Preserves	禁猎(采)区面积 Area of Preserves	野生动物种源繁育基地数 Breeding Base of Wild Fauna
全 国	**National Total**	**2126**	**263**	**12269.0**	**7629.1**	**1908**	**5445.2**	**2485**
北 京	Beijing	16	2	12.7	2.6	15	10.9	42
天 津	Tianjin	5	1	5.8	0.5			
河 北	Hebei	29	8	54.4	19.8	3	5.0	18
山 西	Shanxi	45	5	110.3	8.2			
内蒙古	Inner Mongolia	140	19	1063.5	287.6	59	3096.2	154
辽 宁	Liaoning	74	8	116.7	16.0	21	24.7	5
吉 林	Jilin	33	10	234.5	86.3			12
黑龙江	Heilongjiang	130	18	447.4	152.1	43	24.9	3
上 海	Shanghai	1	1	2.4	2.4			
江 苏	Jiangsu	22	1	37.1	7.8			362
浙 江	Zhejiang	17	6	9.5	7.4	38	4.9	797
安 徽	Anhui	97	5	43.4	9.5	18	19.6	78
福 建	Fujian	88	10	50.2	17.0			77
江 西	Jiangxi	201	9	114.1	15.6	31	11.2	125
山 东	Shandong	58	5	90.0	17.6	4	1.7	218
河 南	Henan	25	9	50.8	32.6	33	20.4	8
湖 北	Hubei	48	7	88.6	27.4	286	67.4	37
湖 南	Hunan	115	17	130.6	52.9	109	69.8	60
广 东	Guangdong	270	5	123.1	9.8	668	288.9	14
广 西	Guangxi	63	12	138.7	25.1	5	7.2	6
海 南	Hainan	30	6	24.0	8.7	1	340.0	88
重 庆	Chongqing	52	4	69.1	20.9	10	3.1	28
四 川	Sichuan	124	18	783.6	245.8	183	425.9	182
贵 州	Guizhou	105	7	90.4	23.1	292	0.3	27
云 南	Yunnan	129	15	271.7	134.3	30	47.4	77
西 藏	Tibet	61	8	4110.6	3701.3	7	0.3	6
陕 西	Shaanxi	47	13	107.6	46.6	18	1.0	37
甘 肃	Gansu	49	14	657.1	393.9	28	74.6	1
青 海	Qinghai	10	5	2168.7	2025.3			
宁 夏	Ningxia	6	5	49.1	46.7	2	28.9	12
新 疆	Xinjiang	28	7	915.2	135.5	3	35.7	11
大兴安岭	Daxinganling	8	3	98.1	48.6	1	835.1	

8-8 续表 continued

地 区	Region	国际重要湿地 International Important Wetland 个数(个) Number (unit)	国际重要湿地 面积(万公顷) Area (10 000 hectares)	野生植物种源培育基地(个) Breeding Base of Rare Wild Flora (unit)	野生动物观赏展演单位(个) Number of Wild Animal Zoos (unit)	植物园(个) Arboretums (unit)	狩猎场(个) Hunting Fields (unit)	林业投资完成额(万元) Investment Completed (10 000 yuan)	#国家投资 State Investment
全 国	**National Total**	**41**	**371.0**	**533**	**295**	**108**	**140**	**114253**	**77727**
北 京	Beijing			1	2			2222	1969
天 津	Tianjin							1487	1487
河 北	Hebei				3	2	2	4219	2118
山 西	Shanxi					2	22	2916	2916
内蒙古	Inner Mongolia	2	74.8	3	3	3	1	4523	4310
辽 宁	Liaoning	2	14.0	1	30	6	15	1096	951
吉 林	Jilin	1	10.5	4	7	2	2	6091	5861
黑龙江	Heilongjiang	7	91.3	1	1		5	7187	4824
上 海	Shanghai	2	3.6			2		1187	863
江 苏	Jiangsu	2	53.1	1	16	2		5017	
浙 江	Zhejiang	1	0.0	11	7	2	3	1268	246
安 徽	Anhui			8	7	7	2	2246	1575
福 建	Fujian	1	0.2	208	15	4		6668	4026
江 西	Jiangxi	1	2.2	85	9	12	2	5181	414
山 东	Shandong			2	32	6		1837	224
河 南	Henan			4	94	3	4	1224	1097
湖 北	Hubei	1	4.3	13	20	2	3	3901	3103
湖 南	Hunan	3	39.3	84	3	12	2	2328	688
广 东	Guangdong	3	3.2	8	3	1	2	3196	1023
广 西	Guangxi	2	0.7	2	5	1		8789	2998
海 南	Hainan	1	0.5	60	2	10		640	467
重 庆	Chongqing			3	4	6	33	330	275
四 川	Sichuan	1	16.7	5	5	2	10	6133	5333
贵 州	Guizhou			5	2	4	10	1454	1354
云 南	Yunnan	4	1.4	15	11	7		4717	3393
西 藏	Tibet	2	11.7		1	2		12965	12965
陕 西	Shaanxi			6	2	2	5	3098	1985
甘 肃	Gansu	1	24.7		7	3	3	1489	1255
青 海	Qinghai	3	18.4					6555	6555
宁 夏	Ningxia				1		1	633	633
新 疆	Xinjiang			2	3	3	13	3026	2189
大兴安岭	Daxinganling			1				630	630

注：国际重要湿地个数中，全国合计包括香港特别行政区1处。

九、自然灾害及突发事件

Natural Disasters & Environmental Accidents

9-1 全国自然灾害情况(2000-2011年)

Natural Disasters (2000-2011)

年 份 Year	地质灾害 Geological Disasters 灾害次数(次) Number of Geological Disasters (time)	人员伤亡(人) Casualties (pereson)	直接经济损失(万元) Direct Economic Loss (10 000 yuan)	地震灾害 Earthquake Disasters 灾害次数(次) Number of Earthquake Disasters (time)	人员伤亡(人) Casualties (pereson)	直接经济损失(万元) Direct Economic Loss (10 000 yuan)
2000	19653	27697	494201	10	2855	142244
2001	5793	1675	348699	12		
2002	40246	2759	509740	5	362	13100
2003	15489	1333	504325	21	7465	466040
2004	13555	1407	408828	11	696	94959
2005	17751	1223	357678	13	882	262811
2006	102804	1227	431590	10	229	79962
2007	25364	1123	247528	3	422	201922
2008	26580	1598	326936	17	446293	85949594
2009	10580	845	190109	8	407	273782
2010	30670	3445	638509	12	13795	2361077
2011	15804	410	413151	18	540	6020873

9-1 续表 continued

年 份 Year	海洋灾害 Marine Disasters 发生次数(次) Number of Marine Disasters (time)	死亡、失踪人数(人) Deaths and Missing People (pereson)	直接经济损失(亿元) Direct Economic Loss (100 million yuan)	森林火灾 Geological Disasters 灾害次数(次) Number of Forest Fires (time)	人员伤亡(人) Casualties (pereson)	其他损失折款(万元) Economic Loss (10 000 yuan)
2000		79	120.8	5934	178	3069
2001		401	100.1	4933	58	7409
2002	126	124	65.9	7527	98	3610
2003	172	128	80.5	10463	142	37000
2004	155	140	54.2	13466	252	20213
2005	176	371	332.4	11542	152	15029
2006	180	492	218.5	8170	102	5375
2007	163	161	88.4	9260	94	12416
2008	128	152	206.1	14144	174	12594
2009	132	95	100.2	8859	110	14511
2010		137	132.8	7723	108	11611
2011	114	76	62.1	5550	91	20173

9-2 各地区自然灾害损失情况(2011年)

Loss Caused by Natural Disasters by Region (2011)

单位：千公顷 (1 000 hectares)

地 区	Region	合 计 Total 受灾 Area Affected	合 计 Total 绝收 Total Crop Failure	旱 灾 Drought 受灾 Area Affected	旱 灾 Drought 绝收 Total Crop Failure
全 国	**National Total**	**32470.5**	**2891.7**	**16304.2**	**1505.4**
北 京	Beijing	56.1	5.1	2.0	
天 津	Tianjin	8.1	0.3	2.8	
河 北	Hebei	1383.3	55.3	855.7	27.5
山 西	Shanxi	1015.0	72.4	476.7	28.8
内蒙古	Inner Mongolia	2036.6	307.6	1131.2	129.0
辽 宁	Liaoning	450.2	50.2	6.7	
吉 林	Jilin	616.4	33.0	252.0	11.5
黑龙江	Heilongjiang	1536.8	99.6	703.4	30.0
上 海	Shanghai	24.3	2.7		
江 苏	Jiangsu	1032.1	37.0	481.6	20.0
浙 江	Zhejiang	431.1	43.7	4.1	
安 徽	Anhui	1317.2	38.9	687.3	3.3
福 建	Fujian	133.1	4.4	55.6	1.7
江 西	Jiangxi	1075.3	68.5	518.4	25.3
山 东	Shandong	2117.2	50.1	1294.9	16.7
河 南	Henan	1477.6	27.4	1020.4	12.9
湖 北	Hubei	2580.0	143.3	1205.4	49.0
湖 南	Hunan	2374.8	290.8	1190.7	177.5
广 东	Guangdong	501.7	33.6	112.7	2.6
广 西	Guangxi	1437.9	61.3	406.6	20.9
海 南	Hainan	516.6	50.8	33.3	0.7
重 庆	Chongqing	816.0	54.0	387.6	23.1
四 川	Sichuan	1528.2	183.8	552.8	58.0
贵 州	Guizhou	2570.2	552.2	1822.5	487.2
云 南	Yunnan	1989.3	259.6	1230.5	207.4
西 藏	Tibet	17.8	0.3		
陕 西	Shaanxi	762.5	73.6	260.0	4.9
甘 肃	Gansu	1266.6	155.7	915.6	113.3
青 海	Qinghai	285.5	14.0	184.7	8.4
宁 夏	Ningxia	434.7	49.7	366.7	43.3
新 疆	Xinjiang	420.6	56.5	89.0	1.4
新疆兵团	Xinjiang Production & Construction Corps	257.7	16.3	53.3	1.0

资料来源：民政部。
Source:Ministry of Civil Affairs.

9-2 续表 1 continued

单位：千公顷 (1 000 hectares)

地 区	Region	洪涝、山体滑坡、泥石流和台风 Flood, Waterlogging, Landslides and Debris flow, Typhoon		风雹灾害 Wind and Hail	
		受灾 Area Affected	绝收 Total Crop Failure	受灾 Area Affected	绝收 Total Crop Failure
全 国	**National Total**	**8409.9**	**872.8**	**3309.3**	**302.4**
北 京	Beijing	39.7	3.6	14.4	1.5
天 津	Tianjin	3.8	0.3	1.5	
河 北	Hebei	227.3	8.7	260.5	18.3
山 西	Shanxi	240.8	21.6	192.8	20.5
内蒙古	Inner Mongolia	389.9	130.0	346.4	44.8
辽 宁	Liaoning	375.6	49.3	41.6	0.9
吉 林	Jilin	58.2	9.8	107.6	2.5
黑龙江	Heilongjiang	234.0	11.0	518.5	57.3
上 海	Shanghai	24.2	2.7	0.1	
江 苏	Jiangsu	342.9	17.0	204.5	
浙 江	Zhejiang	298.2	40.9	1.4	
安 徽	Anhui	396.1	30.4	88.6	5.2
福 建	Fujian	58.8	2.5	1.5	0.2
江 西	Jiangxi	447.4	41.7	9.2	
山 东	Shandong	694.2	31.3	107.3	2.1
河 南	Henan	287.3	10.0	146.2	4.5
湖 北	Hubei	891.1	63.8	160.5	11.8
湖 南	Hunan	502.7	56.0	21.1	1.7
广 东	Guangdong	329.7	22.2	5.7	0.1
广 西	Guangxi	595.6	24.8	5.3	0.2
海 南	Hainan	454.2	50.1		
重 庆	Chongqing	204.3	19.0	17.2	2.1
四 川	Sichuan	519.0	102.1	95.2	2.9
贵 州	Guizhou	111.1	15.5	84.4	21.5
云 南	Yunnan	107.6	17.0	141.1	8.7
西 藏	Tibet	5.3		9.7	
陕 西	Shaanxi	369.9	65.4	127.1	3.3
甘 肃	Gansu	102.0	15.6	200.7	22.7
青 海	Qinghai	27.7	2.5	65.8	3.1
宁 夏	Ningxia	8.7	0.3	54.6	5.3
新 疆	Xinjiang	45.0	6.0	149.2	48.5
新疆兵团	Xinjiang Production & Construction Corps	17.6	1.7	129.6	12.7

9-2 续表 2 continued

地 区	Region	低温冷冻和雪灾(千公顷) Low-temperature, Freezing and Snow Disaster (1 000 hectares)		人口受灾 Population		直接经济损失(亿元) Direct Economic Loss
		受灾 Area Affected	绝收 Total Crop Failure	受灾人口(万人次) Population Affected (10 000 person-times)	死亡人口(人) Deaths (person)	(100 million yuan)
全 国	**National Total**	**4447.1**	**211.1**	**43290.0**	**1014**	**3096.4**
北 京	Beijing			25.7	8	14.7
天 津	Tianjin			3.6		0.9
河 北	Hebei	39.8	0.8	2181.9	14	69.2
山 西	Shanxi	104.7	1.5	1273.6	35	74.2
内蒙古	Inner Mongolia	169.1	3.8	692.0	29	103.1
辽 宁	Liaoning	26.3		255.6		36.6
吉 林	Jilin	198.6	9.2	201.5	2	41.4
黑龙江	Heilongjiang	80.9	1.3	660.6	1	90.3
上 海	Shanghai			44.1	5	3.6
江 苏	Jiangsu	3.1		1907.5	22	90.5
浙 江	Zhejiang	127.4	2.8	784.7	14	163.9
安 徽	Anhui	145.2		2990.3	19	115.2
福 建	Fujian	17.2		156.1	24	15.1
江 西	Jiangxi	100.3	1.5	1659.3	34	135.7
山 东	Shandong	20.8		3083.3	12	147.5
河 南	Henan	23.7		2468.0	28	62.0
湖 北	Hubei	323	18.7	2843.3	65	216.2
湖 南	Hunan	660.3	55.6	4308.7	74	266.9
广 东	Guangdong	53.6	8.7	479.2	31	57.3
广 西	Guangxi	430.4	15.4	1473.4	55	76.5
海 南	Hainan	29.1		516.7	4	85.8
重 庆	Chongqing	206.9	9.8	1466.8	38	71.9
四 川	Sichuan	361.2	20.8	4652.4	115	360.4
贵 州	Guizhou	552.2	28	3479.2	83	249.2
云 南	Yunnan	510.1	26.5	2163.2	114	191.2
西 藏	Tibet	2.8	0.3	57.3	49	16.0
陕 西	Shaanxi	5.5		1372.7	86	156.3
甘 肃	Gansu	48.3	4.1	1452.3	21	79.0
青 海	Qinghai	7.3		235.6	6	21.5
宁 夏	Ningxia	4.7	0.8	181.2	1	16.4
新 疆	Xinjiang	137.4	0.6	171.5	25	36.5
新疆兵团	Xinjiang Production & Construction Corps	57.2	0.9	48.7		31.4

9-3 地质灾害及防治情况(2011年)

Occurrence and Prevention of Geological Disasters(2011)

地区	Region	发生地质灾害起数(次) Geological Disasters (time)	#滑坡 Land-slide	#崩塌 Collapse	#泥石流 Mud-rock Flow	#地面塌陷 Land Subside	直接经济损失(万元) Direct Economic Loss (10 000 yuan)
全国	**National Total**	**15804**	**11504**	**2445**	**1358**	**386**	**413124**
北京	Beijing	13	2	8		3	4
天津	Tianjin						
河北	Hebei	18	4	3	5	3	2201
山西	Shanxi	14	6	4		4	1472
内蒙古	Inner Mongolia	8		2		5	810
辽宁	Liaoning	291	19	15	253	4	10081
吉林	Jilin	15	3	9	2	1	151
黑龙江	Heilongjiang	1	1				1
上海	Shanghai						
江苏	Jiangsu	52	42	7	2	1	2556
浙江	Zhejiang	679	467	162	46	4	3550
安徽	Anhui	175	102	60	6	7	1570
福建	Fujian	102	44	54	4		1949
江西	Jiangxi	660	307	315	12	26	4077
山东	Shandong	27	7	6	1	11	162
河南	Henan	49	14	7		26	13959
湖北	Hubei	580	401	112	26	39	23647
湖南	Hunan	8844	7518	697	497	78	24648
广东	Guangdong	100	26	50	2	18	2745
广西	Guangxi	411	128	220		56	1083
海南	Hainan	107	7	96		2	684
重庆	Chongqing	133	78	43	1	11	6400
四川	Sichuan	1997	1418	226	330	15	191824
贵州	Guizhou	214	153	45	2	9	12825
云南	Yunnan	346	234	43	53	4	27565
西藏	Tibet	139	32	30	77		5237
陕西	Shaanxi	667	396	197	18	53	21864
甘肃	Gansu	115	62	24	18	5	51428
青海	Qinghai	19	12	6	1		78
宁夏	Ningxia	4	2		1	1	350
新疆	Xinjiang	24	19	4	1		203

资料来源：国土资源部。
Source:Ministry of Land and Resources.

9-3 续表 continued

地 区	Region	人员伤亡（人） Casualties (person)	#死亡人数 Deaths	地质灾害防治项目数（个） Number of Projects of Prevention of Geological Disasters (unit)	地质灾害防治投资（万元） Investment in Projects of Prevention of Geological Disasters (10 000 yuan)
全 国	**National Total**	**413**	**244**	**20871**	**928085**
北 京	Beijing			3	868
天 津	Tianjin			4	344
河 北	Hebei			110	19836
山 西	Shanxi	23	19	54	21112
内蒙古	Inner Mongolia			34	18200
辽 宁	Liaoning			83	26622
吉 林	Jilin			10	3862
黑龙江	Heilongjiang			15	3629
上 海	Shanghai			1	6064
江 苏	Jiangsu			171	16856
浙 江	Zhcjiang	4	3	872	35274
安 徽	Anhui	2	2	332	27289
福 建	Fujian	8	8	226	22132
江 西	Jiangxi	5	3	140	33782
山 东	Shandong	6	6	137	15169
河 南	Henan	1	1	58	9068
湖 北	Hubei	41	23	917	19600
湖 南	Hunan	19	11	684	33717
广 东	Guangdong	2	2	2137	116867
广 西	Guangxi	48	31	551	59009
海 南	Hainan			8	3657
重 庆	Chongqing	6	2	37	20000
四 川	Sichuan	70	28	10520	201031
贵 州	Guizhou	10	5	1481	52518
云 南	Yunnan	50	17	2152	77981
西 藏	Tibet	3	1	4	5001
陕 西	Shaanxi	85	69	70	21061
甘 肃	Gansu	15	4	23	29777
青 海	Qinghai	6	1	30	22937
宁 夏	Ningxia			2	1514
新 疆	Xinjiang	9	8	5	3310

9-4 地震灾害情况(2011年)
Earthquake Disasters (2011)

地 区	Region	地震灾害次数(次) Number of Earth-quakes (time)	5.0级以下 Below 5.0 Richter Scale	5.0-5.9级 5.0-5.9 Richter Scale	6.0-6.9级 6.0-6.9 Richter Scale	7.0级以上 Over 7.0 Richter Scale	人员伤亡(人) Casualties (person)	#死亡人数 Deaths	经济损失(万元) Direct Economic Loss (10 000 yuan)
全 国	**National Total**	**18**	**4**	**11**	**2**	**1**	**540**	**32**	**6020873**
安 徽	Anhui	1	1						232351
江 西	Jiangxi	1	1						5380
河 南	Henan	1	1						1895
四 川	Sichuan	1		1			4		178580
云 南	Yunnan	3		3			351	25	2813100
甘 肃	Gansu	1	1				2		2696
青 海	Qinghai	1		1					65028
新 疆	Xinjiang	7		6	1		28		1050593
缅 甸*	Burma*	1				1	12		337600
印 度*	Indian*	1			1		143	7	1333650

注："*"表示造成我国境内人员伤亡和经济损失，但震中在境外的地震。
资料来源：中国地震局。
Note: "*" refer to the earthquakes caused casualties and economic loss inside China but the epicenters of which are outside.
Source: China Seismological Administration.

9-5 海洋灾害情况(2011年)
Marine Disasters (2011)

灾 种	Disaster Categories	发生次数(次) Number of Disasters (time)	死亡、失踪人数(人) Deaths and Missing People (person)	直接经济损失(亿元) Direct Economic Loss (100 million yuan)
合 计	**Total**	**114**	**76**	**62.07**
风暴潮	Stormy Tides	22		48.81
赤 潮	Red Tides	55		0.03
海 浪	Sea Wave	37	68	4.42
海 冰	Sea Ice			8.81
涌 潮	Tidal Bore		8	

资料来源：国家海洋局。
Source:State Oceanic Administration.

9-6 各地区森林火灾情况(2011年)

Forest Fires by Region(2011)

地 区	Region	森林火灾次数(次) Forest Fires (time)	一般火灾 Ordinary Fires	较大火灾 Major Fires	重大火灾 Severe Fires	特别重大火灾 Especially Severe Fires	火场总面积(公顷) Total Fire-affected Area (hectare)
全 国	**National Total**	**5550**	**2993**	**2548**	**9**		**63416**
北 京	Beijing	3	3				2
天 津	Tianjin	5	5				24
河 北	Hebei	108	94	13	1		2169
山 西	Shanxi	40	18	18	4		6372
内蒙古	Inner Mongolia	57	21	36			1741
辽 宁	Liaoning	54	40	14			577
吉 林	Jilin	58	47	11			240
黑龙江	Heilongjiang	43	40	3			1741
上 海	Shanghai						
江 苏	Jiangsu	54	51	3			142
浙 江	Zhejiang	433	83	350			4708
安 徽	Anhui	250	179	71			752
福 建	Fujian	407	18	387	2		9366
江 西	Jiangxi	151	37	114			3828
山 东	Shandong	32	25	5	2		897
河 南	Henan	622	398	224			2103
湖 北	Hubei	510	379	131			3114
湖 南	Hunan	873	407	466			5824
广 东	Guangdong	239	76	163			3367
广 西	Guangxi	350	171	179			5072
海 南	Hainan	42	27	15			140
重 庆	Chongqing	162	115	47			753
四 川	Sichuan	309	245	64			3450
贵 州	Guizhou	430	300	130			2626
云 南	Yunnan	115	64	51			2429
西 藏	Tibet	3	3				10
陕 西	Shaanxi	125	92	33			988
甘 肃	Gansu	7	4	3			144
青 海	Qinghai	7	4	3			114
宁 夏	Ningxia	2	1	1			10
新 疆	Xinjiang	59	46	13			714

资料来源：国家林业局(下表同)。
Source:State Forestry Administration (the same as in the following table).

9-6 续表 continued

地 区	Region	受害森林面积(公顷) Destructed Forest Area (hectare)	#天然林 Natural Forest	#人工林 Man-made Forest	伤亡人数(人) Casualties (person)	#死亡人数 Deaths	其他损失折款(万元) Economic Loss (10 000 yuan)
全 国	**National Total**	**26950**	**1696**	**23916**	**91**	**45**	**20173.4**
北 京	Beijing	2	1	1	1	1	
天 津	Tianjin	9		9			19.5
河 北	Hebei	354	3	350	3	2	12.2
山 西	Shanxi	3397	108	3289			4428.0
内蒙古	Inner Mongolia	1089	452	189			38.7
辽 宁	Liaoning	155	1	154			16.0
吉 林	Jilin	55	0	18	1	1	405.2
黑龙江	Heilongjiang	58	41	17			
上 海	Shanghai						
江 苏	Jiangsu	52		52			5.3
浙 江	Zhejiang	2090		1475	12	6	7.5
安 徽	Anhui	255	3	252	2	2	60.0
福 建	Fujian	6503	180	6323	20	3	222.4
江 西	Jiangxi	1435	44	1391	4	3	579.2
山 东	Shandong	861		861			8944.5
河 南	Henan	890		890			54.7
湖 北	Hubei	677	25	652			20.1
湖 南	Hunan	3605	265	3341	7	5	741.4
广 东	Guangdong	1476	68	1407	1		520.9
广 西	Guangxi	883	8	876	1	1	236.0
海 南	Hainan	118	0	118			8.4
重 庆	Chongqing	296	28	266	2	1	183.1
四 川	Sichuan	551	140	410	4	2	550.4
贵 州	Guizhou	910	90	820	10	7	778.1
云 南	Yunnan	694	13	538	19	10	515.3
西 藏	Tibet	1					3.0
陕 西	Shaanxi	265	97	150	3	1	80.2
甘 肃	Gansu	24	14	10			300.0
青 海	Qinghai	88		24			2.0
宁 夏	Ningxia	9					14.3
新 疆	Xinjiang	150	114	36	1		1426.9

9-7 各地区森林病虫鼠害防治情况(2011年)
Prevention of Forest Diseases, Pests and Rats by Region (2011)

单位：公顷，% (hectare, %)

地 区	Region	合 计 Total			森林病害 Forest Diseases		
		发生面积 Area of Occurrence	防治面积 Area of Prevention	防治率 Prevention Rate	发生面积 Area of Occurrence	防治面积 Area of Prevention	防治率 Prevention Rate
全 国	**National Total**	**11681424**	**7284974**	**62.4**	**1197227**	**792275**	**66.2**
北 京	Beijing	38297	38096	99.5	2588	2588	100.0
天 津	Tianjin	45055	45049	100.0	5970	5970	100.0
河 北	Hebei	557708	461006	82.7	40742	37545	92.2
山 西	Shanxi	242007	93146	38.5	3061	2179	71.2
内蒙古	Inner Mongolia	1157556	432820	37.4	55763	24896	44.6
辽 宁	Liaoning	724334	654632	90.4	71364	57561	80.7
吉 林	Jilin	244917	215851	88.1	17363	16414	94.5
黑龙江	Heilongjiang	425342	365554	85.9	47740	36891	77.3
上 海	Shanghai	5591	5474	97.9	817	816	99.9
江 苏	Jiangsu	81400	68611	84.3	11000	7611	69.2
浙 江	Zhejiang	66488	61847	93.0	16514	14849	89.9
安 徽	Anhui	400865	330058	82.3	52746	43366	82.2
福 建	Fujian	196918	144656	73.5	12745	11362	89.1
江 西	Jiangxi	359877	129693	36.0	54004	12691	23.5
山 东	Shandong	612673	579370	94.6	117200	107052	91.3
河 南	Henan	514435	455922	88.6	113139	99765	88.2
湖 北	Hubei	302310	199187	65.9	47748	18088	37.9
湖 南	Hunan	398002	186028	46.7	6901	1514	21.9
广 东	Guangdong	339163	102164	30.1	17182	13308	77.5
广 西	Guangxi	362520	74978	20.7	30869	2525	8.2
海 南	Hainan	9925	845	8.5	111	16	14.4
重 庆	Chongqing	278723	210547	75.5	20583	6761	32.8
四 川	Sichuan	698971	341546	48.9	89143	33816	37.9
贵 州	Guizhou	271803	119014	43.8	15877	4276	26.9
云 南	Yunnan	311037	268246	86.2	46130	39521	85.7
西 藏	Tibet	269334	159333	59.2	76000	60000	78.9
陕 西	Shaanxi	416533	250009	60.0	18753	14712	78.5
甘 肃	Gansu	298238	141203	47.3	65668	30935	47.1
青 海	Qinghai	293439	174375	59.4	31211	13037	41.8
宁 夏	Ningxia	286067	130691	45.7	3001	1835	61.1
新 疆	Xinjiang	1342102	818388	61.0	83600	64872	77.6
大兴安岭	Daxinganling	129794	26635	20.5	21694	5503	25.4

9-7 续表 continued

单位：公顷，%　　　　(hectare, %)

地区	Region	森林虫害 Forest Pest Plague			森林鼠害 Forest Rat Plague		
		发生面积 Area of Occurrence	防治面积 Area of Prevention	防治率 Prevention Rate	发生面积 Area of Occurrence	防治面积 Area of Prevention	防治率 Prevention Rate
全　国	**National Total**	**8459102**	**5465759**	**64.6**	**2025095**	**1026940**	**50.7**
北　京	Beijing	35709	35508	99.4			
天　津	Tianjin	39085	39079	100.0			
河　北	Hebei	504643	411997	81.6	12323	11464	93.0
山　西	Shanxi	192385	78381	40.7	46561	12586	27.0
内蒙古	Inner Mongolia	782781	289179	36.9	319012	118745	37.2
辽　宁	Liaoning	644526	589600	91.5	8444	7471	88.5
吉　林	Jilin	196688	171296	87.1	30866	28141	91.2
黑龙江	Heilongjiang	180076	162046	90.0	197526	166617	84.4
上　海	Shanghai	4774	4658	97.6			
江　苏	Jiangsu	70400	61000	86.6			
浙　江	Zhejiang	49967	46991	94.0	7	7	100.0
安　徽	Anhui	348119	286692	82.4			
福　建	Fujian	184173	133294	72.4			
江　西	Jiangxi	305873	117002	38.3			
山　东	Shandong	495473	472318	95.3			
河　南	Henan	401296	356157	88.8			
湖　北	Hubei	253280	180244	71.2	1282	855	66.7
湖　南	Hunan	391101	184514	47.2			
广　东	Guangdong	321981	88856	27.6			
广　西	Guangxi	331651	72453	21.8			
海　南	Hainan	9814	829	8.4			
重　庆	Chongqing	188044	151240	80.4	70096	52546	75.0
四　川	Sichuan	576398	295917	51.3	33430	11813	35.3
贵　州	Guizhou	240688	113902	47.3	15238	836	5.5
云　南	Yunnan	260500	224467	86.2	4407	4258	96.6
西　藏	Tibet	142667	77333	54.2	50667	22000	43.4
陕　西	Shaanxi	281054	178699	63.6	116726	56598	48.5
甘　肃	Gansu	135475	72314	53.4	97095	37954	39.1
青　海	Qinghai	114610	60566	52.8	147618	100772	68.3
宁　夏	Ningxia	110116	23061	20.9	172950	105795	61.2
新　疆	Xinjiang	626388	480393	76.7	632114	273123	43.2
大兴安岭	Daxinganling	39367	5773	14.7	68733	15359	22.3

9-8 各地区草原灾害情况(2011年)
Grassland Disasters by Region (2011)

单位：千公顷 (1 000 hectares)

地 区	Region	草原鼠害 Rodent Pests in Grassland		草原虫害 Insect Pests in Grassland		草原火灾受害面积 Area Affected by Fire
		危害面积 Area Harmed	治理面积 Area Treated	危害面积 Area Harmed	治理面积 Area Treated	
全 国	**National Total**	**38724.0**	**7020.7**	**17659.6**	**5404.2**	**17.5**
北 京	Beijing					
天 津	Tianjin					
河 北	Hebei	506.7	262.7	570.0	306.2	
山 西	Shanxi	400.7	84.0	318.7	102.2	…
内蒙古	Inner Mongolia	6034.0	1301.3	7476.8	2102.4	12.3
辽 宁	Liaoning	268.0	151.3	300.8	165.9	
吉 林	Jilin	498.7	470.0	373.3	154.3	2.4
黑龙江	Heilongjiang	661.3	120.0	601.1	134.3	0.4
上 海	Shanghai					
江 苏	Jiangsu					
浙 江	Zhejiang					
安 徽	Anhui					
福 建	Fujian					
江 西	Jiangxi					
山 东	Shandong					
河 南	Henan					
湖 北	Hubei					
湖 南	Hunan					
广 东	Guangdong					
广 西	Guangxi					
海 南	Hainan					
重 庆	Chongqing					
四 川	Sichuan	3081.3	339.3	827.0	401.6	0.7
贵 州	Guizhou					
云 南	Yunnan					
西 藏	Tibet	6877.3	960.0	36.4	13.3	
陕 西	Shaanxi	732.7	204.7	351.3	58.3	
甘 肃	Gansu	4985.3	458.0	1466.1	316.9	0.2
青 海	Qinghai	8333.3	828.0	1664.5	371.3	1.2
宁 夏	Ningxia	578.7	92.0	712.3	105.2	
新 疆	Xinjiang	5491.3	1585.3	2669.3	1026.7	0.2
新疆兵团	Xinjiang Production & Construction Corps	274.7	164.0	291.8	145.6	

资料来源：农业部。
Source: Ministry of Agriculture.

9-9 各地区突发环境事件情况(2011年)
Environmental Emergencies by Region (2011)

单位：次 (time)

地 区	Region	突发环境事件次数 Number of Environmental Emergencies	特别重大环境事件 Extraordinarily Serious Environmental Emergencies	重大环境事件 Serious Environmental Emergencies	较大环境事件 Comparatively Serious Environmental Emergencies	一般环境事件 Ordinary Environmental Emergencies
全 国	**National Total**	**542**		**12**	**12**	**518**
北 京	Beijing	36				36
天 津	Tianjin	1				1
河 北	Hebei	16			2	14
山 西	Shanxi	11				11
内蒙古	Inner Mongolia	14				14
辽 宁	Liaoning	2				2
吉 林	Jilin	2				2
黑龙江	Heilongjiang	5				5
上 海	Shanghai	197				197
江 苏	Jiangsu	27			1	26
浙 江	Zhejiang	31		2	3	26
安 徽	Anhui	12			1	11
福 建	Fujian	8				8
江 西	Jiangxi	8			1	7
山 东	Shandong	8				8
河 南	Henan	25		1		24
湖 北	Hubei	7				7
湖 南	Hunan	9		3		6
广 东	Guangdong	26		2	1	23
广 西	Guangxi	31		1		30
海 南	Hainan	1				1
重 庆	Chongqing	18				18
四 川	Sichuan	25		1	2	22
贵 州	Guizhou	7		1	1	5
云 南	Yunnan	1		1		
西 藏	Tibet					
陕 西	Shaanxi	2				2
甘 肃	Gansu	4				4
青 海	Qinghai	1				1
宁 夏	Ningxia	1				1
新 疆	Xinjiang	6				6

资料来源：环境保护部。
Source:Ministry of Environmental Protection.

十、环境投资

Environmental Investment

10-1 全国环境污染治理投资情况(2001-2011年)
Investment in the Treatment of Environmental Pollution (2001-2011)

单位：亿元 (100 million yuan)

年份 Year	环境污染治理投资总额 Total Investment in Treatment of Environmental Pollution	城镇环境基础设施建设投资 Investment in Urban Environment Infrastructure Facilities	燃气 Gas Supply	集中供热 Central Heating	排水 Sewerage Projects	园林绿化 Gardening & Greening	市容环境卫生 Sanitation
2001	1166.7	655.8	81.7	90.3	244.9	181.4	57.5
2002	1456.5	878.4	98.9	134.6	308.0	261.5	75.4
2003	1750.1	1194.8	147.4	164.3	419.8	352.4	110.9
2004	2057.5	1288.9	163.4	197.7	404.8	400.5	122.5
2005	2565.2	1466.9	164.3	250.0	431.5	456.3	164.8
2006	2779.5	1528.4	179.2	252.5	403.6	475.2	217.9
2007	3668.8	1749.0	187.0	272.4	517.1	601.6	171.0
2008	4937.0	2247.7	199.2	328.2	637.2	823.9	259.2
2009	5258.4	3245.1	219.2	441.5	1035.5	1137.6	411.2
2010	7612.2	5182.2	357.9	557.5	1172.7	2670.6	423.5
2011	7114.0	4557.2	444.1	593.3	971.6	1991.9	556.2

10-1 续表 continued

单位：亿元 (100 million yuan)

年份 Year	工业污染源治理投资 Investment in Treatment of Industrial Pollution Sources	治理废水 Treatment of Waste water	治理废气 Treatment of Waste Gas	治理固体废物 Treatment of Solid Waste	治理噪声 Treatment of Noise Pollution	治理其他 Treatment of Other Pollution	当年完成环保验收项目环保投资 Environmental Protection Investment in the Environmental Protection Acceptance Projects in the Year	环境污染治理投资占GDP比重(%) Investment in Anti-pollution Projects as Percentage of GDP (%)
2001	174.5	72.9	65.8	18.7	0.6	16.5	336.4	1.06
2002	188.4	71.5	69.8	16.1	1.0	29.9	389.7	1.21
2003	221.8	87.4	92.1	16.2	1.0	25.1	333.5	1.29
2004	308.1	105.6	142.8	22.6	1.3	35.7	460.5	1.29
2005	458.2	133.7	213.0	27.4	3.1	81.0	640.1	1.39
2006	483.9	151.1	233.3	18.3	3.0	78.3	767.2	1.28
2007	552.4	196.1	275.3	18.3	1.8	60.7	1367.4	1.38
2008	542.6	194.6	265.7	19.7	2.8	59.8	2146.7	1.57
2009	442.6	149.5	232.5	21.9	1.4	37.4	1570.7	1.54
2010	397.0	129.6	188.2	14.3	1.4	62.0	2033.0	1.90
2011	444.4	157.7	211.7	31.4	2.2	41.4	2112.4	1.50

10-2 各地区环境污染治理投资情况(2011年)

Investment in the Treatment of Environmental Pollution by Region (2011)

单位：亿元 (100 million yuan)

地 区	Region	环境污染治理投资总额 Total Investment in Treatment of Environmental Pollution	城镇环境基础设施建设投资 Investment in Urban Environment Infrastructure Facilities	工业污染源治理投资 Investment in Treatment of Industrial Pollution Sources	当年完成环保验收项目环保投资 Environmental Protection Investment in the Environmental Protection Acceptance Projects in the Year	环境污染治理投资占GDP比重(%) Investment in Anti-pollution Projects as Percentage of GDP (%)
全 国	**National Total**	**7114.0**	**4557.2**	**444.4**	**2112.4**	**1.50**
北 京	Beijing	213.1	192.3	1.1	19.8	1.31
天 津	Tianjin	174.9	105.3	15.3	54.4	1.55
河 北	Hebei	623.9	434.3	24.3	165.3	2.54
山 西	Shanxi	248.5	162.8	27.9	57.8	2.21
内蒙古	Inner Mongolia	395.9	287.6	31.0	77.3	2.76
辽 宁	Liaoning	376.5	313.5	11.6	51.4	1.69
吉 林	Jilin	101.2	74.4	6.6	20.2	0.96
黑龙江	Heilongjiang	152.7	87.2	10.1	55.5	1.21
上 海	Shanghai	144.8	68.9	6.4	69.5	0.75
江 苏	Jiangsu	575.8	350.6	31.0	194.2	1.17
浙 江	Zhejiang	238.7	133.2	17.8	87.6	0.74
安 徽	Anhui	267.5	211.1	9.3	47.2	1.75
福 建	Fujian	198.4	131.1	14.3	53.1	1.13
江 西	Jiangxi	241.2	189.2	6.6	45.4	2.06
山 东	Shandong	614.1	422.9	62.4	128.7	1.35
河 南	Henan	163.3	99.1	21.4	42.8	0.61
湖 北	Hubei	259.8	197.5	9.3	53.1	1.32
湖 南	Hunan	127.3	90.1	9.7	27.5	0.65
广 东	Guangdong	332.6	175.7	16.6	140.2	0.62
广 西	Guangxi	161.5	127.8	8.6	25.0	1.38
海 南	Hainan	28.0	15.5	2.8	9.8	1.11
重 庆	Chongqing	259.2	214.6	4.9	39.7	2.59
四 川	Sichuan	140.1	82.7	16.7	40.7	0.67
贵 州	Guizhou	64.9	37.9	13.2	13.7	1.14
云 南	Yunnan	119.2	58.0	13.7	47.4	1.34
西 藏	Tibet	28.2		0.2	28.1	4.66
陕 西	Shaanxi	153.3	107.0	23.7	22.6	1.23
甘 肃	Gansu	59.6	38.6	10.5	10.5	1.19
青 海	Qinghai	26.2	11.2	2.8	12.2	1.57
宁 夏	Ningxia	57.4	17.4	3.9	36.1	2.73
新 疆	Xinjiang	132.7	119.8	10.6	2.2	2.01

资料来源：环境保护部、住房和城乡建设部。

注：城镇环境基础设施建设投资统计范围包括设市城市和县城。

Source:Ministry of Environmental Protection，Ministry of Housing and Urban-Rural Development.

Note: Scope of Investment in Urban Environment Infrastructure Facilities included cities officially designated and county seats.

10-3 各地区城市环境基础设施建设投资情况(2011年)

Investment in Urban Environment Infrastructure by Region (2011)

单位：亿元 (100 million yuan)

地　区	Region	投资总额 Total Investment	燃气 Gas Supply	集中供热 Central Heating	排水 Sewerage Projects	#污水处理 Waste Water Treatment	园林绿化 Gardening & Greening	市容环境卫生 Sanitation	#垃圾处理 Garbage Treatment
全　国	**National Total**	**4557.23**	**444.09**	**593.34**	**971.63**	**385.49**	**1991.94**	**556.23**	**266.44**
北　京	Beijing	192.27	17.05	27.61	37.83	5.96	17.78	92.00	88.07
天　津	Tianjin	105.27	13.53	2.80	15.50	2.74	59.56	13.89	9.03
河　北	Hebei	434.25	47.32	99.09	60.62	22.99	209.46	17.76	9.44
山　西	Shanxi	162.78	27.33	52.88	22.43	3.54	45.62	14.52	7.58
内蒙古	Inner Mongolia	287.58	14.64	77.14	43.16	23.33	136.55	16.11	5.10
辽　宁	Liaoning	313.49	16.77	80.04	72.07	19.44	108.24	36.38	5.50
吉　林	Jilin	74.38	7.37	37.41	10.16	6.25	12.33	7.12	3.09
黑龙江	Heilongjiang	87.17	7.08	35.82	14.61	9.07	21.26	8.40	4.04
上　海	Shanghai	68.90	16.60		11.44	4.31	25.41	15.46	12.34
江　苏	Jiangsu	350.55	25.26	0.02	95.70	58.14	210.01	19.56	8.68
浙　江	Zhejiang	133.23	17.54	2.04	28.41	14.41	73.53	11.72	6.51
安　徽	Anhui	211.07	18.85	2.89	47.49	14.60	127.47	14.36	6.05
福　建	Fujian	131.06	4.39		46.76	18.87	59.08	20.83	7.20
江　西	Jiangxi	189.23	47.51		30.30	17.36	103.38	8.04	4.26
山　东	Shandong	422.94	35.27	70.72	95.48	22.65	194.72	26.75	16.81
河　南	Henan	99.14	17.89	19.35	22.79	9.34	35.35	3.76	1.42
湖　北	Hubei	197.47	12.82	1.42	59.19	10.35	42.89	81.14	4.48
湖　南	Hunan	90.13	13.09		24.50	13.60	29.09	23.46	16.96
广　东	Guangdong	175.72	16.80		60.11	26.00	40.98	57.83	16.50
广　西	Guangxi	127.81	7.43		22.44	14.44	86.24	11.71	6.61
海　南	Hainan	15.50	0.35		7.35	1.27	5.67	2.13	0.24
重　庆	Chongqing	214.63	8.12	0.84	21.43	9.45	180.31	3.94	0.56
四　川	Sichuan	82.67	7.21	0.12	27.46	10.95	39.20	8.69	3.84
贵　州	Guizhou	37.95	2.97		11.88	2.70	11.50	11.59	7.64
云　南	Yunnan	58.00	3.15	1.08	25.86	12.62	20.84	7.07	3.87
西　藏	Tibet								
陕　西	Shaanxi	107.00	14.06	14.41	24.71	14.58	41.68	12.14	6.38
甘　肃	Gansu	38.56	3.31	9.41	11.79	10.08	11.02	3.03	0.81
青　海	Qinghai	11.20	1.47	1.66	4.37	2.58	2.60	1.10	
宁　夏	Ningxia	17.42	1.02	7.16	3.17	1.59	5.43	0.64	0.15
新　疆	Xinjiang	119.85	17.92	49.45	12.61	2.07	34.75	5.12	3.28

资料来源：住房和城乡建设部。
Source: Ministry of Housing and Urban-Rural Development.

10-4 各地区工业污染治理投资完成情况(2011年)

Completed Investment in Treatment of Industrial Pollution by Region (2011)

单位：万元　　　　(10 000 yuan)

地 区	Region	污染治理项目本年完成投资 Investment Completed in Pollution Treatment Projects	治理废水 Treatment of Waste water	治理废气 Treatment of Waste Gas	治理固体废物 Treatment of Solid Waste	治理噪声 Treatment of Noise Pollution	治理其他 Treatment of Other Pollution	本年竣工项目数(个) Number of Pojects Completed (unit)
全 国	**National Total**	**4443610**	**1577471**	**2116811**	**313875**	**21623**	**413831**	**7005**
北 京	Beijing	10946	5893	4515	104	16	418	59
天 津	Tianjin	152848	31318	46800	33245	14	41472	99
河 北	Hebei	243399	70721	156828	7766	595	7490	280
山 西	Shanxi	279450	48858	145001	28718	2305	54570	424
内蒙古	Inner Mongolia	310164	40808	214617	17299	659	36782	136
辽 宁	Liaoning	116032	63953	44932	2869	573	3704	123
吉 林	Jilin	65624	25059	35434	815		4315	88
黑龙江	Heilongjiang	100891	18565	78077	694		3555	50
上 海	Shanghai	63602	4930	51244	60	879	6490	93
江 苏	Jiangsu	310062	125481	134461	13905	1421	34795	660
浙 江	Zhejiang	178373	88098	65063	2233	1486	21494	712
安 徽	Anhui	92793	26865	29532	2074	273	34050	158
福 建	Fujian	142599	54268	62601	10482	580	14669	233
江 西	Jiangxi	66235	24441	18401	4745	12	18636	176
山 东	Shandong	624466	295540	244688	53923	204	30110	770
河 南	Henan	213728	50859	146766	5374	658	10070	286
湖 北	Hubei	92873	35041	38972	10086	475	8298	149
湖 南	Hunan	97039	50215	31816	8853	1745	4410	196
广 东	Guangdong	166420	55886	76909	7973	146	25506	690
广 西	Guangxi	86230	45998	34460	3242	46	2483	198
海 南	Hainan	27534	18404	7039	1218	120	753	44
重 庆	Chongqing	49384	24915	8241	14281	354	1593	169
四 川	Sichuan	166537	66136	84726	3656	6150	5869	274
贵 州	Guizhou	131970	7873	64249	56023	89	3735	129
云 南	Yunnan	137331	40870	67799	12016	1215	15432	388
西 藏	Tibet	1628	660	580	380		8	4
陕 西	Shaanxi	237248	157712	60409	5583	1418	12127	165
甘 肃	Gansu	105338	29085	69926	389	98	5840	88
青 海	Qinghai	27858	8510	10091	5705		3552	35
宁 夏	Ningxia	38735	17417	20529	166	18	606	65
新 疆	Xinjiang	106276	43093	62105		75	1003	64

10-5 各地区环保验收项目情况(2011年)
Environmental Protection Acceptance Projects by Region (2011)

地 区	Region	当年完成环保验收项目数(项) Number of Environmental Protection Acceptance Projects in the Year (unit)	当年完成环保验收项目总投资(亿元) Total Investment in the Environmental Protection Acceptance Projects in the Year (100 million yuan)	当年完成环保验收项目环保投资(亿元) Environmental Protection Investment in the Environmental Protection Acceptance Projects in the Year (10 000 yuan)
全 国	**National Total**	**127819**	**67446.2**	**2112.4**
北 京	Beijing	3562	975.8	19.8
天 津	Tianjin	1220	1008.7	54.4
河 北	Hebei	6679	2443.4	165.3
山 西	Shanxi	1756	551.2	57.8
内蒙古	Inner Mongolia	1950	1343.6	77.3
辽 宁	Liaoning	7318	2164.9	51.4
吉 林	Jilin	2244	597.3	20.2
黑龙江	Heilongjiang	2269	743.5	55.5
上 海	Shanghai	4533	2082.3	69.5
江 苏	Jiangsu	9630	7223.0	194.2
浙 江	Zhejiang	8904	2637.0	87.6
安 徽	Anhui	3680	1422.1	47.2
福 建	Fujian	5955	1452.8	53.1
江 西	Jiangxi	1199	591.8	45.4
山 东	Shandong	10743	17215.0	128.7
河 南	Henan	4412	829.3	42.8
湖 北	Hubei	3078	1099.3	53.1
湖 南	Hunan	2834	486.6	27.5
广 东	Guangdong	16555	3250.0	140.2
广 西	Guangxi	5190	388.8	25.0
海 南	Hainan	742	188.7	9.8
重 庆	Chongqing	2287	1049.2	39.7
四 川	Sichuan	5610	1155.5	40.7
贵 州	Guizhou	1522	147.5	13.7
云 南	Yunnan	3900	559.7	47.4
西 藏	Tibet	526	557.8	28.1
陕 西	Shaanxi	1224	362.0	22.6
甘 肃	Gansu	1704	108.5	10.5
青 海	Qinghai	396	211.9	12.2
宁 夏	Ningxia	794	852.3	36.1
新 疆	Xinjiang	5155	77.6	2.2

注：本表全国合计数据中包含环境保护部验收的项目情况。
Note: National total data in the table included the Projects checked and accepted by Ministry of Environmental Protection.

10-6 各地区林业投资资金来源情况(2011年)
Source of Funds of Investment for Forestry by Region(2011)

单位：万元 (10 000 yuan)

地区	Region	合计 Source of Funds	上年末结余资金 Unspent Funds from last Year	本年资金来源 Source of Funds in the Year		
					国家预算资金 State Budgetary Appropria-tions	国内贷款 Domestic Loans
全国	**National Total**	**27444835**	**625988**	**26818847**	**13021470**	**2741753**
北京	Beijing	981583	25289	956294	851235	
天津	Tianjin	87612		87612	80260	
河北	Hebei	615668	6489	609179	411553	60300
山西	Shanxi	1040002		1040002	376034	
内蒙古	Inner Mongolia	1222246	7588	1214658	1048171	23
辽宁	Liaoning	1278858	30	1278828	723087	
吉林	Jilin	699774	56862	642912	421296	22300
黑龙江	Heilongjiang	1892187	4015	1888172	1304110	
上海	Shanghai	71604	1764	69840	53652	
江苏	Jiangsu	868033	608	867425	109701	1120
浙江	Zhejiang	650986	3980	647006	441195	117418
安徽	Anhui	300083	2299	297784	149071	13011
福建	Fujian	1689010	4964	1684046	219790	1412889
江西	Jiangxi	570750	101	570649	373401	14585
山东	Shandong	1288269	763	1287506	634455	22848
河南	Henan	974898		974898	297098	213000
湖北	Hubei	407316	1282	406034	270000	2579
湖南	Hunan	587045	8418	578627	353217	2127
广东	Guangdong	473458	18849	454609	398125	
广西	Guangxi	5629588	83862	5545726	372637	585502
海南	Hainan	127689	21969	105720	93055	53
重庆	Chongqing	419328	46	419282	330060	43374
四川	Sichuan	1539198	82985	1456213	847452	51695
贵州	Guizhou	381500		381500	381266	
云南	Yunnan	838488	91978	746510	467812	74719
西藏	Tibet	191924	34473	157451	156634	
陕西	Shaanxi	498166	9663	488503	421527	120
甘肃	Gansu	610611	5369	605242	487233	53000
青海	Qinghai	209440		209440	167230	6570
宁夏	Ningxia	188696		188696	158885	28862
新疆	Xinjiang	512574	45342	467232	324787	15658
大兴安岭	Daxinganling	423567	41406	382161	236627	

注：全国合计数包括国家林业局直属单位数据。
资料来源：国家林业局(下表同)。
Note:Data of national total include the units directly under State Forestry Administration.
Source: State Forestry Administration (the same as in the following table).

10-6 续表 continued

单位：万元 (10 000 yuan)

地区	Region	债券 Bonds	利用外资 Foreign Capital	自筹资金 Enterprise Fundraising	其他资金 Other Funds
全国	**National Total**	**9709**	**228403**	**7374184**	**3443328**
北京	Beijing		492	88408	16159
天津	Tianjin			3291	4061
河北	Hebei		2279	100128	34919
山西	Shanxi			663968	
内蒙古	Inner Mongolia		1455	136176	28833
辽宁	Liaoning			252966	302775
吉林	Jilin	2786	6388	120034	70108
黑龙江	Heilongjiang		191	560604	23267
上海	Shanghai			1970	14218
江苏	Jiangsu			611664	144940
浙江	Zhejiang		7501	48941	31951
安徽	Anhui		1668	64163	69871
福建	Fujian			46921	4446
江西	Jiangxi		7487	66893	108283
山东	Shandong		11016	176017	443170
河南	Henan		4900	249900	210000
湖北	Hubei		2524	67100	63831
湖南	Hunan	3620		115301	104362
广东	Guangdong		4128	27802	24554
广西	Guangxi	100	141824	3361852	1083811
海南	Hainan			4225	8387
重庆	Chongqing			20085	25763
四川	Sichuan		12015	201904	343147
贵州	Guizhou		234		
云南	Yunnan	1331	2496	70707	129445
西藏	Tibet			817	
陕西	Shaanxi		630	33521	32705
甘肃	Gansu		16000	8432	40577
青海	Qinghai	1500	5125	25170	3845
宁夏	Ningxia			949	
新疆	Xinjiang	372	50	93094	33271
大兴安岭	Daxinganling			145376	158

10-7 各地区林业投资完成情况(2011年)
Completed Investment for Forestry by Region(2011)

单位：万元 (10 000 yuan)

地　区	Region	本年完成投资 Completed Investment During the Year	#国家投资 State Investment	林业投资 Investment for Forestry			
				生态建设与保护 Ecological Construction and Protection	林业支撑与保障 Forestry Bracing and Indemnification	林业产业发展 Forestry Industry Development	其他 Others
全　国	**National Total**	**26326068**	**11065990**	**13024982**	**3006631**	**5224114**	**5070341**
北　京	Beijing	953587	774033	754659	30598	10028	158302
天　津	Tianjin	87612	80260	81034	2883	20	3675
河　北	Hebei	546499	411553	313886	28749	128932	74932
山　西	Shanxi	1040002	376034	765393	43864	5968	224777
内蒙古	Inner Mongolia	1146495	925331	693969	240494	7707	204325
辽　宁	Liaoning	1201371	666443	690411	66294	312425	132241
吉　林	Jilin	609980	365876	218481	279845	41885	69769
黑龙江	Heilongjiang	1867830	1226747	676016	1039119	17305	135390
上　海	Shanghai	79598	19397	68794	8562	556	1686
江　苏	Jiangsu	953810	22839	807222	39670	29465	77453
浙　江	Zhejiang	650354	384881	334561	40858	182704	92231
安　徽	Anhui	401092	101195	205249	40488	35157	120198
福　建	Fujian	1670013	56529	524021	62241	1065262	18489
江　西	Jiangxi	570750	277293	291581	73025	56133	150011
山　东	Shandong	1199874	244035	813511	118986	185347	82030
河　南	Henan	974898	232296	667400	15591	272084	19823
湖　北	Hubei	406200	229690	244305	40714	61903	59278
湖　南	Hunan	609371	353217	325009	35344	73917	175101
广　东	Guangdong	505088	181677	241534	103753	44171	115630
广　西	Guangxi	5159485	492222	1146371	300934	2069424	1642756
海　南	Hainan	77965	25146	33720	7820	4445	31980
重　庆	Chongqing	424075	320175	314258	19767	13313	76737
四　川	Sichuan	1433823	808450	650013	47714	397523	338573
贵　州	Guizhou	381500	298853	332264	10309	4870	34057
云　南	Yunnan	734802	363059	317230	78926	59703	278943
西　藏	Tibet	148938	147340	135227	8801	3597	1313
陕　西	Shaanxi	498242	374732	368071	17532	31209	81430
甘　肃	Gansu	608123	377627	293594	65471	6606	242452
青　海	Qinghai	165341	155920	120814	8752	13779	21996
宁　夏	Ningxia	188696	136172	134851	5967	6156	41722
新　疆	Xinjiang	463570	280289	247213	51393	62347	102617
大兴安岭	Daxinganling	424215	246938	180927	41046		202242

注：全国合计数包括国家林业局直属单位数据。

Note:Data of national total include the units directly under State Forestry Administration.

十一、 城市环境

Urban Environment

11-1 全国城市环境情况(2000-2011年)
Urban Environment (2000-2011)

年 份 Year	城市个数 (个) Number of Cities (unit)	城区面积 (万平方公里) Urban Area (10 000 sq.km)	建设用地面积 (万平方公里) Area of Land Used for Urban Construction (10 000 sq.km)	人均日生活用水量 (升) Daily Household Water Consumption per Capita (liter)	城市用水普及率 (%) Water Access Rate (%)	城市污水排放量 (亿立方米) Waste Water Discharged (100 million cu.m)	城市污水处理率 (%) Waste Water Treatment Rate (%)
2000	663	87.8	2.2	220.2	63.9	331.8	34.3
2001	662	60.8	2.4	216.0	72.3	328.6	36.4
2002	660	46.7	2.7	213.0	77.9	337.6	40.0
2003	660	39.9	2.9	210.9	86.2	349.2	42.1
2004	661	39.5	3.1	210.8	88.9	356.5	45.7
2005	661	41.3		204.1	91.1	359.5	52.0
2006	656	16.7	3.2	188.3	86.1	362.5	55.7
2007	655	17.6	3.6	178.4	93.8	361.0	62.9
2008	655	17.8	3.9	178.2	94.7	364.9	70.2
2009	655	17.5	3.9	176.6	96.1	371.2	75.3
2010	657	17.9	4.0	171.4	96.7	378.7	82.3
2011	657	18.4	4.2	170.9	97.0	403.7	83.6

注：2006年起住房和城乡建设部《城市建设统计制度》修订，统计范围、口径及部分指标计算方法都有所调整，故不能与2005年直接比较。

Note:Urban Construction Statistical System had been amended by Ministry of Housing and Urban-Rural Development in 2006. Scope, caliber and calculated method of some indicators are adjusted,so it can not be directly compared with data of 2005.

11-1 续表 continued

年 份 Year	城市燃气普及率 (%) Gas Access Rate (%)	城市生活垃圾清运量 (万吨) Volume of Garbage Disposal (10 000 tons)	城市生活垃圾无害化处理率 (%) Proportion of Harmless Treated Garbage (%)	供热面积 (万平方米) Heated Area (10 000 sq.m)	建成区绿化覆盖率 (%) Green Covered Area as % of Completed Area (%)	人均公园绿地面积 (平方米) Park Green Land per Capita (sq.m)
2000	45.4	11819		110766	28.2	3.7
2001	59.7	13470	58.2	146329	28.4	4.6
2002	67.2	13650	54.2	155567	29.8	5.4
2003	76.7	14857	50.8	188956	31.2	6.5
2004	81.5	15509	52.1	216266	31.7	7.4
2005	82.1	15577	51.7	252056	32.5	7.9
2006	79.1	14841	52.2	265853	35.1	8.3
2007	87.4	15215	62.0	300591	35.3	9.0
2008	89.6	15438	66.8	348948	37.4	9.7
2009	91.4	15734	71.4	379574	38.2	10.7
2010	92.0	15805	77.9	435668	38.6	11.2
2011	92.4	16395	79.7	473784	39.2	11.8

11-2 主要城市空气质量指标(2011年)
Ambient Air Quality in Major Cities (2011)

单位：毫克/立方米,天,%　　(milligram/cu.m, day, %)

城市	City	可吸入颗粒物 (PM_{10}) Paticulate Matters	二氧化硫 (SO_2) Sulphur Dioxide	二氧化氮 (NO_2) Nitrogen Dioxide	空气质量达到二级以上的天数 Days of Air Quality Equal to or Above Grade II	空气质量达到二级以上天数占全年比重 Proportion of Days of Air Quality Equal to or Above Grade II in the Whole Year
北　京	Beijing	0.113	0.028	0.056	286	78.4
天　津	Tianjin	0.093	0.042	0.038	320	87.7
石家庄	Shijiazhuang	0.099	0.052	0.041	320	87.7
太　原	Taiyuan	0.084	0.064	0.023	308	84.4
呼和浩特	Hohhot	0.076	0.054	0.039	347	95.1
沈　阳	Shenyang	0.096	0.059	0.033	332	91.0
长　春	Dalian	0.091	0.026	0.043	345	94.5
哈尔滨	Harbin	0.099	0.041	0.046	317	86.8
上　海	Shanghai	0.080	0.029	0.051	337	92.3
南　京	Nanjing	0.097	0.034	0.049	317	86.8
杭　州	Hangzhou	0.093	0.039	0.058	333	91.2
合　肥	Hefei	0.113	0.022	0.025	303	83.0
福　州	Fuzhou	0.069	0.009	0.032	360	98.6
南　昌	Nanchang	0.088	0.056	0.038	347	95.1
济　南	Jinan	0.104	0.051	0.036	320	87.7
郑　州	Zhengzhou	0.103	0.051	0.047	318	87.1
武　汉	Wuhan	0.100	0.039	0.056	306	83.8
长　沙	Changsha	0.083	0.040	0.047	341	93.4
广　州	Guangzhou	0.069	0.028	0.049	360	98.6
南　宁	Nanning	0.073	0.026	0.033	351	96.2
海　口	Haikou	0.041	0.008	0.016	365	100.0
重　庆	Chongqing	0.093	0.038	0.031	324	88.8
成　都	Chengdu	0.100	0.031	0.051	322	88.2
贵　阳	Guiyang	0.079	0.049	0.030	349	95.6
昆　明	Kunming	0.065	0.037	0.044	365	100.0
拉　萨	Lhasa	0.040	0.009	0.023	364	99.7
西　安	Xi'an	0.118	0.042	0.041	305	83.6
兰　州	Lanzhou	0.138	0.048	0.042	244	66.8
西　宁	Xining	0.105	0.043	0.026	316	86.6
银　川	Yinchuan	0.095	0.038	0.030	333	91.2
乌鲁木齐	Urumqi	0.132	0.079	0.068	276	75.6

资料来源：环境保护部。
Source:Ministry of Environmental Protection.

11-3 各地区城市面积和建设用地情况(2011年)
Basic Statistics on Urban Area and Land Used for Construction by Region(2011)

单位:平方公里 (sq.km)

地 区	Region	城区面积 Urban Area	#建成区面积 Area of Built Districts	城市建设用地面积 Area of Land Used for Urban Construction 小 计 Sub-total	居住用地 Residential Area	公共设施用地 Area for Public Utilities	工业用地 Area for Industrial Operation	仓储用地 Area for Storage
全 国	**National Total**	**183618.0**	**43603.2**	**41860.6**	**13181.7**	**5086.6**	**8721.2**	**1581.4**
北 京	Beijing	12187.0	1231.3	1425.9	405.4	248.9	313.5	38.4
天 津	Tianjin	2334.5	710.6	710.6	190.7	86.5	159.5	49.5
河 北	Hebei	6627.0	1684.6	1625.2	515.3	181.6	296.0	67.2
山 西	Shanxi	3400.8	956.9	878.4	282.0	106.5	178.3	30.9
内蒙古	Inner Mongolia	10996.7	1077.0	1179.5	362.1	148.7	213.0	44.4
辽 宁	Liaoning	12821.7	2276.5	2249.1	760.0	225.3	522.0	77.8
吉 林	Jilin	4718.2	1271.0	1203.8	421.8	80.2	252.2	41.7
黑龙江	Heilongjiang	2653.2	1678.6	1722.1	614.6	177.1	336.1	82.6
上 海	Shanghai	6340.5	998.8					
江 苏	Jiangsu	13272.3	3493.8	3552.6	1085.8	406.5	900.8	90.8
浙 江	Zhejiang	10484.3	2221.1	2263.4	626.0	246.4	573.1	48.3
安 徽	Anhui	5572.9	1597.7	1565.0	518.2	159.9	352.0	44.3
福 建	Fujian	4481.4	1130.0	1077.0	333.0	133.2	235.1	23.7
江 西	Jiangxi	1890.7	1019.9	986.4	302.5	137.0	208.6	27.3
山 东	Shandong	20157.6	3751.2	3680.7	1089.1	509.7	801.1	120.2
河 南	Henan	4213.7	2098.1	2019.3	594.0	294.6	319.7	72.8
湖 北	Hubei	9049.2	1811.6	2042.6	599.3	270.1	459.5	72.2
湖 南	Hunan	4602.4	1408.0	1474.9	484.1	229.4	261.3	58.7
广 东	Guangdong	17957.2	4829.3	4172.4	1317.1	408.2	922.6	311.5
广 西	Guangxi	5789.1	1014.4	931.6	298.7	131.2	171.5	29.8
海 南	Hainan	850.1	238.0	267.9	86.2	46.7	19.1	6.4
重 庆	Chongqing	5696.6	1034.9	945.5	302.4	98.5	221.0	17.7
四 川	Sichuan	5999.0	1788.1	1745.5	564.9	230.9	356.7	48.3
贵 州	Guizhou	1673.8	508.3	524.2	144.6	70.5	92.3	26.8
云 南	Yunnan	2084.6	804.1	887.5	366.6	105.5	126.4	26.5
西 藏	Tibet	948.0	89.7	40.2	24.0		9.1	3.2
陕 西	Shaanxi	1373.4	809.0	706.5	223.8	120.8	137.3	23.2
甘 肃	Gansu	1436.6	655.6	615.4	184.6	68.9	106.8	41.0
青 海	Qinghai	512.3	122.1	121.7	51.3	8.0	7.0	13.8
宁 夏	Ningxia	2063.5	371.3	313.0	112.1	46.5	28.7	11.0
新 疆	Xinjiang	1429.7	921.8	933.0	321.9	109.6	140.8	31.6

资料来源：住房和城乡建设部(以下各表同)。
Source: Ministry of Housing and Urban-Rural Development(the same as in the following tables).

11-3 续表 continued

单位:平方公里 (sq.km)

地 区	Region	城市建设用地面积 Area of Land Used for Urban Construction					本年征用土地面积 Area of Land Requisition of the Year	#耕地 Arable Land
		对外交通用地 Area for Traffic System	道路广场用地 Area for Roads & Plazas	市政公用设施用地 Area for Municipal Facilities	绿 地 Green Land	特殊用地 Area for Specific Purpose		
全 国	**National Total**	**1861.3**	**4734.9**	**1483.2**	**4455.5**	**699.6**	**1841.7**	**775.3**
北 京	Beijing	51.2	167.3	39.6	146.5	15.0	50.4	15.9
天 津	Tianjin	29.4	78.6	19.4	86.2	10.7	44.0	20.8
河 北	Hebei	72.1	240.8	49.0	164.4	38.9	42.7	10.6
山 西	Shanxi	45.5	71.0	63.8	86.0	14.6	25.8	7.9
内蒙古	Inner Mongolia	48.5	162.9	34.9	150.5	14.7	27.9	2.7
辽 宁	Liaoning	93.2	228.3	60.4	224.5	57.7	185.7	95.4
吉 林	Jilin	124.6	71.8	91.5	96.0	18.2	75.3	55.0
黑龙江	Heilongjiang	68.6	180.7	42.7	184.2	35.6	47.7	17.6
上 海	Shanghai							
江 苏	Jiangsu	140.4	401.6	101.4	377.0	48.4	182.9	74.3
浙 江	Zhejiang	106.8	307.4	82.7	235.4	37.4	88.9	50.1
安 徽	Anhui	65.9	169.8	55.4	194.5	5.1	117.5	53.0
福 建	Fujian	44.7	128.2	38.0	113.6	27.6	51.7	13.7
江 西	Jiangxi	41.5	115.0	34.2	113.6	6.7	57.5	16.6
山 东	Shandong	168.8	388.7	135.8	418.7	48.6	141.6	49.3
河 南	Henan	84.0	263.9	82.1	276.8	31.3	41.0	14.5
湖 北	Hubei	122.0	229.1	77.5	175.8	37.1	74.4	29.9
湖 南	Hunan	66.0	162.9	59.9	131.7	21.0	84.6	30.9
广 东	Guangdong	159.3	435.4	102.9	411.3	57.5	73.4	21.2
广 西	Guangxi	38.5	113.9	29.5	99.6	18.9	121.8	54.3
海 南	Hainan	22.0	32.9	6.7	42.4	5.6	14.7	0.5
重 庆	Chongqing	39.6	141.9	27.8	82.4	14.2	54.5	25.8
四 川	Sichuan	72.2	223.9	54.9	166.6	27.2	72.4	32.6
贵 州	Guizhou	28.4	47.3	15.2	89.1	10.1	6.6	0.6
云 南	Yunnan	36.9	63.3	58.9	72.4	28.3	61.2	25.9
西 藏	Tibet				3.2	0.8	3.1	0.7
陕 西	Shaanxi	26.3	78.2	21.8	62.5	12.6	33.8	20.9
甘 肃	Gansu	15.6	59.7	23.7	111.4	3.6	33.6	18.5
青 海	Qinghai	6.4	6.0	14.2	7.4	7.4	0.8	0.7
宁 夏	Ningxia	16.3	39.0	15.4	38.8	5.2	10.5	9.7
新 疆	Xinjiang	26.5	125.4	44.3	93.0	39.8	15.7	6.0

11-4 各地区城市市政设施情况(2011年)
Urban Municipal Facilities by Region (2011)

地 区	Region	道路长度(公里) Length of Roads (km)	道路面积(万平方米) Area of Roads (10 000 sq.m)	城市桥梁(座) Number of Bridges (unit)	#立交桥数 Inter-section Bridges
全 国	**National Total**	**308897**	**562523**	**53386**	**3947**
北 京	Beijing	6258	9164	1885	418
天 津	Tianjin	5991	10492	584	81
河 北	Hebei	12286	27935	1483	197
山 西	Shanxi	6059	11349	502	95
内蒙古	Inner Mongolia	6782	13257	344	102
辽 宁	Liaoning	14468	24727	1549	237
吉 林	Jilin	7687	13305	681	147
黑龙江	Heilongjiang	10629	15296	850	194
上 海	Shanghai	4708	9481	2152	55
江 苏	Jiangsu	32491	58405	12130	282
浙 江	Zhejiang	16819	31998	8275	147
安 徽	Anhui	10854	22722	1176	154
福 建	Fujian	7238	13908	1292	63
江 西	Jiangxi	6086	12329	573	53
山 东	Shandong	34681	66123	4359	251
河 南	Henan	9859	23393	1084	117
湖 北	Hubei	14887	26341	1772	147
湖 南	Hunan	9893	18234	700	78
广 东	Guangdong	42875	59215	5645	397
广 西	Guangxi	6823	13029	650	79
海 南	Hainan	2013	4133	149	7
重 庆	Chongqing	5435	10870	1211	180
四 川	Sichuan	10192	20258	1615	188
贵 州	Guizhou	2419	3884	408	26
云 南	Yunnan	4569	9507	672	47
西 藏	Tibet	378	658	30	1
陕 西	Shaanxi	4964	10966	600	119
甘 肃	Gansu	3503	6913	379	31
青 海	Qinghai	738	1430	82	4
宁 夏	Ningxia	1832	4238	145	6
新 疆	Xinjiang	5476	8964	409	44

11-4 续表 continued

地 区	Region	城市道路照明灯（千盏）Number of Road Lamps (1 000 unit)	排水管道长度（公里）Length of Drainage Pipes (km)	#污水管道 Sewers	防洪堤长度（公里）Length of Flood Control Dikes (km)
全 国	**National Total**	**19492.1**	**414074**	**164361**	**35051**
北 京	Beijing	235.7	11086	4765	
天 津	Tianjin	246.1	16551	8184	2011
河 北	Hebei	664.3	15435	5840	913
山 西	Shanxi	445.8	6086	1760	282
内蒙古	Inner Mongolia	608.9	9314	5669	583
辽 宁	Liaoning	1446.2	14906	2934	1483
吉 林	Jilin	562.9	8194	2917	783
黑龙江	Heilongjiang	520.7	8106	2478	804
上 海	Shanghai	471.2	17599	7121	1119
江 苏	Jiangsu	2330.5	51735	25324	8707
浙 江	Zhejiang	1190.3	28103	13573	1705
安 徽	Anhui	659.5	16380	6097	1222
福 建	Fujian	456.7	10767	5317	471
江 西	Jiangxi	502.3	8580	3660	647
山 东	Shandong	1445.8	40110	14568	2511
河 南	Henan	693.2	15836	5748	808
湖 北	Hubei	448.7	17351	4580	2362
湖 南	Hunan	529.7	10897	2700	691
广 东	Guangdong	2266.6	48185	15178	3810
广 西	Guangxi	491.9	7264	1765	339
海 南	Hainan	156.8	2788	1044	9
重 庆	Chongqing	267.6	8163	4081	222
四 川	Sichuan	750.8	15742	6767	1335
贵 州	Guizhou	251.4	3695	1768	227
云 南	Yunnan	320.5	4761	1968	619
西 藏	Tibet	18.7	293		28
陕 西	Shaanxi	552.9	5809	2729	324
甘 肃	Gansu	216.0	3144	1210	587
青 海	Qinghai	99.9	1115	587	50
宁 夏	Ningxia	216.5	1487	549	144
新 疆	Xinjiang	423.6	4592	3478	255

11-5 各地区城市供水和用水情况(2011年)
Urban Water Supply and Use by Region (2011)

单位：万立方米 (10 000 cu.m)

地 区	Region	供水总量 Total Water Supply	售水量按用途分 Water for Sale Classify by Purpose				
			合 计 Total	生产运营用水 Production & Operation	公共服务用水 Public Service	居民家庭用水 Household Use	其他用水 Other
全 国	**National Total**	**5134222**	**4337436**	**1596521**	**682604**	**1779070**	**279241**
北 京	Beijing	158364	139033	23363	46479	63068	6123
天 津	Tianjin	74483	64674	31497	7172	22353	3652
河 北	Hebei	173061	155033	67748	22696	48194	16396
山 西	Shanxi	81751	75143	33234	6271	33651	1986
内蒙古	Inner Mongolia	62762	52526	21130	9686	16738	4972
辽 宁	Liaoning	266033	201572	87156	37174	61977	15265
吉 林	Jilin	100330	74996	30193	14239	28442	2122
黑龙江	Heilongjiang	151913	127904	61271	17749	40043	8841
上 海	Shanghai	311282	244078	58194	60297	96993	28594
江 苏	Jiangsu	477044	418120	198830	59022	141875	18393
浙 江	Zhejiang	273591	237262	99870	29735	100786	6870
安 徽	Anhui	158039	132221	51387	18921	56014	5899
福 建	Fujian	137724	118886	38085	14767	55297	10737
江 西	Jiangxi	93615	75962	19238	16288	36943	3493
山 东	Shandong	313500	279513	139700	40247	91258	8308
河 南	Henan	184588	159830	72172	20710	57925	9023
湖 北	Hubei	257586	210692	64476	31778	104206	10231
湖 南	Hunan	181642	146250	43022	15653	78781	8793
广 东	Guangdong	821640	692326	218258	113534	294678	65856
广 西	Guangxi	154483	135902	60101	14929	59395	1476
海 南	Hainan	36758	32133	4502	3856	15747	8028
重 庆	Chongqing	89756	77412	22150	9185	42329	3748
四 川	Sichuan	182239	155886	42781	26109	80729	6268
贵 州	Guizhou	46694	38622	8555	4953	22736	2378
云 南	Yunnan	67666	53847	16574	5167	29137	2968
西 藏	Tibet	12432	7399	567	970	2768	3093
陕 西	Shaanxi	76780	67805	19505	12944	32344	3011
甘 肃	Gansu	55703	49100	18156	6870	20291	3783
青 海	Qinghai	21769	18705	9124	1317	7421	843
宁 夏	Ningxia	30101	27457	12596	4564	8857	1440
新 疆	Xinjiang	80894	67151	23087	9321	28091	6652

11-5 续表 continued

地 区	Region	用水人口（万人）Population with Access to Water Supply (10 000 persons)	人均日生活用水量（升）Daily Household Water Consumption per Capita (liter)	用水普及率（%）Water Access Rate (%)
全 国	**National Total**	**39691.3**	**170.9**	**97.0**
北 京	Beijing	1740.7	172.6	100.0
天 津	Tianjin	615.4	128.8	100.0
河 北	Hebei	1565.6	124.5	100.0
山 西	Shanxi	986.8	111.4	97.5
内蒙古	Inner Mongolia	768.2	94.5	91.4
辽 宁	Liaoning	2158.4	126.2	98.4
吉 林	Jilin	1037.0	113.3	92.7
黑龙江	Heilongjiang	1239.6	128.0	90.8
上 海	Shanghai	2347.5	183.6	100.0
江 苏	Jiangsu	2660.5	212.3	99.6
浙 江	Zhejiang	1822.5	196.3	99.8
安 徽	Anhui	1219.0	169.0	96.6
福 建	Fujian	1024.2	188.2	99.1
江 西	Jiangxi	838.4	174.8	97.9
山 东	Shandong	2792.1	129.8	99.7
河 南	Henan	2000.1	108.6	92.6
湖 北	Hubei	1751.0	213.2	98.3
湖 南	Hunan	1280.5	203.2	95.7
广 东	Guangdong	4658.8	241.4	98.4
广 西	Guangxi	853.2	241.9	93.9
海 南	Hainan	215.6	249.2	96.1
重 庆	Chongqing	973.8	145.4	93.4
四 川	Sichuan	1532.4	191.7	91.8
贵 州	Guizhou	536.7	142.8	91.6
云 南	Yunnan	755.3	124.9	95.1
西 藏	Tibet	44.9	228.1	91.9
陕 西	Shaanxi	765.2	163.3	95.7
甘 肃	Gansu	508.1	146.5	92.5
青 海	Qinghai	127.2	197.0	99.9
宁 夏	Ningxia	226.0	163.1	95.5
新 疆	Xinjiang	647.0	160.1	99.2

11-6 各地区城市节约用水情况(2011年)
Urban Water Saving by Region (2011)

地 区	Region	实际用水量(万立方米) Actual Quantity of Water Used (10 000 cu.m)					
		合 计 Total	#工业 Industry	新水取用量 New Water Source Used	#工业 Industry	重复利用量 Recycled Use	#工业 Industry
全 国	**National Total**	**8551425**	**7036825**	**1694727**	**702724**	**6856698**	**6334101**
北 京	Beijing	255942	32122	185870	17023	70072	15099
天 津	Tianjin	354814	350002	16711	13077	338103	336925
河 北	Hebei	729357	548793	49838	34453	679519	514340
山 西	Shanxi	253348	226016	34697	13313	218651	212703
内蒙古	Inner Mongolia	12943	5825	10358	3469	2585	2356
辽 宁	Liaoning	1250703	1112318	179914	81212	1070789	1031106
吉 林	Jilin	133705	114709	42096	25081	91609	89628
黑龙江	Heilongjiang	165984	129486	62903	30625	103081	98861
上 海	Shanghai	286277	212287	88361	36938	197916	175349
江 苏	Jiangsu	1107891	863337	238900	124615	868991	738722
浙 江	Zhejiang	197666	170524	61238	40021	136428	130503
安 徽	Anhui	350325	328137	33537	14574	316788	313563
福 建	Fujian	80295	70217	16686	7001	63609	63216
江 西	Jiangxi	10134	5237	5819	1684	4315	3553
山 东	Shandong	1273667	1118541	172098	74559	1101569	1043982
河 南	Henan	384793	349461	58335	25310	326458	324151
湖 北	Hubei	318531	274217	77771	39153	240760	235064
湖 南	Hunan	31782	18723	20446	10797	11336	7926
广 东	Guangdong	211068	141533	88081	19572	122987	121961
广 西	Guangxi	406082	359393	72599	27245	333483	332148
海 南	Hainan	28339	8804	18431	2916	9908	5888
重 庆	Chongqing	2480	130	1790	90	690	40
四 川	Sichuan	78352	51808	33963	10276	44389	41532
贵 州	Guizhou	33939	26910	10259	4040	23680	22870
云 南	Yunnan	25077	13270	13327	2390	11750	10880
西 藏	Tibet						
陕 西	Shaanxi	229527	202683	38904	14644	190623	188039
甘 肃	Gansu	218665	205687	28958	15980	189707	189707
青 海	Qinghai	3272	1025	1787	545	1485	480
宁 夏	Ningxia	96941	91158	13532	8209	83409	82949
新 疆	Xinjiang	19526	4472	17518	3912	2008	560

11-6 续表 continued

地 区	Region	节约用水量（万立方米） Water Saved (10 000 cu.m)	#工 业 Industry	重复利用率（%） Reuse Rate (%)	#工业用水重复利用率 Reuse Rate for Industrial Purpose
全 国	**National Total**	**406578**	**291216**	**80.2**	**90.0**
北 京	Beijing	8951	1288	27.4	47.0
天 津	Tianjin	432	285	95.3	96.3
河 北	Hebei	20985	19211	93.2	93.7
山 西	Shanxi	11666	8596	86.3	94.1
内蒙古	Inner Mongolia	2009	1174	20.0	40.5
辽 宁	Liaoning	36362	27163	85.6	92.7
吉 林	Jilin	12621	11075	68.5	78.1
黑龙江	Heilongjiang	8961	8308	62.1	76.4
上 海	Shanghai	18639	12462	69.1	82.6
江 苏	Jiangsu	36778	31066	78.4	85.6
浙 江	Zhejiang	13025	8123	69.0	76.5
安 徽	Anhui	19731	16212	90.4	95.6
福 建	Fujian	3847	2340	79.2	90.0
江 西	Jiangxi	2580	1517	42.6	67.8
山 东	Shandong	103326	91137	86.5	93.3
河 南	Henan	12443	7818	84.8	92.8
湖 北	Hubei	16298	10916	75.6	85.7
湖 南	Hunan	5123	4018	35.7	42.3
广 东	Guangdong	16046	2455	58.3	86.2
广 西	Guangxi	9664	7063	82.1	92.4
海 南	Hainan	1986	806	35.0	66.9
重 庆	Chongqing	645	25	27.8	30.8
四 川	Sichuan	8551	2132	56.7	80.2
贵 州	Guizhou	1257	882	69.8	85.0
云 南	Yunnan	5390	50	46.9	82.0
西 藏	Tibet				
陕 西	Shaanxi	14475	10079	83.1	92.8
甘 肃	Gansu	6420	2920	86.8	92.2
青 海	Qinghai	207	207	45.4	46.8
宁 夏	Ningxia	1538	770	86.0	91.0
新 疆	Xinjiang	6622	1118	10.3	12.5

11-7 各地区城市污水排放和处理情况(2011年)
Urban Waste Water Discharged and Treated by Region (2011)

地区	Region	城市污水排放量(万立方米) Waste Water Discharged (10 000 cu.m)	污水处理厂(座) Waste Water Treatment Plants (unit)	#二、三级处理 Secondary & Tertiary Treatment	污水处理厂污水处理能力(万立方米/日) Treatment Capacity (10 000 cu.m/day)	#二、三级处理 Secondary & Tertiary Treatment	污水处理厂污水处理量(万立方米) Quantity of Waste Water Treated (10 000 cu.m)
全　国	**National Total**	**4037028**	**1588**	**1357**	**11303.4**	**9951.2**	**3152039**
北　京	Beijing	145543	37	26	369.4	323.4	117366
天　津	Tianjin	67180	33	32	229.6	224.8	57712
河　北	Hebei	147184	73	51	508.6	287.3	136032
山　西	Shanxi	60434	38	28	182.5	138.5	49684
内蒙古	Inner Mongolia	48069	35	34	158.4	157.4	40304
辽　宁	Liaoning	209407	65	45	547.2	438.2	166088
吉　林	Jilin	74806	30	21	226.8	202.0	61088
黑龙江	Heilongjiang	119373	45	38	304.7	248.0	59471
上　海	Shanghai	231410	49	48	694.3	690.8	195358
江　苏	Jiangsu	377869	178	168	997.6	939.8	267676
浙　江	Zhejiang	214355	70	70	598.5	598.5	173895
安　徽	Anhui	127134	47	39	333.5	279.5	100490
福　建	Fujian	103366	50	50	298.6	298.6	83721
江　西	Jiangxi	74148	32	32	208.0	208.0	62051
山　东	Shandong	265465	130	102	811.8	629.8	242085
河　南	Henan	152660	62	53	488.3	418.7	133757
湖　北	Hubei	170698	70	54	486.4	410.9	137650
湖　南	Hunan	158259	54	54	377.0	377.0	102938
广　东	Guangdong	606268	187	167	1637.5	1518.6	467214
广　西	Guangxi	122994	33	24	256.5	230.0	65176
海　南	Hainan	24654	15	14	76.8	76.5	18031
重　庆	Chongqing	69142	36	34	215.0	208.0	64405
四　川	Sichuan	146690	64	50	348.7	296.7	105846
贵　州	Guizhou	38232	28	23	122.8	108.3	34674
云　南	Yunnan	68458	30	24	204.3	177.8	60250
西　藏	Tibet	6769					
陕　西	Shaanxi	67366	28	20	208.5	122.0	55447
甘　肃	Gansu	40311	19	16	109.6	94.6	23474
青　海	Qinghai	15526	6	5	32.1	30.1	9469
宁　夏	Ningxia	27643	12	9	79.5	50.5	18955
新　疆	Xinjiang	55615	32	26	190.9	166.9	41732

11-7 续表 continued

地区	Region	其他污水处理设施 Other Waste Water Treatment Equipments 处理能力（万立方米/日） Treatment Capacity (10 000 cu.m/day)	其他污水处理设施 Other Waste Water Treatment Equipments 处理量（万吨） Quantity of Treatment (10 000 tons)	污水处理总能力（万立方米/日） Total Treatment Capacity (10 000 cu.m/day)	污水处理总量（万吨） Total Quantity of Waste Water Treated (10 000 tons)	污水再生利用量（万吨） Total Quantity of Waste Water Recycled & Reused (10 000 tons)	城市污水处理率（%） Waste Water Treatment Rate (%)	#污水处理厂集中处理率 Waste Water Treatment Concentration Rate
全国	**National Total**	**2000.7**	**224070**	**13304.1**	**3376109**	**268343**	**83.6**	**78.1**
北京	Beijing	12.2	1519	381.6	118885	71012	81.7	80.6
天津	Tianjin	2.6	564	232.2	58276	2287	86.8	85.9
河北	Hebei	18.2	2216	526.8	138248	32995	93.9	92.4
山西	Shanxi	13.5	2617	196.0	52301	7235	86.5	82.2
内蒙古	Inner Mongolia			158.4	40304	7161	83.9	83.9
辽宁	Liaoning	88.2	10114	635.4	176202	28441	84.1	79.3
吉林	Jilin	5.7	899	232.5	61987	654	82.9	81.7
黑龙江	Heilongjiang	32.5	8904	337.2	68375	3517	57.3	49.8
上海	Shanghai			694.3	195358		84.4	84.4
江苏	Jiangsu	557.9	72110	1555.5	339786	31379	89.9	70.8
浙江	Zhejiang	64.1	8504	662.6	182399	2820	85.1	81.1
安徽	Anhui	157.3	15317	490.8	115807	980	91.1	79.0
福建	Fujian	33.9	4441	332.5	88162	216	85.3	81.0
江西	Jiangxi	18.0	1031	226.0	63082	765	85.1	83.7
山东	Shandong	83.6	5263	895.4	247348	31620	93.2	91.2
河南	Henan	10.0	2172	498.3	135929	5572	89.0	87.6
湖北	Hubei	75.4	9988	561.8	147638	16289	86.5	80.6
湖南	Hunan	178.0	28126	555.0	131064	638	82.8	65.0
广东	Guangdong	78.5	12393	1716.0	479607	3763	79.1	77.1
广西	Guangxi	449.2	13605	705.7	78781		64.1	53.0
海南	Hainan			76.8	18031	521	73.1	73.1
重庆	Chongqing	4.7	1016	219.7	65421	387	94.6	93.2
四川	Sichuan	42.3	9042	391.0	114888	26	78.3	72.2
贵州	Guizhou			122.8	34674	4497	90.7	90.7
云南	Yunnan	27.0	4524	231.3	64774	1138	94.6	88.0
西藏	Tibet							
陕西	Shaanxi	4.0	1114	212.5	56561	2954	84.0	82.3
甘肃	Gansu	27.2	4268	136.8	27742	1329	68.8	58.2
青海	Qinghai			32.1	9469	20	61.0	61.0
宁夏	Ningxia	10.0	3213	89.5	22168	1676	80.2	68.6
新疆	Xinjiang	6.7	1110	197.6	42842	8451	77.0	75.0

11-8 各地区城市市容环境卫生情况（2011年）
Urban Environmental Sanitation by Region (2011)

地 区	Region	道路清扫保洁面积（万平方米）Area under Cleaning Program (10 000 sq.m)	生活垃圾清运量（万吨）Volume of Garbage Disposal (10 000 tons)	无害化处理厂（座）Number of Harmless Treatment Plants/Grounds (unit)	#卫生填埋 Sanitary Landfill	#焚烧 Burning	#其他 Others
全 国	**National Total**	**630545**	**16395.3**	**677**	**547**	**109**	**21**
北 京	Beijing	13701	634.4	21	15	2	4
天 津	Tianjin	8831	189.9	9	6	3	
河 北	Hebei	21557	584.6	29	23	4	2
山 西	Shanxi	11120	420.0	16	12	3	1
内蒙古	Inner Mongolia	12555	340.0	18	18		
辽 宁	Liaoning	132135	876.0	28	28		
吉 林	Jilin	12602	493.0	13	11	2	
黑龙江	Heilongjiang	16884	796.6	22	20	2	
上 海	Shanghai	16769	704.0	5	3	1	1
江 苏	Jiangsu	46162	1119.8	51	30	21	
浙 江	Zhejiang	29519	1018.1	50	29	21	
安 徽	Anhui	18315	435.1	20	16	4	
福 建	Fujian	12164	433.5	26	18	8	
江 西	Jiangxi	10217	306.6	16	16		
山 东	Shandong	50932	959.5	54	44	7	3
河 南	Henan	22125	729.5	40	37	2	1
湖 北	Hubei	18826	736.3	25	21	4	
湖 南	Hunan	14214	531.6	26	26		
广 东	Guangdong	67612	1978.8	47	31	14	2
广 西	Guangxi	11133	255.8	21	17	2	2
海 南	Hainan	6233	113.6	7	6	1	
重 庆	Chongqing	9150	281.6	13	12	1	
四 川	Sichuan	17247	669.0	34	29	4	1
贵 州	Guizhou	4241	218.3	13	13		
云 南	Yunnan	12160	300.2	15	11	3	1
西 藏	Tibet	600	17.3				
陕 西	Shaanxi	11567	428.3	17	15		2
甘 肃	Gansu	5904	276.2	13	13		
青 海	Qinghai	1999	83.1	3	3		
宁 夏	Ningxia	4120	120.5	6	6		
新 疆	Xinjiang	9951	344.5	19	18		1

11-8 续表 1 continued

单位: 万吨 (10 000 tons)

地 区	Region	无害化处理量 Quantity of Harmless Treated	#卫生填埋 Sanitary Landfill	#焚烧 Burning	#其他 Others	市容环卫专用车辆设备(辆) City Sanitation Special Vehicles (unit)
全 国	**National Total**	**13089.6**	**10063.7**	**2599.3**	**426.6**	**100340**
北 京	Beijing	623.2	429.6	94.5	99.2	7991
天 津	Tianjin	189.9	120.7	69.3		2395
河 北	Hebei	424.2	294.2	92.2	37.9	3556
山 西	Shanxi	325.5	121.2	54.3	150.0	3823
内蒙古	Inner Mongolia	283.8	283.8			2001
辽 宁	Liaoning	704.7	704.7			5200
吉 林	Jilin	242.6	197.7	44.9		2867
黑龙江	Heilongjiang	348.1	338.7	9.4		5042
上 海	Shanghai	429.7	362.7	59.2	7.8	5309
江 苏	Jiangsu	1050.0	502.2	547.8		7984
浙 江	Zhejiang	981.7	513.8	468.0		5032
安 徽	Anhui	378.5	318.0	60.4		2059
福 建	Fujian	409.9	263.5	146.4		2049
江 西	Jiangxi	270.6	270.6			1044
山 东	Shandong	887.9	702.1	148.9	36.9	7276
河 南	Henan	615.9	538.0	70.7	7.1	3164
湖 北	Hubei	449.3	315.6	133.7		3419
湖 南	Hunan	459.0	459.0			2372
广 东	Guangdong	1449.0	1094.2	326.4	28.4	9147
广 西	Guangxi	244.3	219.1	10.4	14.8	1883
海 南	Hainan	103.8	97.7	6.1		1902
重 庆	Chongqing	280.3	217.5	62.8		1489
四 川	Sichuan	591.6	520.7	70.9		3425
贵 州	Guizhou	193.3	193.3			1496
云 南	Yunnan	222.6	94.1	123.2	5.3	1860
西 藏	Tibet					10
陕 西	Shaanxi	386.6	364.0		22.6	2009
甘 肃	Gansu	115.2	115.2			1231
青 海	Qinghai	74.3	74.3			336
宁 夏	Ningxia	80.7	80.7			634
新 疆	Xinjiang	273.8	257.0		16.8	2335

11-8 续表 2 continued

地 区	Region	无害化处理能力(吨/日) Harmless Treatment Capacity (ton/day)	#卫生填埋 Sanitary Landfill	#焚烧 Burning	#其他 Others	生活垃圾无害化处理率(%) Proportion of Harmless Treated Garbage (%)
全 国	**National Total**	**409119**	**300195**	**94114**	**14810**	**79.8**
北 京	Beijing	16930	12080	2200	2650	98.2
天 津	Tianjin	9500	6200	3300		100.0
河 北	Hebei	13163	9174	2589	1400	72.6
山 西	Shanxi	10646	4546	2600	3500	77.5
内蒙古	Inner Mongolia	8788	8788			83.5
辽 宁	Liaoning	18200	18200			80.5
吉 林	Jilin	8643	6603	2040		49.2
黑龙江	Heilongjiang	10954	10454	500		43.7
上 海	Shanghai	7850	5350	1500	1000	61.0
江 苏	Jiangsu	42170	21465	20705		93.8
浙 江	Zhejiang	35067	16806	18261		96.4
安 徽	Anhui	11530	8980	2550		87.0
福 建	Fujian	15385	8685	6700		94.6
江 西	Jiangxi	8215	8215			88.3
山 东	Shandong	32878	26318	5000	1560	92.5
河 南	Henan	21036	18236	2400	400	84.4
湖 北	Hubei	13832	9423	4409		61.0
湖 南	Hunan	11500	11500			86.4
广 东	Guangdong	42578	27983	12575	2020	73.2
广 西	Guangxi	8241	7061	600	580	95.5
海 南	Hainan	2789	2564	225		91.4
重 庆	Chongqing	6465	5265	1200		99.6
四 川	Sichuan	15182	12682	1800	700	88.4
贵 州	Guizhou	5568	5568			88.6
云 南	Yunnan	6018	2858	2960	200	74.1
西 藏	Tibet					
陕 西	Shaanxi	11609	11409		200	90.3
甘 肃	Gansu	3230	3230			41.7
青 海	Qinghai	1600	1600			89.5
宁 夏	Ningxia	2548	2548			67.0
新 疆	Xinjiang	7004	6404		600	79.5

11-8 续表 3 continued

地 区	Region	粪便(万吨) Night Soil (10 000 tons) 清运量 Quantity Disposed	无害化处理量 Quantity Harmless Treated	公厕数(座) Number of Public Lavatories (unit)	#三类以上 Better than Grade Ⅲ	每万人拥有公厕(座) Number of Public Lavatories per 10 000 Population (unit)
全 国	**National Total**	**1962.9**	**652.8**	**120459**	**84524**	**2.95**
北 京	Beijing	207.5	186.8	5843	5843	3.36
天 津	Tianjin	24.8	6.3	1231	741	2.00
河 北	Hebei	91.9	32.3	6629	3763	4.23
山 西	Shanxi	79.1	0.8	3176	1086	3.14
内蒙古	Inner Mongolia	147.1	21.7	4295	1392	5.11
辽 宁	Liaoning	118.5	25.7	5863	1653	2.67
吉 林	Jilin	72.4	53.7	4378	1358	3.91
黑龙江	Heilongjiang	175.5	47.6	7276	1629	5.33
上 海	Shanghai	207.0		5768	5457	2.46
江 苏	Jiangsu	95.2	35.3	10134	8097	3.79
浙 江	Zhejiang	77.1	50.2	7673	6554	4.20
安 徽	Anhui	64.0	9.6	3087	2502	2.45
福 建	Fujian	1.2		2920	2426	2.83
江 西	Jiangxi	36.8	8.2	2009	1521	2.35
山 东	Shandong	125.1	44.2	5674	4769	2.03
河 南	Henan	52.9	14.1	7189	6219	3.33
湖 北	Hubei	62.0	4.7	5088	4005	2.85
湖 南	Hunan	2.9	0.3	2937	2722	2.19
广 东	Guangdong	104.6	40.4	9558	8805	2.02
广 西	Guangxi	22.0	9.5	2104	1463	2.32
海 南	Hainan	13.2		389	270	1.73
重 庆	Chongqing	75.3		1835	1291	1.76
四 川	Sichuan	20.6	6.1	4710	2886	2.82
贵 州	Guizhou	3.5	2.7	1203	1010	2.05
云 南	Yunnan	19.5	10.5	1739	1468	2.19
西 藏	Tibet			165	7	3.38
陕 西	Shaanxi	37.2	27.0	2816	2581	3.52
甘 肃	Gansu	17.7	9.6	1286	896	2.34
青 海	Qinghai	1.2		592	257	4.65
宁 夏	Ningxia	3.9	2.9	764	652	3.23
新 疆	Xinjiang	3.4	2.9	2128	1201	3.26

11-9 各地区城市燃气情况(2011年)
Basic Statistics on Supply of Gas in Cities by Region (2011)

地 区	Region	人工煤气 Man-made Gas 生产能力(万立方米/日) Production Capacity (10 000 cu.m/day)	管道长度(公里) Length of Pipeline (km)	供气总量(万立方米) Total Gas Supply (10 000 cu.m)	#家庭用量 Domestic Consumption	用气人口(万人) Population Covered (10 000 persons)
全 国	**National Total**	**3311.3**	**37100**	**847256**	**238876**	**2676.3**
北 京	Beijing					
天 津	Tianjin					
河 北	Hebei	166.1	3566	84634	14968	185.2
山 西	Shanxi	207.2	4787	93515	21236	244.5
内蒙古	Inner Mongolia	164.0	507	2806	2803	49.0
辽 宁	Liaoning	313.2	5580	56625	38434	573.6
吉 林	Jilin	80.0	1723	17445	8896	167.9
黑龙江	Heilongjiang	84.2	625	8040	4499	80.7
上 海	Shanghai	817.4	4710	118541	53222	274.8
江 苏	Jiangsu	53.0	1673	10310	9270	45.8
浙 江	Zhejiang	1.8	112	493	473	4.3
安 徽	Anhui					
福 建	Fujian	8.0	293	2892	2189	16.1
江 西	Jiangxi	230.0	1511	49641	10199	94.5
山 东	Shandong	86.8	1694	34513	7848	139.8
河 南	Henan	226.1	1781	116309	14102	154.5
湖 北	Hubei	57.2	1154	9950	4750	35.3
湖 南	Hunan		412	2334	1964	21.4
广 东	Guangdong	45.2	8	5307	185	
广 西	Guangxi	10.6	416	4503	3927	45.1
海 南	Hainan					
重 庆	Chongqing					
四 川	Sichuan	511.0	532	159719	5528	42.6
贵 州	Guizhou	180.0	2742	30515	13118	207.7
云 南	Yunnan	13.6	2605	35309	17552	267.4
西 藏	Tibet					
陕 西	Shaanxi					
甘 肃	Gansu	9.9	393	1617	1529	15.4
青 海	Qinghai					
宁 夏	Ningxia		207	240	186	4.7
新 疆	Xinjiang	46.0	71	1999	1999	6.2

11-9 续表 1 continued

地区	Region	天然气 Natural Gas 管道长度(公里) Length of Pipeline (km)	供气总量(万立方米) Total Gas Supply (10 000 cu.m)	#家庭用量 Domestic Consumption	用气人口(万人) Population Covered (10 000 persons)
全国	**National Total**	**298972**	**6787997**	**1301190**	**19027.8**
北京	Beijing	17278	729608	98894	1333.9
天津	Tianjin	11731	169739	24727	598.0
河北	Hebei	9113	193461	41291	918.8
山西	Shanxi	4115	176342	37529	508.7
内蒙古	Inner Mongolia	3800	127724	11347	287.1
辽宁	Liaoning	9059	76601	40287	852.4
吉林	Jilin	4708	51758	14913	359.1
黑龙江	Heilongjiang	6377	85070	27381	600.9
上海	Shanghai	19068	543314	86342	1231.0
江苏	Jiangsu	35389	591493	99133	1557.5
浙江	Zhejiang	15916	148674	46813	643.6
安徽	Anhui	11638	138832	41320	786.1
福建	Fujian	4981	66297	9386	287.5
江西	Jiangxi	4904	27004	5380	259.2
山东	Shandong	28049	438016	92273	1628.3
河南	Henan	13777	194720	55857	930.5
湖北	Hubei	13025	204472	51467	819.5
湖南	Hunan	8979	139137	33004	443.8
广东	Guangdong	15035	1183316	55523	1028.1
广西	Guangxi	4537	13606	5983	133.3
海南	Hainan	1533	16374	3260	90.8
重庆	Chongqing	10565	268790	84894	862.3
四川	Sichuan	24020	564557	163634	1284.4
贵州	Guizhou	330	5484	662	23.7
云南	Yunnan	467	212	127	27.0
西藏	Tibet				
陕西	Shaanxi	7407	182495	46669	593.5
甘肃	Gansu	1129	88100	17429	221.1
青海	Qinghai	887	65738	9496	99.6
宁夏	Ningxia	2543	122647	50308	127.9
新疆	Xinjiang	8613	174413	45859	490.3

11-9 续表 2 continued

地区	Region	液化石油气 Liquefied Petroleum Gas				燃气普及率(%)
		管道长度(公里) Length of Pipeline (km)	供气总量(吨) Total Gas Supply (ton)	#家庭用量 Domestic Consumption	用气人口(万人) Population Covered (10 000 persons)	Gas Access Rate (%)
全国	**National Total**	**12893**	**11658326**	**6329164**	**16093.6**	**92.4**
北京	Beijing	311	442535	187132	406.8	100.0
天津	Tianjin	184	58608	26206	17.4	100.0
河北	Hebei	345	224873	136735	459.4	99.9
山西	Shanxi	386	74789	51509	204.8	94.6
内蒙古	Inner Mongolia	119	113190	92512	355.1	82.2
辽宁	Liaoning	656	504938	237584	668.9	95.5
吉林	Jilin	100	236297	115191	460.4	88.3
黑龙江	Heilongjiang	22	211074	115954	430.1	81.4
上海	Shanghai	516	394278	208986	838.7	99.9
江苏	Jiangsu	917	766635	464117	1042.6	99.0
浙江	Zhejiang	2062	807562	550209	1165.6	99.3
安徽	Anhui	284	567246	155069	392.5	93.4
福建	Fujian	1053	324768	195512	716.1	98.7
江西	Jiangxi	507	194329	158207	453.6	94.3
山东	Shandong	908	541533	381302	1016.7	99.5
河南	Henan	19	238178	198051	559.9	76.2
湖北	Hubei	629	426496	295458	818.4	93.9
湖南	Hunan	24	265876	232531	718.5	88.5
广东	Guangdong	2796	4049701	1748437	3295.0	91.3
广西	Guangxi	71	297416	246834	649.1	91.1
海南	Hainan	18	76650	65504	119.2	93.6
重庆	Chongqing		92861	29849	107.5	93.0
四川	Sichuan	200	206628	99778	126.4	87.1
贵州	Guizhou	133	65375	61146	188.1	71.6
云南	Yunnan	555	162402	79509	295.1	74.2
西藏	Tibet		24650	7440	40.8	83.4
陕西	Shaanxi		34059	30529	142.7	92.1
甘肃	Gansu		151715	70350	178.9	75.6
青海	Qinghai		6633	6435	17.8	92.1
宁夏	Ningxia		14037	13263	76.7	88.4
新疆	Xinjiang	81	82993	67827	131.0	96.2

11-10 各地区城市集中供热情况(2011年)

Basic Statistics on Central Heating in Cities by Region (2011)

地 区	Region	供热能力 Heating Capacity 蒸汽(吨/小时) Steam (ton/hour)	供热能力 Heating Capacity 热水(兆瓦) Hot Water (megawatts)	供热总量 Total Heating Supply 蒸汽(万吉焦) Steam (10 000 gigajoules)	供热总量 Total Heating Supply 热水(万吉焦) Hot Water (10 000 gigajoules)
全 国	**National Total**	**85274**	**338752**	**51780**	**229251**
北 京	Beijing	450	36805	346	35682
天 津	Tianjin	3025	19325	1757	9919
河 北	Hebei	10357	24535	7274	15532
山 西	Shanxi	2802	18210	1436	10798
内蒙古	Inner Mongolia	1182	28560	870	16526
辽 宁	Liaoning	11544	59855	6599	41926
吉 林	Jilin	3494	30988	1470	21752
黑龙江	Heilongjiang	4951	41000	2590	26528
上 海	Shanghai				
江 苏	Jiangsu				
浙 江	Zhejiang	4923	75	5264	
安 徽	Anhui	3753	182	2561	41
福 建	Fujian				
江 西	Jiangxi				
山 东	Shandong	25634	28922	14517	18879
河 南	Henan	5530	6763	3114	2977
湖 北	Hubei	1816	278	763	21
湖 南	Hunan				
广 东	Guangdong				
广 西	Guangxi				
海 南	Hainan				
重 庆	Chongqing				
四 川	Sichuan				
贵 州	Guizhou				
云 南	Yunnan				
西 藏	Tibet				
陕 西	Shaanxi	3681	5309	1932	3093
甘 肃	Gansu		11137		6151
青 海	Qinghai		230		164
宁 夏	Ningxia	672	6113	313	3738
新 疆	Xinjiang	1460	20465	974	15524

11-10 续表 continued

地 区	Region	管道长度(公里) Length of Pipelines (km)		供热面积(万平方米) Heated Area (10 000 sq.m)	
		蒸 汽 Steam	热 水 Hot Water		#住 宅 Housing
全 国	**National Total**	**13388**	**133965**	**473784**	**339243**
北 京	Beijing	41	11734	50794	34563
天 津	Tianjin	563	14715	27163	20626
河 北	Hebei	1314	8818	42049	29965
山 西	Shanxi	426	5547	32841	19986
内蒙古	Inner Mongolia	418	5947	29737	19209
辽 宁	Liaoning	2283	22694	81581	62144
吉 林	Jilin	232	11156	34811	27080
黑龙江	Heilongjiang	408	14562	42940	29843
上 海	Shanghai				
江 苏	Jiangsu				
浙 江	Zhejiang	870		4439	39
安 徽	Anhui	491	15	2847	972
福 建	Fujian				
江 西	Jiangxi				
山 东	Shandong	4089	22658	61121	47825
河 南	Henan	1101	2950	11831	8785
湖 北	Hubei	179	10	1217	1029
湖 南	Hunan				
广 东	Guangdong				
广 西	Guangxi				
海 南	Hainan				
重 庆	Chongqing				
四 川	Sichuan				
贵 州	Guizhou				
云 南	Yunnan				
西 藏	Tibet				
陕 西	Shaanxi	536	757	10069	7817
甘 肃	Gansu		3718	12162	9176
青 海	Qinghai		106	270	202
宁 夏	Ningxia	97	2144	6849	5268
新 疆	Xinjiang	340	6434	21064	14716

11-11 各地区城市园林绿化情况(2011年)
Area of Parks & Green Land in Cities by Region (2011)

单位：公顷 (hectare)

地 区	Region	绿化覆盖面积 Green Covered Area	#建成区 Completed Area	绿地面积 Area of Green Land	#建成区 Completed Area	公园绿地面积 Park Green Land
全 国	**National Total**	**2553539**	**1718924**	**2242856**	**1545985**	**482620**
北 京	Beijing	66171	66171	63540	63540	19728
天 津	Tianjin	24689	24537	21728	21728	6341
河 北	Hebei	83136	70879	71103	62869	22321
山 西	Shanxi	38477	36636	32513	32146	10295
内蒙古	Inner Mongolia	43991	36718	41059	34021	12161
辽 宁	Liaoning	106507	90560	95968	83793	23174
吉 林	Jilin	44700	43428	38740	37946	11776
黑龙江	Heilongjiang	80957	60965	72166	55771	15664
上 海	Shanghai	131942	38172	122283	33637	16446
江 苏	Jiangsu	268417	147157	237486	135016	35634
浙 江	Zhejiang	119131	85264	105200	77149	21480
安 徽	Anhui	94063	63055	75977	55201	15001
福 建	Fujian	57984	46766	50802	42227	12111
江 西	Jiangxi	49308	47736	45063	44216	11546
山 东	Shandong	188136	155699	165577	139316	44800
河 南	Henan	81124	76873	69596	66385	19207
湖 北	Hubei	85796	69481	62062	59527	18010
湖 南	Hunan	57765	51872	49593	47477	11790
广 东	Guangdong	471844	198464	410600	179017	67958
广 西	Guangxi	69697	37884	64461	33044	10012
海 南	Hainan	51474	9950	49784	8817	2807
重 庆	Chongqing	47637	41580	43854	38752	18626
四 川	Sichuan	85991	68330	77406	61137	17902
贵 州	Guizhou	35322	16421	30521	13704	4255
云 南	Yunnan	35538	31147	31940	27679	8154
西 藏	Tibet	3157	2158	2943	2078	524
陕 西	Shaanxi	35566	31292	28164	26364	9118
甘 肃	Gansu	20927	18260	16337	15750	4570
青 海	Qinghai	3856	3793	3894	3831	1229
宁 夏	Ningxia	20539	13904	18399	13175	3795
新 疆	Xinjiang	49697	33772	44097	30672	6185

注：公园绿地面积包括综合公园、社区公园、专类公园、带状公园和街旁绿地。

Note: Area of park green areas includes comprehensive park, community park, topic park, belt-shaped park and green area nearby street.

11-11 续表 continued

地 区	Region	人均公园绿地面积(平方米) Park Green Land per Capita (sq.m)	建成区绿化覆盖率(%) Green Covered Area as % of Completed Area	建成区绿地率(%) Parks & Green Land as % of Completed Area	公园个数(个) Number of Parks (unit)	公园面积(公顷) Area of Parks (hectare)
全 国	**National Total**	**11.8**	**39.2**	**35.3**	**10780**	**285751**
北 京	Beijing	11.3	45.6	43.5	218	10325
天 津	Tianjin	10.3	34.5	30.6	77	1680
河 北	Hebei	14.3	42.1	37.3	397	13326
山 西	Shanxi	10.2	38.3	33.6	193	6571
内蒙古	Inner Mongolia	14.5	34.1	31.6	193	9617
辽 宁	Liaoning	10.6	39.8	36.8	322	11693
吉 林	Jilin	10.5	34.2	29.9	153	4611
黑龙江	Heilongjiang	11.5	36.3	33.2	296	9339
上 海	Shanghai	7.0	38.2	33.7	153	2151
江 苏	Jiangsu	13.3	42.1	38.6	701	15687
浙 江	Zhejiang	11.8	38.4	34.7	954	13511
安 徽	Anhui	11.9	39.5	34.6	265	9576
福 建	Fujian	11.7	41.4	37.4	451	9681
江 西	Jiangxi	13.5	46.8	43.4	264	7501
山 东	Shandong	16.0	41.5	37.1	660	22919
河 南	Henan	8.9	36.6	31.6	267	9414
湖 北	Hubei	10.1	38.4	32.9	275	9844
湖 南	Hunan	8.8	36.8	33.7	175	7395
广 东	Guangdong	14.4	41.1	37.1	2811	60802
广 西	Guangxi	11.0	37.4	32.6	168	7205
海 南	Hainan	12.5	41.8	37.1	49	1892
重 庆	Chongqing	17.9	40.2	37.4	248	8895
四 川	Sichuan	10.7	38.2	34.2	377	9423
贵 州	Guizhou	7.3	32.3	27.0	59	4087
云 南	Yunnan	10.3	38.7	34.4	535	5872
西 藏	Tibet	10.7	24.1	23.2	75	681
陕 西	Shaanxi	11.4	38.7	32.6	130	3217
甘 肃	Gansu	8.3	27.9	24.0	92	2572
青 海	Qinghai	9.7	31.1	31.4	26	904
宁 夏	Ningxia	16.0	37.5	35.5	59	2086
新 疆	Xinjiang	9.5	36.6	33.3	137	3274

11-12 各地区城市公共交通情况(2011年)
Urban Public Transportation by Region (2011)

地区	Region	年末公共交通运营数(辆) Number of Public Transport Vehicles (year-end figure,unit)	公共汽、电车 Buses & Trolleybus	轨道交通 Subways, Light Rail, Streetcar	标准运营车数(标台) Standard Operating Motor Vehicles (standard unit)	运营线路总长度(公里) Length of Operating Routes (km)	出租汽车数(辆) Number of Taxies (unit)
全国	**National Total**	**412590**	**402645**	**9945**	**483143**	**521253**	**1002306**
北京	Beijing	24478	21628	2850	38962	19832	66646
天津	Tianjin	7954	7628	326	9347	12690	31940
河北	Hebei	15503	15503		16347	17512	47441
山西	Shanxi	7226	7226		7965	12592	29116
内蒙古	Inner Mongolia	5646	5646		6049	9673	37520
辽宁	Liaoning	20514	20160	354	24199	20251	79248
吉林	Jilin	10521	10273	248	10413	10366	54922
黑龙江	Heilongjiang	14241	14241		15204	13661	62092
上海	Shanghai	19488	16589	2899	27682	23360	50438
江苏	Jiangsu	29655	29205	450	35300	47468	46342
浙江	Zhejiang	21927	21927		24737	39982	33285
安徽	Anhui	11035	11035		12302	9551	36525
福建	Fujian	11203	11203		12254	15209	17491
江西	Jiangxi	7297	7297		8375	10968	11444
山东	Shandong	31230	31230		34750	41492	58462
河南	Henan	17601	17601		18746	17035	44539
湖北	Hubei	16590	16458	132	19911	16456	30845
湖南	Hunan	12600	12600		13863	15631	23648
广东	Guangdong	51736	49532	2204	61072	79498	60624
广西	Guangxi	7208	7208		8087	8360	14139
海南	Hainan	2356	2356		2414	4737	4651
重庆	Chongqing	8118	7822	296	9170	8950	15004
四川	Sichuan	17699	17597	102	21032	16748	29495
贵州	Guizhou	4879	4879		5103	5201	10260
云南	Yunnan	7531	7531		7995	16240	15415
西藏	Tibet	366	366		440	790	1379
陕西	Shaanxi	10692	10608	84	12465	8857	22385
甘肃	Gansu	4965	4965		5363	4513	19465
青海	Qinghai	2038	2038		2158	1870	7119
宁夏	Ningxia	2570	2570		2661	4658	12827
新疆	Xinjiang	7723	7723		8782	7103	27599

资料来源：交通运输部。
Source: Ministry of Transport.

11-12 续表 continued

地区	Region	客运总量 (万人次) Volume of Passenger Transport (10 000 person-times)	公共汽、电车 Buses & Trolleybus	轨道交通 Subways, Light Rail, Streetcar	每万人拥有公交车辆(标台) Motor Vehicles for Public Transport per 10 000 Population (standard unit)	轮渡 Ferry: 运营船数(艘) Number of Operating Vessels (unit)	轮渡 Ferry: 客运总量(万人次) Volume of Passengers Transport (10 000 person-times)
全国	**National Total**	**7439185**	**6725785**	**713400**	**11.8**	**864**	**15630**
北京	Beijing	722552	503272	219280	22.4		
天津	Tianjin	122363	114798	7565	15.2		
河北	Hebei	197470	197470		10.4		
山西	Shanxi	124029	124029		7.9		
内蒙古	Inner Mongolia	92547	92547		7.2		
辽宁	Liaoning	426751	411312	15439	11.0		
吉林	Jilin	156953	152458	4495	9.3		
黑龙江	Heilongjiang	220063	220063		11.1	215	489
上海	Shanghai	491180	281075	210105	11.8	58	2010
江苏	Jiangsu	442942	408572	34370	13.2	74	1835
浙江	Zhejiang	300425	300425		13.6	189	2540
安徽	Anhui	198662	198662		9.7	6	130
福建	Fujian	216866	216866		11.9	25	2529
江西	Jiangxi	122042	122042		9.8		
山东	Shandong	380085	380085		12.4	38	791
河南	Henan	256311	256311		8.7		
湖北	Hubei	317261	309524	7737	11.2	56	1543
湖南	Hunan	265211	265211		10.4	15	104
广东	Guangdong	884536	685606	198930	12.9	154	3398
广西	Guangxi	143137	143137		8.9		
海南	Hainan	39908	39908		10.8	18	153
重庆	Chongqing	183262	174930	8332	8.8	16	108
四川	Sichuan	319471	313943	5528	12.6		
贵州	Guizhou	122646	122646		8.7		
云南	Yunnan	137730	137730		10.1		
西藏	Tibet	7251	7251		9.0		
陕西	Shaanxi	242897	241279	1618	15.6		
甘肃	Gansu	96662	96662		9.8		
青海	Qinghai	39158	39158		16.9		
宁夏	Ningxia	30427	30427		11.2		
新疆	Xinjiang	138388	138388		13.5		

11-13 环保重点城市道路交通噪声监测情况(2011年)
Monitoring of Urban Road Traffic Noise in Main Environmental Protection Cities (2011)

城市 City		路段总长度(米) Total Length of Roads (m)	超标路段(米) Roads with Excess Noise (m)	路段超标率(%) Percentage of Roads with Excess Noise (%)	路段平均路宽(米) Average Width of Roads (m)	平均车流量(辆/小时) Average Traffic Volume (car/hour)	等效声级dB(A) Average Noise Value dB(A)
北京	Beijing	596200	251730	42.2	36.0	6286	69.6
天津	Tianjin	273860	48050	17.6	28.8	2140	67.5
石家庄	Shijiazhuang	388580	94150	24.2	20.2	1867	68.8
唐山	Tangshan	111750			32.8	1742	65.2
秦皇岛	Qinhuangdao	99430	3810	3.8	31.9	1654	67.1
邯郸	Handan	131030	18500	14.1	29.0	1117	67.7
保定	Baoding	202380	47480	23.5	48.2	1770	67.9
太原	Taiyuan	128160	26620	20.8	24.0	3283	67.9
大同	Datong	67110	3610	5.4	28.5	659	67.3
阳泉	Yangquan	52040	2850	5.5	23.0	1041	65.5
长治	Changzhi	32360	880	2.7	26.0	1937	67.5
临汾	Linfen	54130	12950	23.9	22.4	1381	67.8
呼和浩特	Hohhot	274410	105060	38.3	37.5	2546	69.3
包头	Baotou	157020	8810	5.6	24.5	2429	66.5
赤峰	Chifeng	87540	13450	15.4	23.0	1210	66.0
沈阳	Shenyang	144000	50700	35.2	33.7	3110	69.5
大连	Dalian	421230	151510	36.0	25.3	1750	68.2
鞍山	Anshan	132560	14650	11.1	28.1	1765	66.4
抚顺	Fushun	146370	41420	28.3	21.1	1597	68.9
本溪	Benxi	67720	7880	11.6	18.3	1032	65.0
锦州	Jinzhou	126410	33440	26.5	19.7	1373	68.3
长春	Changchun	279750	63900	22.8	30.8	3504	68.5
吉林	Jilin	117920	38420	32.6	36.2	2530	69.6
哈尔滨	Harbin	120200	24200	20.1	16.8	3489	67.9
齐齐哈尔	Qiqihar	77850	19360	24.9	41.6	1096	68.3
牡丹江	Mudanjiang	90690	23560	26.0	21.9	1052	66.7
上海	Shanghai	210910	106950	50.7	28.0	1748	70.0
南京	Nanjing	180060	34820	19.3	29.9	2292	67.9
无锡	Wuxi	182860	42360	23.2	22.9	1632	66.8
徐州	Xuzhou	173280	9650	5.6	35.4	1368	66.3
常州	Changzhou	110750	8570	7.7	34.7	1621	67.5
苏州	Suzhou	73990	9540	12.9	25.0	1422	67.2
南通	Nantong	102020	22830	22.4	40.4	1670	67.9
连云港	Lianyungang	116710	7620	6.5	52.5	1907	67.3
扬州	Yangzhou	52140	800	1.5	33.8	4010	66.8
镇江	Zhenjiang	163420	8000	4.9	26.7	981	68.0
杭州	Hangzhou	195750	27670	14.1	16.2	2376	68.3
宁波	Ningbo	103500	31140	30.1	17.6	1991	69.3

资料来源：环境保护部(以下各表同)。
Source:Ministry of Environmental Protection (the same as in the following tables).

11-13 续表 1 continued

城　　市	City	路段总长度(米) Total Length of Roads (m)	超标路段(米) Roads with Excess Noise (m)	路段超标率(%) Percentage of Roads with Excess Noise (%)	路段平均路宽(米) Average Width of Roads (m)	平均车流量(辆/小时) Average Traffic Volume (car/hour)	等效声级dB(A) Average Noise Value dB(A)
温　州	Wenzhou	85470	57310	67.1	28.4	3190	70.8
湖　州	Huzhou	23930	8320	34.8	28.9	1289	67.4
绍　兴	Shaoxing	212500	45870	21.6	41.0	1237	67.6
合　肥	Hefei	585450	91590	15.6	53.9	2311	67.4
芜　湖	Wuhu	260540	80370	30.9	48.4	2185	66.5
马鞍山	Maanshan	77230	9150	11.9	40.8	1508	67.4
福　州	Fuzhou	183840	73890	40.2	29.8	2869	69.4
厦　门	Xiamen	159920	24670	15.4	41.5	2554	67.8
泉　州	Quanzhou	73780	10420	14.1	34.5	822	68.5
南　昌	Nanchang	252120	56550	22.4	38.6	1819	67.4
九　江	Jiujiang	96790	2000	2.1	33.2	2075	66.2
济　南	Jinan	149110	68130	45.7	52.7		69.5
青　岛	Qingdao	194620	44910	23.1	18.8	2276	68.3
淄　博	Zibo	165630	46680	28.2	29.6	1588	67.9
枣　庄	Zaozhuang	22240	3160	14.2	20.4	1164	68.6
烟　台	Yantai	137740	29850	21.7	28.8	2030	68.4
潍　坊	Weifang	145710	11620	8.0	43.6	1705	66.6
济　宁	Jinin	52020			35.3	1847	65.0
泰　安	Taian	99900	22570	22.6	31.3	1343	67.9
日　照	Rizhao	80000			35.2	1329	65.1
郑　州	Zhengzhou	131330	31280	23.8	27.9	2391	67.9
开　封	Kaifeng	73670	9750	13.2	26.5	1228	67.7
洛　阳	Luoyang	144330	35620	24.7	48.0	1813	68.2
平顶山	Pingdingshan	45970	11190	24.3	36.7	2750	68.7
安　阳	Anyang	69130			54.1	1715	67.3
焦　作	Jiaozuo	55100	4100	7.4	51.9	1787	66.2
三门峡	Sanmenxia	45690	3050	6.7	19.1	2260	65.9
武　汉	Wuhan	231630	91130	39.3	21.5	2401	69.5
宜　昌	Yichang	70260	21700	30.9	18.8	1303	68.5
荆　州	Jingzhou	59320	5400	9.1	34.9	1790	68.0
长　沙	Changsha	96730	54440	56.3	34.0	2601	69.9
株　洲	Zhuzhou	78940	4980	6.3	30.5	2330	64.2
湘　潭	Xiangtan	40580	8530	21.0	20.9	1865	67.2
岳　阳	Yueyang	75180	25620	34.1	20.1	330	68.7
常　德	Changde	89930	39180	43.6	25.9	1049	67.9
张家界	Zhangjiajie	27610	11210	40.6	28.7	1827	69.8
广　州	Guangzhou	844560	205000	24.3	28.9	908	68.9
韶　关	Shaoguan	73500	5650	7.7	21.1	1942	64.5

11-13 续表 2 continued

城　市	City	路段总长度(米) Total Length of Roads (m)	超标路段(米) Roads with Excess Noise (m)	路段超标率(%) Percentage of Roads with Excess Noise (%)	路段平均路宽(米) Average Width of Roads (m)	平均车流量(辆/小时) Average Traffic Volume (car/hour)	等效声级dB(A) Average Noise Value dB(A)
深　圳	Shenzhen	383010	119190	31.1	59.3	4541	69.0
珠　海	Zhuhai	105220	1250	1.2	42.4	2344	68.0
汕　头	Shantou	293470	80940	27.6	40.9	815	68.8
湛　江	Zhanjiang	186500	12300	6.6	45.6	1697	66.9
南　宁	Nanning	139750	59870	42.8	39.9	2931	69.6
柳　州	Liuzhou	94450	18750	19.9	29.9	1686	66.7
桂　林	Guilin	104700	12790	12.2	17.7	1684	68.0
北　海	Beihai	49220	1400	2.8	50.9	1628	64.0
海　口	Haikou	86420	9220	10.7	36.8	3026	67.7
重　庆	Chongqing	656430	187950	28.6	28.0	2212	68.1
成　都	Chengdu	429160	107080	25.0	42.9	1415	69.1
自　贡	Zigong	52740	7020	13.3	20.5	1649	67.9
攀枝花	Panzhihua	140	10	7.1	13.9	1225	67.8
泸　州	Luzhou	25350	2150	8.5	36.1	1520	67.7
德　阳	Deyang	33300	8900	26.7	34.6	1751	66.9
绵　阳	Mianyang	79450			41.5	1560	67.9
南　充	Nanchong	56410	7400	13.1	32.5	1385	67.4
宜　宾	Yibin	67660	17640	26.1	24.6	800	66.4
贵　阳	Guiyang	62980	4670	7.4	34.4	4306	67.7
遵　义	Zunyi	67370	8070	12.0	24.2	1653	67.7
昆　明	Kunming	91490	11520	12.6	30.2	2324	68.4
曲　靖	Qujing	70780	3620	5.1	22.3	1877	67.4
玉　溪	Yuxi	21670			31.7	1730	66.3
拉　萨	Lhasa	52950	19900	37.6	20.1	1868	65.7
西　安	Xi'an	204020	45870	22.5	24.3	3204	68.6
铜　川	Tongchuan	39810			12.1	1015	65.6
宝　鸡	Baoji	88930			16.3	1094	67.6
咸　阳	Xianyang	109600	3500	3.2	29.8	1206	66.3
渭　南	Weinan						
延　安	Yan'an	7700			10.8	2034	64.3
兰　州	Lanzhou	118420	26660	22.5	19.2	2631	68.0
金　昌	Jinchang	39590	2450	6.2	22.4	825	66.7
西　宁	Xining	85680	47450	55.4	17.1	2710	69.7
银　川	Yinchuan	198800	41980	21.1	34.5	642	68.2
石嘴山	Shizuishan	52400	2230	4.3	15.1	922	66.1
乌鲁木齐	Urumqi	370490	52130	14.1	44.9	2901	67.0
克拉玛依	Karamay	439650	30000	6.8	17.7	759	65.7

11-14 环保重点城市区域环境噪声监测情况(2011年)
Monitoring of Urban Area Environmental Noise in Main Environmental Protection Cities (2011)

城市	City	等效声级 dB(A) Average Noise Value dB(A)
北京	Beijing	53.7
天津	Tianjin	54.4
石家庄	Shijiazhuang	54.1
唐山	Tangshan	52.4
秦皇岛	Qinhuangdao	52.2
邯郸	Handan	51.8
保定	Baoding	54.9
太原	Taiyuan	53.2
大同	Datong	53.4
阳泉	Yangquan	54.8
长治	Changzhi	51.8
临汾	Linfen	53.1
呼和浩特	Hohhot	54.6
包头	Baotou	54.4
赤峰	Chifeng	55.3
沈阳	Shenyang	53.8
大连	Dalian	54.3
鞍山	Anshan	55.7
抚顺	Fushun	53.1
本溪	Benxi	54.5
锦州	Jinzhou	52.9
长春	Changchun	53.1
吉林	Jilin	53.1
哈尔滨	Harbin	55.9
齐齐哈尔	Qiqihar	51.2
牡丹江	Mudanjiang	55.2
上海	Shanghai	55.0
南京	Nanjing	54.3
无锡	Wuxi	55.4
徐州	Xuzhou	53.0
常州	Changzhou	54.1
苏州	Suzhou	54.4
南通	Nantong	55.0
连云港	Lianyungang	53.8
扬州	Yangzhou	53.9
镇江	Zhenjiang	54.1
杭州	Hangzhou	57.0
宁波	Ningbo	54.5
温州	Wenzhou	58.0
湖州	Huzhou	54.0
绍兴	Shaoxing	54.8
合肥	Hefei	55.7
芜湖	Wuhu	55.2
马鞍山	Maanshan	55.2
福州	Fuzhou	56.7
厦门	Xiamen	56.0
泉州	Quanzhou	54.7
南昌	Nanchang	53.5
九江	Jiujiang	53.2
济南	Jinan	53.8
青岛	Qingdao	53.7
淄博	Zibo	52.3
枣庄	Zaozhuang	56.1
烟台	Yantai	54.1
潍坊	Weifang	52.2
济宁	Jinin	51.1
泰安	Taian	55.3
日照	Rizhao	53.7
郑州	Zhengzhou	54.9
开封	Kaifeng	51.6
洛阳	Luoyang	53.5
平顶山	Pingdingshan	53.5
安阳	Anyang	53.7
焦作	Jiaozuo	53.0
三门峡	Sanmenxia	51.8
武汉	Wuhan	55.8
宜昌	Yichang	54.6
荆州	Jingzhou	52.9
长沙	Changsha	54.6
株洲	Zhuzhou	54.5
湘潭	Xiangtan	51.2
岳阳	Yueyang	51.8
常德	Changde	52.5
张家界	Zhangjiajie	52.7
广州	Guangzhou	54.9
韶关	Shaoguan	55.1
深圳	Shenzhen	56.7
珠海	Zhuhai	55.1
汕头	Shantou	55.7
湛江	Zhanjiang	53.7
南宁	Nanning	53.6
柳州	Liuzhou	53.6
桂林	Guilin	53.9
北海	Beihai	53.9
海口	Haikou	55.6
重庆	Chongqing	54.1
成都	Chengdu	53.6
自贡	Zigong	54.2
攀枝花	Panzhihua	51.6
泸州	Luzhou	54.2
德阳	Deyang	49.3
绵阳	Mianyang	52.7
南充	Nanchong	51.6
宜宾	Yibin	52.0
贵阳	Guiyang	56.0
遵义	Zunyi	55.8
昆明	Kunming	53.0
曲靖	Qujing	53.1
玉溪	Yuxi	50.5
拉萨	Lhasa	46.8
西安	Xi'an	55.3
铜川	Tongchuan	57.4
宝鸡	Baoji	54.8
咸阳	Xianyang	55.8
渭南	Weinan	53.8
延安	Yan'an	57.4
兰州	Lanzhou	57.3
金昌	Jinchang	53.0
西宁	Xining	53.6
银川	Yinchuan	53.3
石嘴山	Shizuishan	52.5
乌鲁木齐	Urumqi	52.6
克拉玛依	Karamay	53.2

11-15 主要城市区域环境噪声声源构成情况(2011年)
Composition of Environmental Noises by Sources in Major Cities (2011)

单位：dB(A) [dB(A)]

城市	City	交通噪声 traffic Noise	工业噪声 industry Noise	施工噪声 Construction Noise	生活噪声 Household Noise	其他噪声 Other Noise
北京	Beijing	57.1	55.9	55.5	52.6	
天津	Tianjin	55.0	54.8	50.6	54.1	
石家庄	Shijiazhuang	53.0	57.8	60.3	54.6	53.1
太原	Taiyuan	55.4	53.1	54.0	52.2	50.4
呼和浩特	Hohhot	60.0		54.3	54.4	
沈阳	Shenyang					
长春	Changchun	58.1	52.3	52.8	51.3	45.1
哈尔滨	Harbin	55.8	54.9	56.4	56.3	55.3
上海	Shanghai	56.4	54.5	61.0	57.1	
南京	Nanjing	56.3	54.6		54.4	48.5
杭州	Hangzhou	57.0	57.0	57.9	57.0	57.1
合肥	Hefei	57.0	55.1	54.9	55.9	48.5
福州	Fuzhou	62.2	59.8	59.2	55.8	50.7
南昌	Nanchang	54.7	53.2	54.9	53.2	50.8
济南	Jinan	53.6	53.7	53.9	53.8	
郑州	Zhengzhou	54.3	57.8	53.0	54.8	55.6
武汉	Wuhan	62.1	57.6	59.2	54.4	68.1
长沙	Changsha	61.5	58.2	52.3	53.1	54.6
广州	Guangzhou	57.4	55.2	52.6	53.3	51.9
南宁	Nanning	57.8	51.7	55.8	52.0	52.8
海口	Haikou	59.2	53.6	57.1	54.4	61.5
重庆	Chongqing	55.9	56.9	55.4	52.7	51.8
成都	Chengdu	57.9	54.4	58.4	52.5	53.4
贵阳	Guiyang	57.6	55.8	59.3	56.0	54.8
昆明	Kunming	56.3	53.7	53.5	50.5	50.0
拉萨	Lhasa					46.8
西安	Xi'an	60.7	56.0	57.0	54.3	58.3
兰州	Lanzhou	57.9	58.4	60.3	56.8	57.3
西宁	Xining	56.9	50.6		53.6	
银川	Yinchuan	55.3	54.0	55.3	51.9	55.7
乌鲁木齐	Urumqi	55.3	53.4	56.6	51.5	57.1

十二、农村环境

Rural Environment

12-1 全国农村环境情况(2000-2011年)
Rural Environment (2000-2011)

年份 Year	农村改水累计受益人口(万人) Benefiting Population from Rural Water Improvement Projects (10 000 persons)	农村改水累计受益率(%) Proportion of Benefiting Population (%)	累计使用卫生厕所户数(万户) Households with Access to Sanitation Lavatory (10 000 households)	卫生厕所普及率(%) Sanitation Lavatory Access Rate (%)	农村沼气池产气量(亿立方米) Production of Methane in Rural Areas (100 million cu.m)	太阳能热水器(万平方米) Water Heaters Using Solar Energy (10 000 sq.m)	太阳灶(台) Solar Kitchen Ranges (unit)
2000	88112	92.4	9572	44.8	25.9	1107.8	332390
2001	86113	91.0	11405	46.1	29.8	1319.4	388599
2002	86833	91.7	12062	48.7	37.0	1621.7	478426
2003	87387	92.7	12624	50.9	47.5	2464.8	526177
2004	88616	93.8	13192	53.1	55.7	2845.9	577625
2005	88893	94.1	13740	55.3	72.9	3205.6	685552
2006	86629	91.1	13873	55.0	83.6	3941.0	865238
2007	87859	92.1	14442	57.0	101.7	4286.4	1118763
2008	89447	93.6	15166	59.7	118.4	4758.7	1356755
2009	90251	94.3	16056	63.2	130.8	4997.1	1484271
2010	90834	94.9	17138	67.4	139.6	5488.9	1617233
2011	89971	94.2	18019	69.2	152.8	6231.9	2139454

12-2 各地区农村改水、改厕情况(2011年)

Water Sanitation and Toilet Improvement in Rural Areas by Region(2011)

单位：万人 (10 000 persons)

地区	Region	农村改水 Access to Water Sanitation Improvement				
		农村总人口 Rural Population	累计已改水受益人口 Population of Benefiting from Water Sanitation Improvement	自来水 Tap Water		
				厂、站(个) Factory Station (unit)	累计受益人口 Accumulative Benefiting Population	占农村总人口比重(%) % of all Rural Population
全国	**National Total**	**95531.60**	**89971.50**	**591206**	**68832.94**	**72.05**
北京	Beijing	268.30	268.30	3304	267.07	99.54
天津	Tianjin	378.90	378.68	3718	369.47	97.51
河北	Hebei	5444.32	5262.04	38561	4567.77	83.90
山西	Shanxi	2363.87	2110.97	16058	1827.09	77.29
内蒙古	Inner Mongolia	1464.73	1376.65	8797	854.83	58.36
辽宁	Liaoning	2195.52	2108.24	10524	1519.74	69.22
吉林	Jilin	1542.12	1542.12	14138	1192.91	77.36
黑龙江	Heilongjiang	2105.64	2095.45	13790	1400.04	66.49
上海	Shanghai	332.78	332.76	68	332.76	99.99
江苏	Jiangsu	4918.03	4850.73	5522	4850.73	98.63
浙江	Zhejiang	3596.34	3471.03	24867	3332.68	92.67
安徽	Anhui	5281.00	5073.16	13376	2659.03	50.35
福建	Fujian	2660.06	2581.47	15450	2329.29	87.57
江西	Jiangxi	3383.02	3408.05	35029	2127.66	62.89
山东	Shandong	7027.73	6990.43	35879	6449.59	91.77
河南	Henan	7982.43	7463.36	44207	4780.83	59.89
湖北	Hubei	4492.57	4435.96	8795	3075.45	68.46
湖南	Hunan	5368.47	4858.13	51730	3540.00	65.94
广东	Guangdong	6023.63	5924.46	27129	5079.96	84.33
广西	Guangxi	4253.44	3193.33	35941	2319.77	54.54
海南	Hainan	663.86	633.14	26274	497.91	75.00
重庆	Chongqing	2570.86	2541.05	19500	2322.48	90.34
四川	Sichuan	6950.34	6467.07	52367	3907.79	56.22
贵州	Guizhou	3441.75	2608.01	33936	2113.10	61.40
云南	Yunnan	3695.90	3255.92	29209	2443.58	66.12
西藏	Tibet					
陕西	Shaanxi	2875.17	2787.46	11232	1582.90	55.05
甘肃	Gansu	2085.46	2022.84	5797	1269.92	60.89
青海	Qinghai	391.49	338.84	1402	305.43	78.02
宁夏	Ningxia	404.18	389.21	570	312.95	77.43
新疆	Xinjiang	1168.89	1019.71	2942	1019.71	87.24
新疆兵团	Xinjiang Production & Construction Corps	200.80	182.93	1094	180.50	89.89

资料来源:卫生部(下表同)。
Source: Ministry of Health (the same as in the following table).

12-2 续表 1 continued

单位：万人 (10 000 persons)

地　区	Region	农村改水 Access to Water Sanitation Improvement					
		手压机井 Manually Operated Motor-pumped Wells			雨水收集 Rain Collection		
		数　量（万台）Number (10 000 units)	累计受益人口 Accumulative Benefiting Population	占农村总人口(%) % of all Rural Population	水　窖（个）Water Cellars (unit)	累计受益人口 Accumulative Benefiting Population	占农村总人口(%) % of all Rural Population
全　国	**National Total**	**9911.53**	**13744.82**	**14.39**	**2240509**	**1568.32**	**1.64**
北　京	Beijing	0.02	0.06	0.02			
天　津	Tianjin	3.68	9.21	2.43			
河　北	Hebei	164.91	626.90	11.51	14190	15.89	0.29
山　西	Shanxi	116.64	89.05	3.77	101512	89.58	3.79
内蒙古	Inner Mongolia	81.34	385.42	26.31	42888	7.86	0.54
辽　宁	Liaoning	102.46	319.96	14.57	1963	0.74	0.03
吉　林	Jilin	96.49	349.21	22.64			
黑龙江	Heilongjiang	181.75	665.70	31.62			
上　海	Shanghai						
江　苏	Jiangsu						
浙　江	Zhejiang	50.02	64.87	1.80	6667	2.77	0.08
安　徽	Anhui	574.12	2224.57	42.12	331	2.77	0.05
福　建	Fujian	15.81	58.27	2.19			
江　西	Jiangxi	187.43	822.57	24.31	20	0.45	0.01
山　东	Shandong	424.04	516.58	7.35	114	18.45	0.26
河　南	Henan	452.99	2598.96	32.56	15931	23.68	0.30
湖　北	Hubei	162.05	650.19	14.47	111926	78.38	1.74
湖　南	Hunan	154.72	703.08	13.10	3200	2.97	0.06
广　东	Guangdong	260.65	695.34	11.54	31	0.41	0.01
广　西	Guangxi	127.30	606.81	14.27	154622	128.99	3.03
海　南	Hainan	5983.20	110.19	16.60		0.27	0.04
重　庆	Chongqing	14.54	72.69	2.83	2014	12.59	0.49
四　川	Sichuan	314.20	1404.18	20.20	160690	89.74	1.29
贵　州	Guizhou	1.56	10.04	0.29	118907	180.51	5.24
云　南	Yunnan	233.13	95.42	2.58	418510	254.83	6.90
西　藏	Tibet						
陕　西	Shaanxi	153.70	460.44	16.01	63431	222.83	7.75
甘　肃	Gansu	23.19	171.39	8.22	787203	365.78	17.54
青　海	Qinghai	24.68	11.25	2.87	2292	16.28	4.16
宁　夏	Ningxia	6.67	21.06	5.21	234063	52.37	12.96
新　疆	Xinjiang						
新疆兵团	Xinjiang Production & Construction Corps	0.24	1.41	0.70	4	0.18	0.09

12-2 续表 2 continued

地 区	Region	农村改水 Access to Water Sanitation Improvement 其他 Other 累计受益人口（万人）Accumulative Benefiting Population (10 000 persons)	占农村总人口(%) % of all Rural Population	农村改厕（万户）Access to Toilet Improvement (10 000 households) 农村总户数 Total Rural Households	累计使用卫生厕所户数 Accumulative Households Sanitary Toilets	累计使用卫生公厕户数 Accumulative Households Using Sanitary Public Lavatories	卫生厕所普及率(%) Access Rate to Sanitary Toilets (%)	无害化卫生厕所普及率(%) Access Rate to Harmless Sanitary Toilets (%)
全 国	**National Total**	**5825.39**	**6.10**	**26044.31**	**18018.54**	**2972.80**	**69.18**	**47.30**
北 京	Beijing	1.17	0.44	118.84	115.22	15.86	96.95	96.61
天 津	Tianjin			123.44	114.99	8.78	93.15	93.15
河 北	Hebei	51.48	0.95	1503.59	798.97	44.38	53.14	27.27
山 西	Shanxi	105.25	4.45	656.71	332.26	111.46	50.59	24.43
内蒙古	Inner Mongolia	128.53	8.77	395.09	170.82	58.91	43.24	18.24
辽 宁	Liaoning	267.80	12.20	675.69	407.77	26.27	38.22	26.82
吉 林	Jilin			440.33	329.93	16.76	74.93	14.36
黑龙江	Heilongjiang	29.70	1.41	624.58	437.71	104.84	70.08	10.84
上 海	Shanghai			128.57	126.01	164.99	98.01	96.56
江 苏	Jiangsu			1571.33	1372.70	58.67	87.36	67.42
浙 江	Zhejiang	70.70	1.97	1208.94	1089.36	132.37	90.11	78.74
安 徽	Anhui	186.80	3.54	1435.48	832.68	185.09	58.01	28.67
福 建	Fujian	193.91	7.29	718.46	614.12	51.14	85.48	83.78
江 西	Jiangxi	457.37	13.52	841.28	683.41	110.04	81.23	54.76
山 东	Shandong	5.81	0.08	2081.43	1782.66	99.86	85.65	47.71
河 南	Henan	59.89	0.75	2003.14	1423.39	91.37	71.06	52.77
湖 北	Hubei	631.94	14.07	1050.31	789.65	170.26	75.18	50.44
湖 南	Hunan	612.08	11.40	1483.41	937.81	81.03	63.22	36.27
广 东	Guangdong	148.75	2.47	1477.31	1281.31	120.79	86.73	78.80
广 西	Guangxi	137.75	3.24	1034.61	662.86	97.05	64.07	60.63
海 南	Hainan	24.77	3.73	155.68	105.04	25.49	67.47	64.97
重 庆	Chongqing	133.29	5.18	726.86	426.29		58.65	58.65
四 川	Sichuan	1065.36	15.33	2068.85	1326.30	821.90	64.11	48.75
贵 州	Guizhou	304.37	8.84	883.54	361.68	33.81	40.94	23.75
云 南	Yunnan	462.08	12.50	953.41	531.32	114.59	55.73	30.84
西 藏	Tibet							
陕 西	Shaanxi	521.29	18.13	711.65	351.69	100.69	49.42	39.79
甘 肃	Gansu	215.75	10.35	483.28	328.62	64.51	68.00	29.88
青 海	Qinghai	5.88	1.50	93.67	54.25	1.61	57.92	8.44
宁 夏	Ningxia	2.84	0.70	102.77	58.12	16.48	56.55	40.47
新 疆	Xinjiang			223.21	130.03	26.76	58.25	26.56
新疆兵团	Xinjiang Production & Construction Corps	0.83	0.41	68.84	41.57	17.04	60.38	57.86

12-3 各地区农村改水、改厕投资情况(2011年)
Investment of Water Sanitation and Toilet Improvement in Rural Areas by Region(2011)

单位：万元 (10 000 yuan)

地区	Region	农村改水 Access to Water Sanitation Improvement			农村改厕 Access to Toilet Improvement		
		农村改水投资 Investment of Water Sanitation Improvement	#国家投资 State Investment	国家投资占总投资比重(%) Proportion of State Investment in Total (%)	农村改厕投资 Investment of Toilet Improvement	#国家投资 State Investment	国家投资占总投资比重(%) Proportion of State Investment in Total (%)
全国	**National Total**	**2778211.1**	**2107285.9**	**75.9**	**1245495.4**	**515814.1**	**41.4**
北京	Beijing	20670.4	5642.2	27.3	11034.5	7580.7	68.7
天津	Tianjin	10331.0	10100.0	97.8	6760.2	561.0	8.3
河北	Hebei	22428.7	16288.7	72.6	27472.8	13509.4	49.2
山西	Shanxi	48281.5	37540.8	77.8	18150.4	10989.4	60.5
内蒙古	Inner Mongolia	66401.9	59779.9	90.0	21490.1	14940.5	69.5
辽宁	Liaoning	73922.6	57730.3	78.1	28984.7	11186.0	38.6
吉林	Jilin	101816.0	68132.0	66.9	33416.2	5341.5	16.0
黑龙江	Heilongjiang	25521.3	17867.5	70.0	15470.7	7243.1	46.8
上海	Shanghai	23618.0	10956.0	46.4	5449.6	1733.7	31.8
江苏	Jiangsu	134599.5	93654.2	69.6	71431.1	52058.7	72.9
浙江	Zhejiang	130081.8	74597.9	57.3	65398.0	18173.4	27.8
安徽	Anhui	133976.2	122360.6	91.3	59203.0	41249.8	69.7
福建	Fujian	67976.7	39131.6	57.6	51570.8	6434.5	12.5
江西	Jiangxi	71616.3	48757.3	68.1	38690.3	22462.4	58.1
山东	Shandong	95922.0	64485.0	67.2	124342.4	9614.0	7.7
河南	Henan	176145.7	140482.9	79.8	37270.3	19592.3	52.6
湖北	Hubei	152717.7	108845.0	71.3	51964.0	24788.7	47.7
湖南	Hunan	116146.8	83801.8	72.2	29684.5	17014.0	57.3
广东	Guangdong	158949.5	83085.9	52.3	60506.0	8361.0	13.8
广西	Guangxi	215201.9	159062.0	73.9	104994.5	25532.3	24.3
海南	Hainan	37062.6	35449.4	95.6	21124.9	7012.8	33.2
重庆	Chongqing	100127.5	86169.9	86.1	54473.0	29516.5	54.2
四川	Sichuan	210673.9	179671.9	85.3	136570.0	67156.0	49.2
贵州	Guizhou	112124.7	104479.3	93.2	35132.7	20114.6	57.3
云南	Yunnan	111869.5	86290.0	77.1	42323.1	24724.6	58.4
西藏	Tibet						
陕西	Shaanxi	145506.4	133729.7	91.9	25810.0	16940.0	65.6
甘肃	Gansu	77591.1	58448.4	75.3	33978.4	11561.8	34.0
青海	Qinghai	11866.9	11866.9	100.0	2769.1	2769.1	100.0
宁夏	Ningxia	33383.2	23862.7	71.5	8412.0	5230.8	62.2
新疆	Xinjiang	80124.0	80124.0	100.0	15261.3	10300.0	67.5
新疆兵团	Xinjiang Production & Construction Corps	11555.9	4892.0	42.3	6357.0	2121.3	33.4

12-4 各地区农村可再生能源利用情况(2011年)

Use of Renewable Energy in Rural Areas by Region (2011)

地 区	Region	沼气池产气总量(万立方米) Total Production of Methane (10 000 cu.m)	#处理农业废弃物沼气工程 Methane Generating Projects of Disposing Agricultural Wastes	太阳能热水器(万平方米) Water Heaters Using Solar Energy (10 000 sq.m)	太阳房(万平方米) Solar Energy Houses (10 000 sq.m)	太阳灶(台) Solar Kitchen Ranges (unit)	生活污水净化沼气池(个) Household Waste Water Purification and Methane Generating Tanks(unit)
全 国	**National Total**	**1528059.3**	**143649.6**	**6231.9**	**2235.9**	**2139454**	**198347**
北 京	Beijing	2185.8	1953.4	66.2	50.0	1297	
天 津	Tianjin	2135.7	762.7	34.0	1.0		8
河 北	Hebei	99320.7	5819.0	561.7	157.2	7616	177
山 西	Shanxi	19042.8	1978.9	401.6	0.2	9508	31
内 蒙	Inner Mongolia	13738.7	2228.7	51.6	107.9	44684	5
辽 宁	Liaoning	13768.4	3770.5	111.5	510.4	1140	
吉 林	Jilin	3860.9	545.7	43.8	289.4	1404	3
黑龙江	Heilongjiang	8354.0	3435.0	52.6	403.0	511	
黑龙江农垦	Heilongjiang Land Reclamation	322.7	287.9	11.3			
上 海	Shanghai	737.8	737.8	69.4	5.0		
江 苏	Jiangsu	28698.2	8000.2	668.1	5.6		32659
浙 江	Zhejiang	17734.0	11047.5	507.0			69610
安 徽	Anhui	24817.3	2063.2	464.4			1469
福 建	Fujian	32441.8	9511.0	39.5			1518
江 西	Jiangxi	60419.7	6163.3	130.9			1940
山 东	Shandong	85156.4	10436.3	967.6	15.2	6398	171
河 南	Henan	124205.9	11782.2	398.7	1.9	5	712
湖 北	Hubei	101718.2	4322.9	259.3			1278
湖 南	Hunan	91936.5	5907.4	143.1	6.7		2050
广 东	Guangdong	26204.4	7538.1	22.3	1.2	22	3819
广 西	Guangxi	176953.3	2813.1	51.0			570
海 南	Hainan	35275.6	10408.6	390.0			
重 庆	Chongqing	46620.5	2421.4	17.3			17674
四 川	Sichuan	214486.1	22504.0	98.4	2.2	121728	64033
贵 州	Guizhou	72145.9	2319.1	41.9			307
云 南	Yunnan	128415.9	115.0	210.2		264	138
西 藏	Tibet	4680.0		127.9		371615	
陕 西	Shaanxi	32318.4	1135.0	133.8	1.5	180509	123
甘 肃	Gansu	35638.2	1407.0	76.2	235.0	749820	45
青 海	Qinghai	3737.0	387.3	2.8	417.4	241318	
宁 夏	Ningxia	6252.0	565.8	28.3	15.8	391923	7
新 疆	Xinjiang	13953.3	873.6	48.9	9.4	9692	
新疆兵团	Xinjiang Production & Construction Corps	782.9	407.8	0.2			

资料来源：农业部。

Source: Ministry of Agriculture.

12-5 各地区农业有效灌溉和农用化肥施用情况(2011年)
Agriculture Irrigated Area and Use of Chemical Fertilizers by Region (2011)

地 区	Region	有效灌溉面积(千公顷) Area Irrigated (1 000 hectares)	化肥施用量(万吨) Use of Chemical Fertilizers (10 000 tons)	氮 肥 Nitrogenous Fertilizer	磷 肥 Phosphate Fertilizer	钾 肥 Potash Fertilizer	复合肥 Compound Fertilizer
全 国	**National Total**	**61681.6**	**5704.2**	**2381.4**	**819.2**	**605.1**	**1895.1**
北 京	Beijing	209.3	13.8	6.8	0.9	0.7	5.4
天 津	Tianjin	338.0	24.4	11.4	3.9	1.7	7.4
河 北	Hebei	4596.6	326.3	152.4	47.1	27.0	99.7
山 西	Shanxi	1319.9	114.6	39.3	19.3	9.0	47.0
内蒙古	Inner Mongolia	3072.4	176.9	81.0	30.0	14.7	49.9
辽 宁	Liaoning	1588.4	144.6	69.7	12.2	12.4	50.4
吉 林	Jilin	1807.5	195.2	69.4	6.8	13.2	105.8
黑龙江	Heilongjiang	4332.7	228.4	81.9	49.1	34.1	63.4
上 海	Shanghai	199.6	12.0	6.4	0.8	0.6	4.2
江 苏	Jiangsu	3817.9	337.2	173.9	47.5	20.4	95.4
浙 江	Zhejiang	1456.8	92.1	51.6	11.9	7.4	21.3
安 徽	Anhui	3547.7	329.7	114.4	36.1	32.8	146.4
福 建	Fujian	967.5	120.9	47.6	17.0	24.5	31.9
江 西	Jiangxi	1867.7	140.8	43.8	22.2	21.3	53.5
山 东	Shandong	4986.9	473.6	158.6	49.7	45.7	219.7
河 南	Henan	5150.4	673.7	245.3	120.9	63.4	244.1
湖 北	Hubei	2455.7	354.9	159.1	65.3	31.2	99.3
湖 南	Hunan	2762.4	242.5	112.2	27.3	41.2	61.8
广 东	Guangdong	1873.2	241.3	101.5	21.7	47.4	70.7
广 西	Guangxi	1529.2	242.7	70.8	29.6	54.8	87.5
海 南	Hainan	247.5	47.7	13.8	3.1	7.5	23.2
重 庆	Chongqing	692.9	95.6	50.0	18.0	5.6	21.4
四 川	Sichuan	2600.8	251.2	128.8	50.6	17.3	53.2
贵 州	Guizhou	1201.2	94.1	50.9	10.9	7.9	24.4
云 南	Yunnan	1634.2	200.5	103.2	29.6	19.8	47.8
西 藏	Tibet	245.3	4.8	1.5	1.2	0.5	1.6
陕 西	Shaanxi	1274.3	207.3	91.4	17.8	21.8	76.3
甘 肃	Gansu	1291.8	87.2	37.9	17.0	6.8	25.6
青 海	Qinghai	251.7	8.3	3.7	1.3	0.4	3.0
宁 夏	Ningxia	477.6	38.2	17.7	4.2	2.4	14.0
新 疆	Xinjiang	3884.6	183.7	85.5	46.3	11.7	40.1

资料来源：国家统计局(下表同)。
Source: National Bureau of Statistics (the same as in the following table).

12-6 各地区农用塑料薄膜和农药使用量情况(2011年)

Use of Agricultural Plastic Film and Pesticide by Region (2011)

地 区	Region	塑料薄膜使用量 (吨) Use of Agricultural Plastic Film (ton)	地膜使用量 (吨) Use of Plastic Film for Covering Plants (ton)	地膜覆盖面积 (公顷) Area Covered by Plastic Film (hectare)	农药使用量 (吨) Use of Pesticide (ton)
全 国	**National Total**	**2294536**	**1244845**	**19790495**	**1787002**
北 京	Beijing	13268	3728	20966	3936
天 津	Tianjin	12568	5696	86524	3796
河 北	Hebei	123785	65900	1096617	83006
山 西	Shanxi	41531	29483	514067	28382
内蒙古	Inner Mongolia	60660	48622	889061	24474
辽 宁	Liaoning	143348	38110	296068	56565
吉 林	Jilin	57069	25517	169177	45595
黑龙江	Heilongjiang	75589	29888	324573	77958
上 海	Shanghai	20489	6167	24004	6295
江 苏	Jiangsu	106440	41904	568904	86500
浙 江	Zhejiang	58416	26580	163109	63854
安 徽	Anhui	86114	39231	437166	117475
福 建	Fujian	57814	27261	128800	58276
江 西	Jiangxi	47710	27340	133735	99537
山 东	Shandong	318317	138669	2505055	164812
河 南	Henan	151616	73364	1028338	128747
湖 北	Hubei	65044	36838	3642560	139524
湖 南	Hunan	73729	50131	617755	120431
广 东	Guangdong	44035	22606	122499	114082
广 西	Guangxi	37403	28184	359557	66229
海 南	Hainan	19387	10342	32233	46854
重 庆	Chongqing	39332	20673	299991	20324
四 川	Sichuan	122227	84716	948856	61910
贵 州	Guizhou	40857	24943	253103	14469
云 南	Yunnan	91229	73009	945601	48157
西 藏	Tibet	1032	739	3846	963
陕 西	Shaanxi	37912	19894	426649	12410
甘 肃	Gansu	143989	76063	1100860	68413
青 海	Qinghai	5406	4149	42954	1995
宁 夏	Ningxia	15244	9007	185150	2692
新 疆	Xinjiang	182977	156091	2422718	19340

附录一、人口资源环境
主要统计指标

APPENDIX Ⅰ.
Main Indicators of Population, Resource & Environment Statistics

附录1　人口资源环境主要统计指标
Main Indicators of Population, Resources & Environment Statistics

指　　标		Indicator		2010	2011
1.人口构成		**Population Structure**			
总人口	（万人）	Population	(10 000 persons)	134091	134735
#城镇		Urban		66978	69079
乡村		Rural		67113	65656
2.土地资源		**Land Resource**			
耕地面积	（万公顷）	Cultivated Land	(10 000 hectares)		
人均耕地面积	（亩）	Cultivated Land per Capita	(mu)		
3.水资源		**Water Resource**			
水资源总量	（亿立方米）	Water Resources	(100 million cu.m)	30906.4	23256.7
人均水资源量	（立方米/人）	Per Capita Water Resources	(cu.m/person)	2310.4	1730.2
用水总量	（亿立方米）	Water Use	(100 million cu.m)	6022.0	6107.2
#工业用水量		Industry		1447.3	1461.8
人均用水量	（立方米/人）	Per Capita Water Use	(cu.m/person)	450.2	454.4
单位GDP用水量	（立方米/万元）	Water Use /GDP	(cu.m/10 000 yuan)	150.0	139.2
单位工业增加值用水量	（立方米/万元）	Water Use/Value Added of Industry	(cu.m/10 000 yuan)	90.0	82.4
4.森林资源		**Forest Resource**			
森林面积	（万公顷）	Forest Area	(10 000 hectares)	19545.2	19545.2
森林覆盖率	（%）	Forest Coverage Rate	(%)	20.36	20.36
活立木总蓄积量	（亿立方米）	Standing Forest Stock	(100 million cu.m)	149.1	149.1
森林蓄积量	（亿立方米）	Stock Volume of Forest	(100 million cu.m)	137.2	137.2
人均森林面积	（公顷/人）	Per Capita Forest Area	(hectare/person)	0.15	0.15
5.能源		**Energy**			
能源生产总量	（万吨标准煤）	Energy Production	(10 000 tce)	296916	317987
构成(能源生产总量=100)		Composition (Energy Production=100)			
原煤	（%）	Raw Coal	(%)	76.6	77.8
原油	（%）	Crude Oil	(%)	9.8	9.1
天然气	（%）	Natural Gas	(%)	4.2	4.3
电力	（%）	Power	(%)	9.4	8.8
人均能源生产量	(千克标准煤/人)	Per Capita Energy Production	(kgce/person)	2214	2377
能源消费总量	（万吨标准煤）	Total Energy Consumption	(10 000 tce)	324939	348002
构成(能源生产总量=100)		Composition (Energy Consumption=100)			
煤炭	（%）	Coal	(%)	68.0	68.4
石油	（%）	Petroleum	(%)	19.0	18.6
天然气	（%）	Natural Gas	(%)	4.4	5.0
电力	（%）	Power	(%)	8.6	8.0

附录1 续表 continued

指 标	Indicator	2010	2011
人均能源消费量(千克标准煤/人)	Per Capita Energy Consumption (kgce/person)	2423	2589
能源生产弹性系数	Elasticity Ratio of Energy Production	0.78	0.76
能源消费弹性系数	Elasticity Ratio of Energy Consumption	0.58	0.76
电力生产弹性系数	Elasticity Ratio of Electric Power Production	1.28	1.29
电力消费弹性系数	Elasticity Ratio of Electric Power Consumption	1.27	1.30
单位GDP能耗 (吨标准煤/万元)	Energy Consumption/GDP (tce/10 000 yuan)	0.809	0.793
6.污染物排放	**Pollutant Discharge**		
废水排放量 (亿吨)	Waste Water Discharge (100 million tons)	627.5	659.2
化学需氧量排放量 (万吨)	COD Discharge (10 000 tons)	2551.7	2499.9
氨氮排放量 (万吨)	Ammonia Nitrogen Discharge (10 000 tons)	264.4	260.4
二氧化硫排放量 (万吨)	Sulphur Dioxide Emission (10 000 tons)	2267.8	2217.9
氮氧化物排放量 (万吨)	Nitrogen Oxides Emission (10 000 tons)	2273.6	2404.3
一般工业固体废物倾倒丢弃量 (万吨)	Common Industry Solid Wastes Discharged (10 000 tons)		433.3
单位国内生产总值废水排放量 (吨/万元)	Waste Water Discharge/GDP (ton/10 000 yuan)	15.6	15.0
单位国内生产总值COD排放量 (千克/万元)	COD Discharge/GDP (kg/10 000 yuan)	6.4	5.7
单位国内生产总值氨氮排放量 (千克/万元)	Ammonia Nitrogen Discharge/GDP (kg/10 000 yuan)	0.7	0.6
单位国内生产总值SO_2排放量 (千克/万元)	Emission of SO_2/GDP (kg/10 000 yuan)	5.6	5.1
单位国内生产总值氮氧化物排放量 (千克/万元)	Emission of Nitrogen Oxides/GDP (kg/10 000 yuan)	5.7	5.5
城市生活垃圾清运量 (万吨)	Urban Garbage Disposal (10 000 tons)	15805	16395
7.污染治理投入	**Investment in Treatment of Environmental Pollution**		
环境污染治理投资 (亿元)	Investment in Anti-pollution Projects (100 milliom yuan)	7612	7114
环境污染治理投资占GDP比重 (%)	Investment in Anti-pollution Projects as Percentage of GDP (%)	1.90	1.50

附录二、“十二五”时期主要环境保护指标

APPENDIX II. Main Environmental Indicators in the 12th Five-year Plan Period

附录2-1 “十二五”时期资源环境主要指标
Indicators on Resources & Environment in the 12th Five-year Plan Period

指标		Item		2010	2015	年均增长(%) Annual Growth Rate (%)	属性 Attribute
耕地保有量 (亿亩)		Total Cultivated Land (100 million mu)		18.18	18.18	[0]	约束性 Obligatory
单位工业增加值用水量降低 (%)		Reduction of Water Consumption per Unit Industrial Added Value (%)				[30]	约束性 Obligatory
农业灌溉用水有效利用系数		Efficient Utilization Coefficient of Agricultural Irrigation Water		0.50	0.53	[0.03]	预期性 Anticipated
非化石能源占一次能源消费比重 (%)		Proportion of Consumption on Non-fossil Energy to Primary Energy (%)		8.3	11.4	[3.1]	约束性 Obligatory
单位国内生产总值能源消耗降低 (%)		Reduction of Energy Consumption per Unit GDP (%)				[16]	约束性 Obligatory
单位国内生产总值二氧化碳排放降低 (%)		Reduction of CO_2 Emission per Unit GDP (%)				[17]	约束性 Obligatory
主要污染物排放总量减少 (%) Reduction of Total Major Pollutants Emission Volume (%)	化学需氧量	COD				[8]	约束性 Obligatory
	二氧化硫	SO_2				[8]	
	氨氮	Ammonia Nitrogen				[10]	
	氮氧化物	NO_x				[10]	
森林增长 Increase of Forest	森林覆盖率(%)	Forest Coverage (%)		20.36	21.66	[1.3]	约束性 Obligatory
	森林蓄积量 (亿立方米)	Stock Volume of Forest (100 million cu.m)		137	143	[6]	

注：国内生产总值按可比价格计算；[ ]内为五年累计数。

Note:Figures of GDP is of 2010 price; those in [ ] are accumulative figures in five years.

附录2-2 “十二五”时期环境保护主要指标

Indicators on Environmental Protection in the 12th Five-year Plan Period

指　　标	Item	2010	2015	2015年比2010年增长(%) Increase in 2015 over 2010(%)
化学需氧量排放总量 (万吨)	Discharge of COD (10 000 tons)	2551.7	2347.6	-8%
氨氮排放总量 (万吨)	Discharge of Ammonia Nitrogen (10 000 tons)	264.4	238.0	-10%
二氧化硫排放总量 (万吨)	Emission of Sulphur Dioxide (10 000 tons)	2267.8	2086.4	-8%
氮氧化物排放总量 (万吨)	Emission of Nitrogen Oxides (10 000 tons)	2273.6	2046.2	-10%
地表水国控断面劣Ⅴ类水质的比例	Proportion of Water Quality Worse than Grade Ⅴ in Surface Water Monitored Section (%)	17.7	<15	-2.7 percentage points
七大水系国控断面水质好于Ⅲ类的比例 (%)	Proportion of Water Quality better than Grade Ⅲ in Main Water System Monitored Section (%)	55	>60	5.0 percentage points
地级以上城市空气质量达到二级标准以上的比例 (%)	Proportion of Air Quality Equal above Grade Ⅱ in Prefecture level city (%)	72	≥80	8.0 percentage points

附录三、东中西部地区
主要环境指标

APPENDIX III .
Main Environmental Indicators
by Eastern, Central & Western

附录3-1　东中西部地区水资源情况(2011年)

Water Resources by Eastern,Central & Western (2011)

单位：亿立方米　　　　(100 million cu.m)

区　域 Area	地　区 Region	水资源总　量 Total Amount of Water Resources	地表水 Surface Water Resources	地下水 Ground Water Resources	地表水与地下水重复量 Duplicated Measurement of Surface Water and Groundwater	降水量 Precipi-tation	人均水资源量 per Capita Water Resources
	全　　国 **National Total**	**23258.5**	**22215.2**	**7214.8**	**6171.5**	**55132.9**	**1730.4**
东　部 Eastern	东部小计 **Eastern Total**	**4535.3**	**4189.5**	**1372.4**	**1026.6**	**9867.7**	**891.7**
	北　京 Beijing	26.8	9.2	21.2	3.5	90.6	134.7
	天　津 Tianjin	15.4	10.9	5.2	0.7	70.7	116.0
	河　北 Hebei	157.2	69.8	126.2	38.9	925.9	217.7
	上　海 Shanghai	20.7	16.2	7.4	2.9	56.0	89.1
	江　苏 Jiangsu	492.4	399.0	115.1	21.7	1031.7	624.6
	浙　江 Zhejiang	745.0	733.3	184.2	172.5	1470.0	1365.7
	福　建 Fujian	774.9	773.5	243.4	242.1	1680.2	2090.5
	山　东 Shandong	347.6	237.5	195.9	85.8	1171.8	361.6
	广　东 Guangdong	1471.3	1461.3	362.1	352.1	2594.5	1404.8
	海　南 Hainan	484.1	478.8	111.6	106.3	776.4	5545.6
中　部 Central	中部小计 **Central Total**	**3976.9**	**3708.4**	**1277.3**	**1008.7**	**9884.4**	**1112.6**
	山　西 Shanxi	124.3	76.6	95.0	47.3	940.9	347.0
	安　徽 Anhui	602.3	544.2	143.5	85.4	1484.6	1010.1
	江　西 Jiangxi	1037.9	1018.9	315.2	296.3	2176.4	2319.1
	河　南 Heinan	328.0	222.5	191.8	86.3	1218.6	349.0
	湖　北 Hubei	757.5	725.4	251.9	219.8	1837.0	1319.1
	湖　南 Hunan	1126.9	1120.7	279.9	273.6	2226.9	1711.9
西　部 Western	西部小计 **Western Total**	**13506.2**	**13281.5**	**4103.1**	**3878.4**	**31500.3**	**3736.6**
	内蒙古 Inner Mongolia	419.0	298.2	213.4	92.5	2741.2	1691.6
	广　西 Guangxi	1350.0	1350.0	271.2	271.2	3002.7	2917.4
	重　庆 Chongqing	514.6	514.6	98.3	98.3	899.7	1773.3
	四　川 Sichuan	2239.5	2238.3	578.2	577.1	4314.1	2782.9
	贵　州 Guizhou	626.0	626.0	216.6	216.6	1445.6	1802.1
	云　南 Yunnan	1480.2	1480.2	548.1	548.1	3775.4	3206.5
	西　藏 Tibet	4402.7	4402.7	990.9	990.9	7069.4	145779.8
	陕　西 Shaanxi	604.4	575.5	164.3	135.4	1749.1	1616.6
	甘　肃 Gansu	242.2	233.0	129.3	120.1	1193.9	945.4
	青　海 Qinghai	733.1	715.1	331.1	313.1	2417.5	12956.8
	宁　夏 Ningxia	8.8	6.9	21.6	19.7	146.9	137.7
	新　疆 Xinjiang	885.7	841.0	540.2	495.5	2745.0	4031.3
东　北 Northeast	东北小计 **Northeast Total**	**1240.2**	**1035.9**	**462.1**	**257.8**	**3880.5**	**1131.5**
	辽　宁 Liaoning	294.8	260.5	111.9	77.6	868.7	673.2
	吉　林 Jilin	315.9	262.9	112.9	59.9	939.3	1149.5
	黑龙江 Heilongjiang	629.5	512.5	237.2	120.3	2072.5	1642.0

资料来源：水利部。

Source:Ministry of Water Resource.

附录3-2 东中西部地区废水排放情况(2011年)

Discharge of Waste Water by Eastern, Central & Western (2011)

单位：万吨 (10 000 tons)

区 域 Area	地 区 Region	废水排放总量 Total Volume of Waste Water Discharged	工业废水 Industrial Waste Water	城镇生活污水 Household Waste Water	集中式污染治理设施 Centralized Pollution Control Facilities
	全 国 National Total	**6591922**	**2308743**	**4279159**	**4021**
东部 Eastern	**东部小计 Eastern Total**	**3299050**	**1169973**	**2127115**	**1962**
	北 京 Beijing	145469	8633	136741	95
	天 津 Tianjin	67147	19795	47322	30
	河 北 Hebei	278551	118505	159969	77
	上 海 Shanghai	214155	44626	169290	239
	江 苏 Jiangsu	592774	246298	346252	223
	浙 江 Zhejiang	420134	182240	237494	400
	福 建 Fujian	316178	177186	138729	263
	山 东 Shandong	443331	187245	255870	217
	广 东 Guangdong	785587	178626	606589	371
	海 南 Hainan	35725	6820	28858	47
中部 Central	**中部小计 Central Total**	**1504489**	**521867**	**981445**	**1177**
	山 西 Shanxi	116132	39665	76439	28
	安 徽 Anhui	243265	70720	172384	162
	江 西 Jiangxi	194432	71196	122996	239
	河 南 Heinan	378785	138654	239999	132
	湖 北 Hubei	293064	104434	188384	245
	湖 南 Hunan	278811	97197	181243	371
西部 Western	**西部小计 Western Total**	**1289313**	**440489**	**848112**	**712**
	内蒙古 Inner Mongolia	100389	39409	60971	10
	广 西 Guangxi	222439	101234	121108	97
	重 庆 Chongqing	131450	33954	97356	140
	四 川 Sichuan	279852	80420	199245	187
	贵 州 Guizhou	77927	20626	57262	40
	云 南 Yunnan	147523	47228	100208	87
	西 藏 Tibet	4635	363	4272	…
	陕 西 Shaanxi	121815	40806	80933	76
	甘 肃 Gansu	59232	19720	39491	20
	青 海 Qinghai	21292	8677	12607	8
	宁 夏 Ningxia	39432	19285	20138	10
	新 疆 Xinjiang	83329	28769	54522	38
东北 Northeast	**东北小计 Northeast Total**	**499070**	**176413**	**322487**	**170**
	辽 宁 Liaoning	232247	90457	141699	91
	吉 林 Jilin	116162	41884	74214	65
	黑龙江 Heilongjiang	150661	44072	106574	15

资料来源：环境保护部(以下各表同)。
Source:Ministry of Environmental Protection (the same as in the following tables).

附录3-2 续表1 continued 1

单位：吨 (ton)

区 域 Area	地 区 Region		化学需氧量排放总量 COD Discharged	工业 Industry	农业 Agriculture	生活 Household	集中式污染治理设施 Centralized Pollution Control Facilities
	全 国	**National Total**	**24998614**	**3547998**	**11861058**	**9388423**	**201137**
东 部 Eastern	**东部小计**	**Eastern Total**	**8877600**	**1176399**	**4115840**	**3529314**	**56047**
	北 京	Beijing	193184	7118	81692	99097	5277
	天 津	Tianjin	235832	24294	114674	96422	441
	河 北	Hebei	1388825	194002	940830	246120	7872
	上 海	Shanghai	248982	27357	33932	181866	5827
	江 苏	Jiangsu	1246166	239319	399292	602252	5304
	浙 江	Zhejiang	818250	191149	213002	406940	7159
	福 建	Fujian	679448	95915	225214	354193	4125
	山 东	Shandong	1982497	140786	1379733	457270	4707
	广 东	Guangdong	1884499	243959	620268	1006295	13976
	海 南	Hainan	199918	12500	107203	78858	1358
中 部 Central	**中部小计**	**Central Total**	**6057287**	**811604**	**2723071**	**2455029**	**67582**
	山 西	Shanxi	489563	91108	184473	211405	2577
	安 徽	Anhui	953349	94089	398791	450509	9960
	江 西	Jiangxi	767887	117140	249935	389701	11111
	河 南	Heinan	1436683	193602	823045	410241	9795
	湖 北	Hubei	1104651	144719	481159	461323	17452
	湖 南	Hunan	1305153	170947	585668	531851	16687
西 部 Western	**西部小计**	**Western Total**	**6319073**	**1268552**	**2503235**	**2492546**	**54741**
	内蒙古	Inner Mongolia	918974	92274	647266	177124	2309
	广 西	Guangxi	793270	204914	222786	361672	3897
	重 庆	Chongqing	416771	58028	127357	230769	617
	四 川	Sichuan	1302256	129126	549240	610360	13530
	贵 州	Guizhou	342188	65507	55802	214885	5995
	云 南	Yunnan	554708	175356	72896	293473	12983
	西 藏	Tibet	26831	1021	4635	21172	3
	陕 西	Shaanxi	557678	106490	201321	243271	6597
	甘 肃	Gansu	396606	96072	146599	152303	1631
	青 海	Qinghai	103202	40586	21501	39203	1912
	宁 夏	Ningxia	233684	111550	102803	18568	763
	新 疆	Xinjiang	672905	187630	351028	129744	4503
东 北 Northeast	**东北小计**	**Northeast Total**	**3744653**	**291443**	**2518911**	**911533**	**22766**
	辽 宁	Liaoning	1343387	110369	883488	341578	7952
	吉 林	Jilin	824735	78701	528297	204821	12915
	黑龙江	Heilongjiang	1576531	102372	1107126	365134	1898

附录3-2 续表2 continued 2

单位：吨 (ton)

区域 Area	地区	Region	氨氮排放总量 Ammona Nitrogen Discharged	工业 Industry	农业 Agriculture	生活 Household	集中式污染治理设施 Centralized Pollution Control Facilities
	全国	**National Total**	**2604405**	**281202**	**826529**	**1476626**	**20048**
	东部小计	**Eastern Total**	**1006943**	**89194**	**306309**	**606238**	**5201**
	北京	Beijing	21325	434	4813	15513	566
	天津	Tianjin	26378	3253	5961	17128	36
	河北	Hebei	114308	17737	45871	50119	580
东部	上海	Shanghai	50370	2611	3500	43963	296
	江苏	Jiangsu	157168	16710	39925	99853	679
Eastern	浙江	Zhejiang	115428	12597	27702	74536	593
	福建	Fujian	95386	7700	34027	53260	399
	山东	Shandong	172945	11780	75800	84869	496
	广东	Guangdong	230891	15560	59265	154633	1434
	海南	Hainan	22744	812	9445	12365	123
	中部小计	**Central Total**	**712275**	**88862**	**261256**	**355311**	**6846**
	山西	Shanxi	59063	8869	12644	37303	247
中部	安徽	Anhui	109804	8971	39299	60576	958
	江西	Jiangxi	93404	12135	31290	49082	898
Central	河南	Heinan	153800	13928	66202	72492	1178
	湖北	Hubei	131232	17091	47451	64645	2044
	湖南	Hunan	164972	27869	64370	71212	1521
	西部小计	**Western Total**	**619392**	**83252**	**169581**	**361272**	**5287**
	内蒙古	Inner Mongolia	53884	11298	12634	29760	191
	广西	Guangxi	83909	8473	27825	47305	307
	重庆	Chongqing	55049	3205	13612	38069	163
	四川	Sichuan	143721	5680	58700	78573	768
西部	贵州	Guizhou	39807	3455	7501	28171	680
	云南	Yunnan	59318	5045	11822	40799	1651
Western	西藏	Tibet	3296	66	485	2745	…
	陕西	Shaanxi	63378	8694	15625	38140	918
	甘肃	Gansu	42580	14040	5914	22512	114
	青海	Qinghai	9605	1907	856	6715	127
	宁夏	Ningxia	18005	9254	2302	6398	51
	新疆	Xinjiang	46840	12133	12305	22084	318
	东北小计	**Northeast Total**	**265795**	**19893**	**89383**	**153805**	**2713**
东北	辽宁	Liaoning	111123	9142	35510	65354	1117
Northeast	吉林	Jilin	58200	4500	18237	34086	1377
	黑龙江	Heilongjiang	96472	6251	35635	54365	220

附录3-3 东中西部地区废气排放情况(2011年)
Emission of Waste Gas by Eastern,Central & Western (2011)

单位：吨 (ton)

区域 Area	地区	Region	二氧化硫排放总量 Total Volume of Sulphur Dioxide Emission	工业 Industrial	生活 Household	集中式污染治理设施 Centralized Pollution Control Facilities
	全国	**National Total**	**22179082**	**20172265**	**2003949**	**2867**
	东部小计	**Eastern Total**	**6793733**	**6338373**	**453544**	**1816**
	北京	Beijing	97883	61299	36539	45
	天津	Tianjin	230900	221897	8959	44
	河北	Hebei	1412129	1317099	94900	130
东部	上海	Shanghai	240101	210092	29860	150
	江苏	Jiangsu	1053800	1025013	28541	245
Eastern	浙江	Zhejiang	662048	647048	14527	473
	福建	Fujian	389175	370269	18791	115
	山东	Shandong	1827397	1628647	198589	162
	广东	Guangdong	847728	825952	21326	450
	海南	Hainan	32572	31058	1512	2
	中部小计	**Central Total**	**5234260**	**4809969**	**423763**	**529**
	山西	Shanxi	1399051	1294321	104694	36
中部	安徽	Anhui	529474	487228	41841	405
	江西	Jiangxi	584061	568058	15988	15
Central	河南	Heinan	1370504	1229200	141261	43
	湖北	Hubei	665640	594980	70654	7
	湖南	Hunan	685530	636181	49324	24
	西部小计	**Western Total**	**8089831**	**7196357**	**893008**	**465**
	内蒙古	Inner Mongolia	1409404	1250180	159220	4
	广西	Guangxi	521023	488744	32250	28
	重庆	Chongqing	586929	531340	55585	4
	四川	Sichuan	902006	828929	72836	242
西部	贵州	Guizhou	1104284	903132	201151	…
	云南	Yunnan	691226	642523	48696	7
Western	西藏	Tibet	4176	1369	2807	
	陕西	Shaanxi	916839	831222	85614	3
	甘肃	Gansu	623902	527689	96040	173
	青海	Qinghai	156602	134315	22286	1
	宁夏	Ningxia	410385	387865	22520	…
	新疆	Xinjiang	763055	669050	94002	3
	东北小计	**Northeast Total**	**2061257**	**1827566**	**233634**	**56**
东北	辽宁	Liaoning	1126170	1048914	77208	48
Northeast	吉林	Jilin	413191	363443	49747	1
	黑龙江	Heilongjiang	521896	415209	106679	8

附录3-3 续表1 continued 1

单位：吨 (ton)

区 域 Area	地 区	Region	氮氧化物排放总量 Nitrogen Oxides Emission	工业 Industry	生活 Household	机动车 Motor Vehicle	集中式污染治理设施 Centralized Pollution Control Facilities
	全 国	**National Total**	**24042659**	**17297077**	**366237**	**6375850**	**3496**
	东部小计	**Eastern Total**	**8946833**	**6451182**	**99882**	**2393527**	**2242**
东 部 Eastern	北 京	Beijing	188325	90317	12145	85545	318
	天 津	Tianjin	358900	300404	4447	54004	45
	河 北	Zhejiang	1801138	1220888	18414	561766	70
	上 海	Shanghai	435400	326949	9079	99040	332
	江 苏	Jiangsu	1535740	1195592	6236	333473	439
	浙 江	Zhejiang	859051	690811	3730	164274	236
	福 建	Fujian	494507	391277	2364	100608	258
	山 东	Shandong	1790253	1273603	30952	485570	127
	广 东	Guangdong	1388135	895892	12225	479608	409
	海 南	Hainan	95385	65449	289	29637	10
	中部小计	**Central Total**	**5858855**	**4211385**	**83175**	**1563595**	**700**
中 部 Central	山 西	Shanxi	1286019	986503	29005	270400	111
	安 徽	Anhui	959114	722700	8502	227600	312
	江 西	Jiangxi	612341	393521	2716	216082	22
	河 南	Heinan	1665363	1143421	23230	498525	187
	湖 北	Hubei	669650	477568	12089	179981	11
	湖 南	Hunan	666368	487671	7633	171007	57
	西部小计	**Western Total**	**6785684**	**4971725**	**115708**	**1697738**	**514**
西 部 Western	内蒙古	Inner Mongolia	1421897	1150486	24503	246900	8
	广 西	Guangxi	494008	347767	3545	142643	53
	重 庆	Chongqing	402621	293820	4817	103969	14
	四 川	Sichuan	674853	465165	9984	199349	355
	贵 州	Guizhou	553186	446933	11800	94451	1
	云 南	Yunnan	548518	348291	5985	194229	13
	西 藏	Tibet	40623	3802	247	36573	
	陕 西	Shaanxi	831749	633708	19205	178825	11
	甘 肃	Gansu	480855	356045	11721	113039	50
	青 海	Qinghai	124116	87559	4863	31691	2
	宁 夏	Ningxia	458170	385860	2672	69637	1
	新 疆	Xinjiang	755090	452288	16366	286430	6
	东北小计	**Northeast Total**	**2451286**	**1662785**	**67471**	**720990**	**40**
东 北 Northeast	辽 宁	Liaoning	1062817	767838	13701	281263	14
	吉 林	Jilin	604716	410046	11262	183400	8
	黑龙江	Heilongjiang	783753	484901	42508	256327	17

附录3-3 续表2 continued 2

单位：吨 (ton)

区域 Area	地区 Region		烟(粉)尘排放总量 Soot (Powder) Dust Emission	工业 Industry	生活 Household	机动车 Motor Vehicle	集中式污染治理设施 Centralized Pollution Control Facilities
	全　国	**National Total**	**12788202**	**11008839**	**1147647**	**629244**	**2472**
	东部小计	**Eastern Total**	**3753959**	**3271390**	**246574**	**235212**	**783**
东　部 Eastern	北　京	Beijing	65848	29405	31967	4449	28
	天　津	Tianjin	75923	65333	4071	6494	25
	河　北	Zhejiang	1322477	1223502	42807	56129	39
	上　海	Shanghai	89828	66446	14850	8493	39
	江　苏	Jiangsu	527354	486389	11963	28837	165
	浙　江	Zhejiang	323320	302752	3929	16406	233
	福　建	Fujian	225341	209852	5778	9615	96
	山　东	Shandong	783847	612740	118185	52884	38
	广　东	Guangdong	324203	263918	12459	47710	115
	海　南	Hainan	15818	11054	565	4195	4
	中部小计	**Central Total**	**3376920**	**3016298**	**202330**	**156933**	**1359**
中　部 Central	山　西	Shanxi	1129854	1008410	97911	23159	374
	安　徽	Anhui	452224	410590	15499	25233	902
	江　西	Jiangxi	396038	359085	10002	26947	4
	河　南	Heinan	668216	575655	41167	51366	28
	湖　北	Hubei	346150	307356	23317	15460	17
	湖　南	Hunan	384439	355203	14435	14767	33
	西部小计	**Western Total**	**3876114**	**3348910**	**366319**	**160621**	**265**
西　部 Western	内蒙古	Inner Mongolia	739876	604534	106339	28988	14
	广　西	Guangxi	288286	260006	11705	16549	25
	重　庆	Chongqing	180972	171224	2463	7274	10
	四　川	Sichuan	385903	357577	12780	15410	135
	贵　州	Guizhou	303467	257164	36929	9373	…
	云　南	Yunnan	382241	352817	14002	15415	7
	西　藏	Tibet	10035	4452	1236	4348	
	陕　西	Shaanxi	463430	396997	43342	23090	1
	甘　肃	Gansu	236191	187755	40570	7852	14
	青　海	Qinghai	138336	117630	17616	3089	…
	宁　夏	Ningxia	215465	198220	9585	7658	2
	新　疆	Xinjiang	531912	440532	69750	21575	55
	东北小计	**Northeast Total**	**1781210**	**1372241**	**332424**	**76478**	**65**
东　北 Northeast	辽　宁	Liaoning	693160	591152	70499	31466	42
	吉　林	Jilin	432181	361279	52003	18878	21
	黑龙江	Heilongjiang	655869	419810	209922	26134	3

附录3-4 东中西部地区固体废物产生及处理情况(2011年)
Generation and Disposal of Solid Wastes by Eastern,Central & Western (2011)

单位：万吨 (10 000 tons)

区 域 Area	地 区 Region		一般工业固体废物产生量 Common Industrial Solid Wastes Produced	一般工业固体废物综合利用量 Common Industrial Solid Wastes Utilized	一般工业固体废物处置量 Common Industrial Solid Wastes Disposed	一般工业固体废物贮存量 Stock of Common Industrial Solid Wastes	一般工业固体废物倾倒丢弃量 Common Industrial Solid Wastes Discharged
	全　国	**National Total**	**322772**	**195215**	**70465**	**60424**	**433.31**
东部 Eastern	**东部小计**	**Eastern Total**	**95587**	**64409**	**11285**	**21059**	**5.65**
	北　京	Beijing	1126	749	349	28	
	天　津	Tianjin	1752	1749	9		
	河　北	Hebei	45129	18821	6806	20184	0.40
	上　海	Shanghai	2442	2358	75	11	0.47
	江　苏	Jiangsu	10475	9997	335	220	
	浙　江	Zhejiang	4446	4092	310	51	0.44
	福　建	Fujian	4415	3024	1304	98	0.87
	山　东	Shandong	19533	18298	1106	350	…
	广　东	Guangdong	5849	5119	810	75	3.41
	海　南	Hainan	421	201	182	42	0.05
中部 Central	**中部小计**	**Central Total**	**81058**	**54139**	**17842**	**10258**	**72.65**
	山　西	Shanxi	27556	15818	9187	2578	29.10
	安　徽	Anhui	11473	9366	1761	1096	
	江　西	Jiangxi	11372	6305	652	4420	15.44
	河　南	Heinan	14574	10964	2602	1200	2.14
	湖　北	Hubei	7596	6007	1424	268	16.64
	湖　南	Hunan	8487	5679	2215	696	9.32
西部 Western	**西部小计**	**Western Total**	**106463**	**58610**	**26382**	**22172**	**340.11**
	内蒙古	Inner Mongolia	23584	13701	7429	2647	3.10
	广　西	Guangxi	7438	4292	2050	1516	2.57
	重　庆	Chongqing	3299	2585	518	199	24.15
	四　川	Sichuan	12684	6002	3988	2773	6.02
	贵　州	Guizhou	7598	4015	2033	1552	28.88
	云　南	Yunnan	17335	8728	4969	3687	168.70
	西　藏	Tibet	301	8	16	284	0.02
	陕　西	Shaanxi	7118	4266	1836	1008	9.15
	甘　肃	Gansu	6524	3342	2041	1143	6.59
	青　海	Qinghai	12017	6785	14	5226	0.49
	宁　夏	Ningxia	3344	2048	865	435	1.72
	新　疆	Xinjiang	5219	2838	621	1702	88.73
东北 Northeast	**东北小计**	**Northeast Total**	**39665**	**18057**	**14957**	**6933**	**14.90**
	辽　宁	Liaoning	28270	10748	13394	4335	8.18
	吉　林	Jilin	5379	3171	920	1290	
	黑龙江	Heilongjiang	6017	4139	643	1308	6.72

附录3-4 续表 continued

单位：万吨 (10 000 tons)

区 域 Area	地 区	Region	危险废物产生量 Hazardous Wastes Produced	危险废物综合利用量 Hazardous Wastes Utilized	危险废物处置量 Hazardous Wastes Disposed	危险废物贮存量 Stock of Hazardous Wastes
	全 国	**National Total**	**3431.22**	**1773.05**	**916.48**	**823.73**
	东部小计	**Eastern Total**	**1473.66**	**930.89**	**552.35**	**3.72**
	北 京	Beijing	11.92	5.05	6.86	
	天 津	Tianjin	10.27	3.09	7.18	…
	河 北	Zhejiang	52.04	33.27	18.79	
东 部	上 海	Shanghai	56.36	30.13	26.01	0.34
	江 苏	Jiangsu	188.94	95.29	93.33	1.01
Eastern	浙 江	Zhejiang	78.47	31.83	46.08	1.31
	福 建	Fujian	10.31	4.38	5.71	0.27
	山 东	Shandong	937.84	657.52	290.96	0.26
	广 东	Guangdong	126.79	70.20	56.91	0.46
	海 南	Hainan	0.71	0.12	0.52	0.07
	中部小计	**Central Total**	**404.55**	**317.88**	**84.37**	**25.25**
	山 西	Shanxi	22.21	18.06	4.11	0.04
中 部	安 徽	Anhui	24.28	21.27	2.95	0.19
	江 西	Jiangxi	23.24	17.89	5.20	0.19
Central	河 南	Heinan	47.62	39.42	7.05	1.37
	湖 北	Hubei	40.53	26.85	20.85	0.32
	湖 南	Hunan	246.68	194.38	44.22	23.15
	西部小计	**Western Total**	**1364.91**	**400.60**	**209.40**	**793.91**
	内蒙古	Inner Mongolia	111.88	54.43	49.93	11.65
	广 西	Guangxi	22.94	13.49	5.71	7.44
	重 庆	Chongqing	46.50	5.64	43.61	0.51
	四 川	Sichuan	115.85	77.97	46.75	1.12
西 部	贵 州	Guizhou	38.89	12.95	1.05	25.69
	云 南	Yunnan	134.10	87.74	19.51	27.05
Western	西 藏	Tibet				
	陕 西	Shaanxi	33.15	17.32	9.86	6.06
	甘 肃	Gansu	24.68	10.88	17.92	8.06
	青 海	Qinghai	355.98	56.36	6.10	298.06
	宁 夏	Ningxia	10.81	9.81	0.64	0.36
	新 疆	Xinjiang	470.14	54.01	8.33	407.91
	东北小计	**Northeast Total**	**188.10**	**123.68**	**70.36**	**0.85**
东 北	辽 宁	Liaoning	78.49	59.86	25.30	0.09
Northeast	吉 林	Jilin	90.04	60.13	29.90	0.03
	黑龙江	Heilongjiang	19.56	3.70	15.16	0.73

附录3-5 东中西部地区环境污染治理投资情况(2011年)
Investment in the Treatment of Evironmental Pollution by Eastern,Central & Western (2011)

单位：亿元 (100 million yuan)

区域 Area	地区 Region	环境污染治理投资总额 Total Investment in Treatment of Environ-mental Pollution	城市环境基础设施建设投资 Investment in Urban Environment Infrastructure Facilities	工业污染源治理投资 Investment in Treatment of Industrial Pollution Sources	当年完成环保验收项目环保投资 Environmental Protection Investment in the Environmental Protection Acceptance Projects in the Year	环境污染治理投资占GDP比重(%) Investment in Anti-pollution Projects as Percentage of GDP (%)
	全　国 National Total	**7114.0**	**4557.2**	**444.4**	**2112.4**	**1.50**
东部 Eastern	**东部小计 Eastern Total**	**3144.2**	**2029.7**	**192.0**	**922.5**	**1.16**
	北　京 Beijing	213.1	192.3	1.1	19.8	1.31
	天　津 Tianjin	174.9	105.3	15.3	54.4	1.55
	河　北 Hebei	623.9	434.3	24.3	165.3	2.54
	上　海 Shanghai	144.8	68.9	6.4	69.5	0.75
	江　苏 Jiangsu	575.8	350.6	31.0	194.2	1.17
	浙　江 Zhejiang	238.7	133.2	17.8	87.6	0.74
	福　建 Fujian	198.4	131.1	14.3	53.1	1.13
	山　东 Shandong	614.1	422.9	62.4	128.7	1.35
	广　东 Guangdong	332.6	175.7	16.6	140.2	0.62
	海　南 Hainan	28.0	15.5	2.8	9.8	1.11
中部 Central	**中部小计 Central Total**	**1307.7**	**949.8**	**84.2**	**273.7**	**1.25**
	山　西 Shanxi	248.5	162.8	27.9	57.8	2.21
	安　徽 Anhui	267.5	211.1	9.3	47.2	1.75
	江　西 Jiangxi	241.2	189.2	6.6	45.4	2.06
	河　南 Heinan	163.3	99.1	21.4	42.8	0.61
	湖　北 Hubei	259.8	197.5	9.3	53.1	1.32
	湖　南 Hunan	127.3	90.1	9.7	27.5	0.65
西部 Western	**西部小计 Western Total**	**1598.2**	**1102.7**	**139.9**	**355.7**	**1.59**
	内　蒙 Inner Mongolia	395.9	287.6	31.0	77.3	2.76
	广　西 Guangxi	161.5	127.8	8.6	25.0	1.38
	重　庆 Chongqing	259.2	214.6	4.9	39.7	2.59
	四　川 Sichuan	140.1	82.7	16.7	40.7	0.67
	贵　州 Guizhou	64.9	37.9	13.2	13.7	1.14
	云　南 Yunnan	119.2	58.0	13.7	47.4	1.34
	西　藏 Tibet	28.2		0.2	28.1	4.66
	陕　西 Shaanxi	153.3	107.0	23.7	22.6	1.23
	甘　肃 Gansu	59.6	38.6	10.5	10.5	1.19
	青　海 Qinghai	26.2	11.2	2.8	12.2	1.57
	宁　夏 Ningxia	57.4	17.4	3.9	36.1	2.73
	新　疆 Xinjiang	132.7	119.8	10.6	2.2	2.01
东北 Northeast	**东北小计 Northeast Total**	**630.4**	**475.0**	**28.3**	**127.1**	**1.39**
	辽　宁 Liaoning	376.5	313.5	11.6	51.4	1.69
	吉　林 Jilin	101.2	74.4	6.6	20.2	0.96
	黑　龙 Heilongjiang	152.7	87.2	10.1	55.5	1.21

资料来源：环境保护部、住房和城乡建设部。
Source: Ministry of Environmental Protection,Ministry of Housing and Urban-Rural Development.

附录3-6 东中西部地区城市环境情况(2011年)

Urban Environment by Eastern,Central & Western (2011)

区域 Area	地区	Region	城市污水排放量(万立方米) Volume of Municipal Sewage Discharge (10 000 cu.m)	城市污水处理率(%) Rate of Municipal Sewage Discharge (%)	城市燃气普及率(%) Gas Access Rate (%)	生活垃圾无害化处理率(%) Domestic Garbage Harmless Disposal Rate (%)
	全　国	**National Total**	**4037028**	**83.6**	**92.4**	**79.7**
东部 Eastern	**东部小计**	**Eastern Total**	**2183294**	**85.5**	**97.5**	**84.7**
	北　京	Beijing	145543	81.7	100.0	98.2
	天　津	Tianjin	67180	86.8	100.0	100.0
	河　北	Hebei	147184	93.9	99.9	72.6
	上　海	Shanghai	231410	84.4	99.9	61.0
	江　苏	Jiangsu	377869	89.9	99.0	93.8
	浙　江	Zhejiang	214355	85.1	99.3	96.4
	福　建	Fujian	103366	85.3	98.7	94.6
	山　东	Shandong	265465	93.2	99.5	92.5
	广　东	Guangdong	606268	79.1	91.3	72.1
	海　南	Hainan	24654	73.1	93.6	91.4
中部 Central	**中部小计**	**Central Total**	**743333**	**86.9**	**88.5**	**79.1**
	山　西	Shanxi	60434	86.5	94.6	77.5
	安　徽	Anhui	127134	91.1	93.4	87.0
	江　西	Jiangxi	74148	85.1	94.3	88.3
	河　南	Heinan	152660	89.0	76.2	84.4
	湖　北	Hubei	170698	86.5	93.9	61.0
	湖　南	Hunan	158259	82.8	88.5	86.4
西部 Western	**西部小计**	**Western Total**	**706815**	**78.9**	**86.0**	**82.4**
	内蒙古	Inner Mongolia	48069	83.9	82.2	83.5
	广　西	Guangxi	122994	64.1	91.1	95.5
	重　庆	Chongqing	69142	94.6	93.0	99.6
	四　川	Sichuan	146690	78.3	87.1	88.4
	贵　州	Guizhou	38232	90.7	71.6	88.6
	云　南	Yunnan	68458	94.6	74.2	74.1
	西　藏	Tibet	6769		83.4	
	陕　西	Shaanxi	67366	84.0	92.1	90.3
	甘　肃	Gansu	40311	68.8	75.6	41.7
	青　海	Qinghai	15526	61.0	92.1	89.5
	宁　夏	Ningxia	27643	80.2	88.4	67.0
	新　疆	Xinjiang	55615	77.0	96.2	79.5
东北 Northeast	**东北小计**	**Northeast Total**	**403586**	**76.0**	**89.6**	**59.8**
	辽　宁	Liaoning	209407	84.1	95.5	80.5
	吉　林	Jilin	74806	82.9	88.3	49.2
	黑龙江	Heilongjiang	119373	57.3	81.4	43.7

资料来源：住房和城乡建设部。
Source:Ministry of Housing and Urban-Rural Derelopment.

附录3-7 东中西部地区农村环境情况(2011年)

Rural Environment by Eastern,Central & Western (2011)

区 域 Area	地 区 Region		改水累计受益人口 (万人) Benefiting Population from Rural Water Improvement Projects (10 000 persons)	累计改水受益率 (%) Proportion of Benefiting Population (%)	卫生厕所普及率 (%) Access Rate to Sanitary Toilets (%)	无害化卫生厕所普及率 (%) Access Rate to Harmless Sanitary Toilets (%)
	全　　国	**National Total**	**89971.5**	**94.18**	**69.18**	**47.30**
	东部小计	**Eastern Total**	**30693.0**	**98.02**	**81.43**	**62.01**
	北　　京	Beijing	268.3	100.00	96.95	96.61
	天　　津	Tianjin	378.7	99.94	93.15	93.15
	河　　北	Hebei	5262.0	96.65	53.14	27.27
东　部	上　　海	Shanghai	332.8	99.99	98.01	96.56
	江　　苏	Jiangsu	4850.7	98.63	87.36	67.42
Eastern	浙　　江	Zhejiang	3471.0	96.52	90.11	78.74
	福　　建	Fujian	2581.5	97.05	85.48	83.78
	山　　东	Shandong	6990.4	99.47	85.65	47.71
	广　　东	Guangdong	5924.5	98.35	86.73	78.80
	海　　南	Hainan	633.1	95.37	67.47	64.97
	中部小计	**Central Total**	**27349.6**	**94.73**	**66.92**	**42.27**
	山　　西	Shanxi	2111.0	89.30	50.59	24.43
中　部	安　　徽	Anhui	5073.2	96.06	58.01	28.67
	江　　西	Jiangxi	3408.1	100.74	81.23	54.76
Central	河　　南	Heinan	7463.4	93.50	71.06	52.77
	湖　　北	Hubei	4436.0	98.74	75.18	50.44
	湖　　南	Hunan	4858.1	90.49	63.22	36.27
	西部小计	**Western Total**	**26183.0**	**88.75**	**57.37**	**41.50**
	内 蒙 古	Inner Mongolia	1376.7	93.99	43.24	18.24
	广　　西	Guangxi	3193.3	75.08	64.07	60.63
	重　　庆	Chongqing	2541.1	98.84	58.65	58.65
	四　　川	Sichuan	6467.1	93.05	64.11	48.75
西　部	贵　　州	Guizhou	2608.0	75.78	40.94	23.75
	云　　南	Yunnan	3255.9	88.10	55.73	30.84
Western	西　　藏	Tibet				
	陕　　西	Shaanxi	2787.5	96.95	49.42	39.79
	甘　　肃	Gansu	2022.8	97.00	68.00	29.88
	青　　海	Qinghai	338.8	86.55	57.92	8.44
	宁　　夏	Ningxia	389.2	96.30	56.55	40.47
	新　　疆	Xinjiang	1019.7	87.24	58.25	26.56
	新疆兵团	Xinjiang Production & Construction Corps	182.9	91.10	60.38	57.86
	东北小计	**Northeast Total**	**5745.8**	**98.33**	**67.53**	**17.93**
东　北	辽　　宁	Liaoning	2108.2	96.02	38.22	26.82
Northeast	吉　　林	Jilin	1542.1	100.00	74.93	14.36
	黑 龙 江	Heilongjiang	2095.5	99.52	70.08	10.84

资料来源:卫生部。

Source: Ministry of Health.

附录四、世界主要国家和地区环境统计指标

APPENDIX IV.
Main Environmental Indicators of the World's Major Countries and Regions

附录4-1 水资源

国家和地区	Country or Area	降水量 (百万立方米) Precipitation (mio m³)
阿富汗	Afghanistan	213429
阿尔巴尼亚	Albania	42700
阿尔及利亚	Algeria	211499
安道尔	Andorra	466
安哥拉	Angola	1258793
安提瓜和巴布达	Antigua and Barbuda	500
阿根廷	Argentina	1642104
亚美尼亚	Armenia	17640
澳大利亚	Australia	3630635
奥地利	Austria	98000
阿塞拜疆	Azerbaijan	36978
巴哈马	Bahamas	17934
巴林	Bahrain	71
孟加拉国	Bangladesh	383832
巴巴多斯	Barbados	600
白俄罗斯	Belarus	136186
比利时	Belgium	28887
伯利兹	Belize	39100
贝宁	Benin	117046
百慕大	Bermuda	76
不丹	Bhutan	
玻利维亚	Bolivia	1258863
波黑	Bosnia and Herzegovina	52562
博茨瓦纳	Botswana	241825
巴西	Brazil	15333391
文莱	Brunei Darussalam	15706
保加利亚	Bulgaria	68598
布基纳法索	Burkina Faso	204925
布隆迪	Burundi	33903
柬埔寨	Cambodia	344628
喀麦隆	Cameroon	762463
加拿大	Canada	4930000
佛得角	Cape Verde	900
中非共和国	Central African Republic	836662
乍得	Chad	413191

资料来源：联合国统计司/环境规划署环境统计问卷水部分；欧盟统计局环境统计数据；经合组织环境数据摘要内陆水部分。
联合国粮农组织水统计数据库。
联合国经济社会局人口处，世界人口展望：2008修订版，纽约，2009。

Sources: UNSD/UNEP Questionnaires on Environment Statistics, Water section; Eurostat environment statistics main tables and database; OECD Environmental Data Compendium, Inland Waters section.
AQUASTAT database of the Food and Agriculture Organization of the United Nations (FAO).
United Nations, Department of Economic and Social Affairs, Population Division, World Population Prospects: The 2008 Revision, New York, 2009.

Water Resources

国内径流量 (百万立方米) Internal Flow (mio m^3)	地表水与地下水的外部流入量 (百万立方米) Actual External Inflow of Surface and Ground Waters (mio m^3)	可更新淡水资源总量 (百万立方米) Total Renewable Fresh Water Resources (mio m^3)	人均可更新淡水量 (立方米/人) Renewable Freshwater Resources per capita (m^3/person)
55000	10000	65000	2389
26900	14800	41700	13266
13900	420	14320	417
263		263	3116
184000		184000	10210
52		52	600
276000	538000	814000	20410
6317	940	7257	2358
387184		387184	18372
55000	29000	84000	10075
10330	20573	30903	3540
20		20	59
-9		-9	-12
105000	1105644	1210644	7567
80		80	315
52938	23200	76138	7866
12327	7606	19933	1882
16000	2555	18555	61717
10300	14500	24800	2863
72		72	1119
		73000	106292
303531	319000	622531	64217
35500	2000	37500	9939
2900	11500	14400	7496
5657230	2768672	8425901	43891
8500		8500	21668
18085	89141	107226	14123
12500		12500	821
3600		3600	446
120570	355540	476110	32695
273000	12500	285500	14957
2740000	51500	2791500	83931
300		300	602
141000	3400	144400	33278
15000	28000	43000	3940

附录4-1 续表 1

国家和地区	Country or Area	降水量 (百万立方米) Precipitation (mio m^3)
智利	Chile	1151600
中国	China	6172800
中国香港	China, Hong Kong SAR	2616
哥伦比亚	Colombia	2974605
科摩罗	Comoros	2000
刚果	Congo	562932
哥斯达黎加	Costa Rica	149529
科特迪瓦	Côte d'Ivoire	434676
克罗地亚	Croatia	62912
古巴	Cuba	147965
塞浦路斯	Cyprus	3046
捷克	Czech Republic	54653
刚果民主共和国	Democratic Republic of the Congo	3618119
丹麦	Denmark	38485
吉布提	Djibouti	5100
多米尼加共和国	Dominican Republic	68690
厄瓜多尔	Ecuador	521779
埃及	Egypt	51400
萨尔瓦多	El Salvador	56052
赤道几内亚	Equatorial Guinea	60481
厄立特里亚	Eritrea	45147
爱沙尼亚	Estonia	29018
埃塞俄比亚	Ethiopia	936005
斐济	Fiji	47356
芬兰	Finland	222000
法国	France	485686
法属圭亚那	French Guiana	260550
加蓬	Gabon	489997
冈比亚	Gambia	8555
格鲁吉亚	Georgia	83141
德国	Germany	307000
加纳	Ghana	283195
希腊	Greece	115000
格陵兰	Greenland	759000
危地马拉	Guatemala	217300
几内亚	Guinea	405939
几内亚比绍	Guinea-Bissau	56972
圭亚那	Guyana	513112

continued 1

国内径流量 (百万立方米) Internal Flow (mio m^3)	地表水与地下水的外部流入量 (百万立方米) Actual External Inflow of Surface and Ground Waters (mio m^3)	可更新淡水资源总量 (百万立方米) Total Renewable Fresh Water Resources (mio m^3)	人均可更新淡水量 (立方米/人) Renewable Freshwater Resources per capita (m^3/person)
884000	38000	922000	54868
2840500	21400	2861900	2140
1489		1489	213
2112000	20000	2132000	47365
1200		1200	1816
222000	610000	832000	230142
112400		112400	24872
76700	4300	81000	3934
37700	67800	105500	23855
38120		38120	3402
323		323	375
15237	740	15977	1548
900000	383000	1283000	19967
16340		16340	2994
300		300	353
20995		20995	2109
283980		283980	21065
1800	85000	86800	1065
23212	635	23847	3888
26000		26000	39442
2800	3500	6300	1279
		12347	9205
110000		110000	1363
28550		28550	33825
107000	3200	110000	20737
175293	11000	186293	3003
134000		134000	608817
164000		164000	113247
-3046	5884	2838	1709
46845	6931	53776	12486
117000	75000	188000	2285
30300	22900	53200	2278
60000	12000	72000	6465
603000		603000	10522275
109200	2070	111270	8130
226000		226000	22984
16000	15000	31000	19677
241000		241000	315678

附录4-1 续表 2

国家和地区	Country or Area	降水量 (百万立方米) Precipitation (mio m³)
海地	Haiti	39966
洪都拉斯	Honduras	221434
匈牙利	Hungary	55707
冰岛	Iceland	200000
印度	India	4000000
印度尼西亚	Indonesia	5146529
伊朗	Iran (Islamic Republic of)	375790
伊拉克	Iraq	94677
爱尔兰	Ireland	80000
以色列	Israel	9157
意大利	Italy	296000
牙买加	Jamaica	22542
日本	Japan	649071
约旦	Jordan	9929
哈萨克斯坦	Kazakhstan	680408
肯尼亚	Kenya	401906
朝鲜	Korea, Dem. People's Rep. of	127000
韩国	Korea, Republic of	124000
科威特	Kuwait	2160
吉尔吉斯斯坦	Kyrgyzstan	
老挝	Lao People's Dem. Rep.	434362
拉脱维亚	Latvia	42701
黎巴嫩	Lebanon	6900
莱索托	Lesotho	23928
利比里亚	Liberia	266286
利比亚	Libyan Arab Jamahiriya	98500
立陶宛	Lithuania	44010
卢森堡	Luxembourg	2030
马达加斯加	Madagascar	888192
马拉维	Malawi	139960
马来西亚	Malaysia	948163
马尔代夫	Maldives	592
马里	Mali	415000
马耳他	Malta	150
毛里塔尼亚	Mauritania	94656
毛里求斯	Mauritius	3700

continued 2

国内径流量 （百万立方米） Internal Flow (mio m^3)	地表水与地下水 的外部流入量 （百万立方米） Actual External Inflow of Surface and Ground Waters (mio m^3)	可更新淡水 资源总量 （百万立方米） Total Renewable Fresh Water Resources (mio m^3)	人均可更 新淡水量 （立方米/人） Renewable Freshwater Resources per capita (m^3/person)
13010	1015	14025	1420
95929		95929	13107
7533	108897	116430	11629
170000		170000	538878
		1869000	1582
2838000		2838000	12483
128500	9010	137510	1876
35200	61220	96420	3204
47500		47500	10706
750	920	1670	237
167000	8000	175000	2936
9404		9404	3473
423571		423571	3328
680	200	880	143
75420	34190	109610	7062
20200	10000	30200	779
67000	10135	77135	3238
72300		72300	1501
	20	20	7
33248		33248	6142
190420	143130	333550	53752
16901	16830	33731	14933
4800	37	4837	1153
5230		5230	2552
200000	32000	232000	61159
600		600	95
15510	8990	24500	7377
905	739	1644	3421
337000		337000	17634
16140	1140	17280	1164
580000		580000	21470
30		30	98
		137000	10783
78		78	191
400	11000	11400	3546
2590		2590	2024

附录4-1 续表 3

国家和地区	Country or Area	降水量 (百万立方米) Precipitation (mio m^3)
墨西哥	Mexico	1515478
蒙古	Mongolia	377370
摩洛哥	Morocco	150000
莫桑比克	Mozambique	827200
缅甸	Myanmar	
纳米比亚	Namibia	235252
尼泊尔	Nepal	220800
荷兰	Netherlands	29770
新喀里多尼亚	New Caledonia	537000
尼加拉瓜	Nicaragua	310856
尼日尔	Niger	190810
尼日利亚	Nigeria	1062336
挪威	Norway	470671
阿曼	Oman	26600
巴基斯坦	Pakistan	393300
巴勒斯坦	Palestine	120
巴拿马	Panama	203300
巴布亚新几内亚	Papua New Guinea	1454104
巴拉圭	Paraguay	459546
秘鲁	Peru	2233700
菲律宾	Philippines	648420
波兰	Poland	193100
葡萄牙	Portugal	82164
波多黎各	Puerto Rico	18383
卡塔尔	Qatar	122
摩尔多瓦	Republic of Moldova	17948
留尼汪	Réunion	7500
罗马尼亚	Romania	154000
俄罗斯联邦	Russian Federation	7854684
卢旺达	Rwanda	31932
圣基茨和尼维斯	Saint Kitts and Nevis	500
圣多美和普林西比	Sao Tome and Principe	3100
沙特阿拉伯	Saudi Arabia	126800
塞内加尔	Senegal	135048
塞尔维亚	Serbia	56115
塞拉利昂	Sierra Leone	181215

continued 3

国内径流量（百万立方米）Internal Flow (mio m^3)	地表水与地下水的外部流入量（百万立方米）Actual External Inflow of Surface and Ground Waters (mio m^3)	可更新淡水资源总量（百万立方米）Total Renewable Fresh Water Resources (mio m^3)	人均可更新淡水量（立方米/人）Renewable Freshwater Resources per capita (m^3/person)
422882	49700	472582	4353
34800		34800	13176
29000		29000	918
99000	117110	216110	9655
107400	17900	125300	2528
6160	39300	45460	21344
198200	12000	210200	7296
8480	81200	89680	5426
327000		327000	77305
189740	6950	196690	34706
3500	30150	33650	2288
221000	65200	286200	1893
371824	12191	384015	80564
985		985	354
52400	181370	233770	1321
46	10	56	14
147420	560	147980	43539
801000		801000	121791
94000	242000	336000	53865
1616000	297000	1913000	66339
202819		202819	2245
54800	8300	63100	1656
38593	35000	73593	6893
7100		7100	1791
92		92	72
782	10260	11042	3039
5000		5000	6123
39415	2878	42293	1980
4312700	194550	4507250	31877
5200		5200	535
24		24	462
2180		2180	13610
2400		2400	95
26400	13000	39400	3227
12776	162600	175376	17824
160000		160000	28778

附录4-1 续表 4

国家和地区	Country or Area	降水量 (百万立方米) Precipitation (mio m^3)
新加坡	Singapore	1770
斯洛伐克	Slovakia	37352
斯洛文尼亚	Slovenia	31746
所罗门群岛	Solomon Islands	87509
索马里	Somalia	180075
南非	South Africa	524600
西班牙	Spain	346527
斯里兰卡	Sri Lanka	112337
苏丹	Sudan	1043670
苏里南	Suriname	380582
斯威士兰	Swaziland	13678
瑞典	Sweden	337538
瑞士	Switzerland	61594
叙利亚	Syrian Arab Republic	46700
塔吉克斯坦	Tajikistan	98900
泰国	Thailand	832435
马其顿	The Former Yugoslav Rep. of Macedonia	19533
多哥	Togo	72336
特立尼达和多巴哥	Trinidad and Tobago	11300
突尼斯	Tunisia	36000
土耳其	Turkey	501000
土库曼斯坦	Turkmenistan	78731
乌干达	Uganda	284500
乌克兰	Ukraine	340970
阿拉伯联合酋长国	United Arab Emirates	6529
英国	United Kingdom	275029
坦桑尼亚	United Rep. of Tanzania	1012191
美国	United States	6440000
乌拉圭	Uruguay	222865
乌兹别克斯坦	Uzbekistan	92299
委内瑞拉	Venezuela	1406154
越南	Viet Nam	604008
也门	Yemen	88329
赞比亚	Zambia	767436
津巴布韦	Zimbabwe	270523

continued　4

国内径流量 (百万立方米) Internal Flow (mio m³)	地表水与地下水的外部流入量 (百万立方米) Actual External Inflow of Surface and Ground Waters (mio m³)	可更新淡水资源总量 (百万立方米) Total Renewable Fresh Water Resources (mio m³)	人均可更新淡水量 (立方米/人) Renewable Freshwater Resources per capita (m³/person)
890		890	193
13074	67252	80326	14876
18596	13496	32092	15926
44700		44700	87532
6000	7500	13500	1512
	7273	31738	639
111133		111133	2498
50000		50000	2492
30000	119000	149000	3604
88000	34000	122000	236836
2640	1870	4510	3862
172505	13663	186168	20226
40714	12798	53512	7096
7000	39080	46080	2171
66300	33430	99730	14589
210000	199944	409944	6083
3558	1014	4572	2240
15000	3000	18000	2787
3840		3840	2880
4170		4170	410
227400	6900	234300	3170
1360	59500	60860	12067
39000	27000	66000	2085
53100	86450	139550	3034
150		150	33
157875	6405	164280	2683
82000	9000	91000	2142
2460000	18000	2478000	7951
59000	80000	139000	41501
16340	55870	72210	2656
576927	444732	1011399	35966
366500	524710	891210	10233
4100		4100	179
80200	25000	105200	8336
14100	5900	20000	1605

附录4-2 供 水

国家和地区	Country or Area	截止年份 latest year available	淡水供应量（百万立方米） Net Freshwater Delivered by Water Supply Industry (mio m^3)
阿尔及利亚	Algeria	2008	5708
安道尔	Andorra		
安提瓜和巴布达	Antigua and Barbuda	2009	5
亚美尼亚	Armenia	2009	93
澳大利亚	Australia	2004	11337
奥地利	Austria	2002	549
阿塞拜疆	Azerbaijan	2009	428
巴林	Bahrain		
白俄罗斯	Belarus	2009	680
比利时	Belgium	2009	700
伯利兹	Belize	2007	7
贝宁	Benin	2009	28
百慕大	Bermuda	2009	4
玻利维亚	Bolivia	2009	136
波黑	Bosnia and Herzegovina	2008	161
博茨瓦纳	Botswana	2009	65
巴西	Brazil	1989	10171
英属维尔京群岛	British Virgin Islands		
文莱	Brunei Darussalam		
保加利亚	Bulgaria	2009	385
喀麦隆	Cameroon	2009	85
加拿大	Canada	1996	5201
中非共和国	Central African Republic		
智利	Chile	2008	970
中国香港	China, Hong Kong SAR	2008	956
中国澳门	China, Macao SAR	2009	68
哥斯达黎加	Costa Rica		
克罗地亚	Croatia	2008	355
古巴	Cuba		
塞浦路斯	Cyprus	2008	86
捷克	Czech Republic	2008	520
丹麦	Denmark	2009	386

资料来源：联合国统计司/环境规划署环境统计问卷，水部分。
欧盟统计局环境统计数据。
经合组织环境数据摘要，内陆水部分。
联合国经济社会局人口处，世界人口展望：2008修订版，纽约，2009。

Sources:UNSD/UNEP Questionnaires on Environment Statistics, Water section.
Eurostat environment statistics main tables and database.
OECD Environmental Data Compendium, Inland Waters section.
United Nations, Department of Economic and Social Affairs, Population Division, World Population Prospects: The 2008 Revision, New York, 2009.

Water Supply Industry

人均淡水供应量（立方米/人） Net Freshwater Delivered by Water Supply Industry per capita (m^3/person)	截止年份 latest year available	供水受益率（%） % Population Served with Water by Water Supply Industry (%)	受益人口人均淡水供应量（立方米/人） Net Freshwater Delivered by Water Supply Industry per capita Connected (m^3/person)
166	2008	95	175
	2007	100	
54	2009	84	64
30	2009	97	31
563	2004	95	592
68	2008	95	
48	2009	45	109
	2007	5	
71			
66	2009	100	66
23	2007	60	38
3			
61	2009	10	607
14	2008	75	
43	1990	56	
33	2006	96	
	2008	83	
	2001	48	
	2009	100	
51	2009	99	52
4	2007	44	
176	1999	92	
	2009	30	30
58	2008	100	58
137	2008	100	137
127	1996	100	
	2007	50	
80	2009	80	
	2009	92	
100	2009	100	
50	2007	92	
71	2002	97	

附录4-2 续表 1

国家和地区	Country or Area	截止年份 latest year available	淡水供应量（百万立方米） Net Freshwater Delivered by Water Supply Industry (mio m^3)
多米尼加	Dominican Republic	2002	9574
埃及	Egypt	2009	7400
爱沙尼亚	Estonia	2009	47
芬兰	Finland	2001	408
法国	France	2001	5685
法国圭亚那	French Guiana	2004	11
冈比亚	Gambia		
格鲁吉亚	Georgia	2007	207
德国	Germany	2007	4544
希腊	Greece	2007	626
瓜德卢普	Guadeloupe	2004	31
危地马拉	Guatemala		
几内亚	Guinea	2009	68
匈牙利	Hungary	2009	482
冰岛	Iceland	2005	67
印度尼西亚	Indonesia	2008	2411
伊拉克	Iraq	2008	7867
爱尔兰	Ireland	2007	609
以色列	Israel	2008	2001
意大利	Italy	2008	5533
牙买加	Jamaica	2008	91
日本	Japan	2001	85968
肯尼亚	Kenya		
韩国	Korea, Republic of	2003	22275
吉尔吉斯斯坦	Kyrgyzstan	2009	4730
拉脱维亚	Latvia	2007	248
黎巴嫩	Lebanon	2008	326
立陶宛	Lithuania	2007	102
莱索托	Luxembourg	2004	33
马达加斯加	Madagascar	2007	101
马来西亚	Malaysia	2009	3121
马尔代夫	Maldives	2005	2
马里	Mali		
马耳他	Malta	2009	29
马绍尔群岛	Marshall Islands		
马提尼克	Martinique	2004	28

continued 1

人均淡水供应量（立方米/人） Net Freshwater Delivered by Water Supply Industry per capita (m^3/person)	截止年份 latest year available	供水受益率（%） % Population Served with Water by Water Supply Industry (%)	受益人口人均淡水供应量（立方米/人） Net Freshwater Delivered by Water Supply Industry per capita Connected (m^3/person)
1051			
89	2009	98	91
35	2009	80	44
79	2001	90	87
96	2001	99	97
55			
	2005	50	
48	2004	80	
55	2007	99	56
56	2007	94	60
69			
	2002	75	
7			
48	2009	95	51
227	2005	95	238
11			
261			
140	2007	85	165
284			
93	1999	100	
34	2005	70	
677	2002	97	
	2007	31	
472	2003	89	531
863			
109			
78	2005	76	
30	2007	76	40
72	2009	100	
5			
114	2009	93	122
6			
	2009	73	
71	2009	100	71
	2006	32	
69			

附录4-2 续表 2

国家和地区	Country or Area	截止年份 latest year available	淡水供应量（百万立方米）Net Freshwater Delivered by Water Supply Industry (mio m^3)
毛里求斯	Mauritius	2009	223
墨西哥	Mexico	2004	75430
摩纳哥	Monaco	2009	5
黑山	Montenegro		
摩洛哥	Morocco		
荷兰	Netherlands	2006	1099
新西兰	New Zealand		
挪威	Norway	2002	808
巴勒斯坦	Palestine		
巴拿马	Panama	2009	329
秘鲁	Peru	2002	649
菲律宾	Philippines		
波兰	Poland	2009	1544
葡萄牙	Portugal	2008	671
留尼汪岛	Réunion	2004	83
罗马尼亚	Romania	2009	942
塞尔维亚	Serbia	2009	465
新加坡	Singapore	2009	562
斯洛伐克	Slovakia	2007	322
斯洛文尼亚	Slovenia	2009	118
南非	South Africa		
西班牙	Spain	2008	3827
苏里南	Suriname	2009	33
瑞典	Sweden	2007	737
瑞士	Switzerland	2006	981
泰国	Thailand	2007	2301
马其顿	The Former Yugoslav Rep. of Macedonia	2008	666
特立尼达和多巴哥	Trinidad and Tobago		
突尼斯	Tunisia	2007	1123
土耳其	Turkey	2008	2761
乌克兰	Ukraine	2009	1579
英国	United Kingdom	2007	6109
美国	United States		
委内瑞拉	Venezuela (Bolivarian Republic of)	2009	28268
也门	Yemen	2009	101

continued 2

人均淡水供应量（立方米/人） Net Freshwater Delivered by Water Supply Industry per capita (m^3/person)	截止年份 latest year available	供水受益率（%） % Population Served with Water by Water Supply Industry (%)	受益人口人均淡水供应量（立方米/人） Net Freshwater Delivered by Water Supply Industry per capita Connected (m^3/person)
173	2000	99	
724	2004	90	
150	2009	100	
	2008	65	
	2006	72	
67	2006	100	67
	2001	87	
178	2006	90	
	2009	94	
95	2009	91	105
	2009	74	
	2004	80	
41	2009	87	47
63	2008	94	67
107			
44	2009	55	81
47	2009	80	59
119	2009	100	119
60	2007	87	69
58	2002	91	
	2000	68	
86			
63			
80	2007	85	95
131			
34			
326	2008	95	343
	2002	76	
112	2009	85	
37	2008	99	38
35			
100	2004	99	
	2000	85	
989	2009	95	1041
4	2009	18	24

附录4-3 废 水
Waste Water

国家和地区	Country or Area	截止年份 Latest Year Available	废水收集系统受益人口比重(%) Population Connected to Waste Water Collection System (%)	截止年份 Latest Year Available	废水处理厂受益人口比重(%) Population Connected to Waste Water Treatment Plants (%)
阿尔及利亚	Algeria	2009	86.0	2008	53.0
阿尔巴尼亚	Albania			2009	7.3
安道尔	Andorra	2007	100.0	2007	98.0
阿根廷	Argentina	2001	42.5	2001	42.5
亚美尼亚	Armenia	2009	67.0	2009	34.3
澳大利亚	Australia	2004	87.0		
奥地利	Austria	2008	93.0	2008	93.0
阿塞拜疆	Azerbaijan	2009	31.4	2009	31.4
巴林	Bahrain	2007	88.0	2007	88.0
白俄罗斯	Belarus	2007	94.9	2007	94.9
比利时	Belgium	2007	89.0	2007	69.0
伯利兹	Belize	2000	15.1	2000	15.1
百慕大	Bermuda	2009	5.0	2009	5.0
玻利维亚	Bolivia	2008	43.9		
波黑	Bosnia and Herzegovina	1990	38.0		
巴西	Brazil	2008	50.2	2006	26.0
英属维尔京群岛	British Virgin Islands	2001	24.5	2001	24.5
保加利亚	Bulgaria	2009	70.0	2009	45.0
加拿大	Canada	1999	74.3	1999	71.7
智利	Chile	2009	95.6	2009	83.3
中国	China	2004	45.7	2004	32.5
中国香港	China, Hong Kong SAR	2009	93.2	2009	93.2
中国澳门	China, Macao SAR	1996	99.9		
哥斯达黎加	Costa Rica	2000	24.8	2000	2.4
克罗地亚	Croatia	2008	44.2	2008	27.3
古巴	Cuba	2009	35.9	2009	24.0
塞浦路斯	Cyprus	2005	30.0	2005	30.0
捷克	Czech Republic	2008	81.0	2008	76.0
丹麦	Denmark	2002	87.9	2002	87.9
多米尼加	Dominica	2005	23.0	2005	13.0
多米尼加共和国	Dominican Republic	2000	31.4	2005	12.0
爱沙尼亚	Estonia	2009	81.0	2009	80.0
芬兰	Finland	2002	81.0	2002	81.0
法国	France	2004	82.0	2004	80.0
法属圭亚那	French Guiana	2004	46.9	2004	44.0
德国	Germany	2007	96.0	2007	95.0
希腊	Greece	2009	87.0	2009	87.0
瓜德卢普	Guadeloupe	2004	39.3	2004	38.9
危地马拉	Guatemala	2006	65.2		
几内亚	Guinea	2009	11.0	2009	11.0
圭亚那	Guyana	2009	7.2	2009	
匈牙利	Hungary	2006	65.0	2006	57.0
冰岛	Iceland	2005	90.0	2005	57.0

资料来源：联合国统计司/环境规划署环境统计问卷，水部分。
欧盟统计局环境统计数据。
经合组织环境数据摘要，内陆水部分。

Sources:UNSD/UNEP Questionnaires on Environment Statistics, Water section.
Eurostat environment statistics main tables and database.
OECD Environmental Data Compendium, Inland Waters section.

附录4-3 续表 continued

国家和地区	Country or Area	截止年份 Latest Year Available	废水收集系统受益人口比重（%） Population Connected to Waste Water Collection System (%)	截止年份 Latest Year Available	废水处理厂受益人口比重（%） Population Connected to Waste Water Treatment Plants (%)
伊拉克	Iraq	2008	26.0	2005	25.7
爱尔兰	Ireland	2005	95.0	2005	84.0
以色列	Israel	2007	93.8	2007	91.0
意大利	Italy	2005	94.0	1999	69.0
日本	Japan	2003	67.0	2003	67.0
约旦	Jordan	2006	61.0	2006	61.0
肯尼亚	Kenya	2007	4.9	2007	4.9
韩国	Korea, Republic of	2003	78.8	2003	78.8
吉尔吉斯斯坦	Kyrgyzstan	1999	23.1		
拉脱维亚	Latvia	2007	71.0	2007	65.0
黎巴嫩	Lebanon	2004	67.4		
立陶宛	Lithuania	2009	62.0	2009	71.0
卢森堡	Luxembourg	2003	95.0	2003	95.0
马达加斯加	Madagascar			2005	
马尔代夫	Maldives	2005	100.0		
马耳他	Malta	2009	98.0	2009	48.0
马绍尔群岛	Marshall Islands	2007	43.3	2007	
马提尼克	Martinique	2004	48.2	2004	48.2
毛里求斯	Mauritius	2007	25.0	2007	25.0
墨西哥	Mexico	2005	67.6	2005	35.0
摩纳哥	Monaco	2009	100.0	2009	100.0
黑山	Montenegro	2009	35.0		
摩洛哥	Morocco	2005	87.2	2000	80.0
荷兰	Netherlands	2009	99.0	2009	99.0
新西兰	New Zealand	1999	80.0	1999	80.0
挪威	Norway	2007	83.0	2009	79.0
巴勒斯坦	Occupied Palestinian Territory	2009	52.1		
巴拿马	Panama	2009	57.0	2007	55.0
巴拉圭	Paraguay	2009	16.0		
秘鲁	Peru	2009	81.0		
波兰	Poland	2009	62.0	2009	64.0
葡萄牙	Portugal	2008	78.0	2008	70.0
摩尔多瓦	Republic of Moldova	2004	60.0	2004	60.0
留尼汪	Réunion	2004	39.4	2004	35.9
罗马尼亚	Romania	2009	43.0	2009	29.0
塞内加尔	Senegal	2002	23.0		
塞尔维亚	Serbia	2009	52.0	2009	19.0
新加坡	Singapore	2009	100.0	2009	100.0
斯洛伐克	Slovakia	2007	58.0	2007	57.0
斯洛文尼亚	Slovenia	2009	63.0	2009	52.0
南非	South Africa	2007	60.0	2007	57.0
西班牙	Spain	2007	100.0	2008	92.0
瑞典	Sweden	2006	86.0	2006	86.0
瑞士	Switzerland	2005	97.0	2005	97.0
马其顿	The Former Yugoslav Rep. of Macedonia	2000	49.0	2008	7.0
特立尼达和多巴哥	Trinidad and Tobago	2007	25.2	2007	25.2
突尼斯	Tunisia	2008	55.9	2008	52.5
土耳其	Turkey	2008	73.0	2008	46.0
乌干达	Uganda	2009	6.0		
阿拉伯联合酋长国	United Arab Emirates	2007	78.3	2007	78.3
英国	United Kingdom	2002	97.7	2002	97.5
美国	United States	1996	71.4		
委内瑞拉	Venezuela (Bolivarian Republic of)	2009	86.0	2009	23.8
也门	Yemen	2009	34.7	1999	3.3

附录4-4 NO_x排放量

NO_x Emissions

国家和地区	Country or Area	截止年份 Latest Year Available	NO_x排放量（千吨） NO_x Emissions (1 000 tonnes)	比1990年增减（%） % Change since 1990 (%)	人均NO_x排放量（千克） NO_x Emissions per Capita (kg)
阿尔巴尼亚	Albania	1994	18.01		5.68
阿尔及利亚	Algeria	1994	247.00		8.91
安道尔	Andorra	1997	0.71		10.77
阿根廷	Argentina	2000	675.79	31.13	18.29
亚美尼亚	Armenia	1990	73.12		20.63
澳大利亚	Australia	2007	2650.92	48.11	127.12
奥地利	Austria	2007	205.61	5.60	24.75
阿塞拜疆	Azerbaijan	2002	49.10		5.96
巴林	Bahrain	1994	57.46		102.32
巴巴多斯	Barbados	1997	0.05	-97.90	0.20
白俄罗斯	Belarus	2007	185.46	-44.79	19.07
比利时	Belgium	2007	234.83	-40.75	22.30
伯利兹	Belize	1994	5.60		26.16
贝宁	Benin	1995	54.26		9.48
不丹	Bhutan	1994	0.72		1.40
玻利维亚	Bolivia	2004	64.92	31.07	7.21
巴西	Brazil	1994	2301.30	10.81	14.45
保加利亚	Bulgaria	2007	152.98	-36.85	20.02
布基纳法索	Burkina Faso	1994	9.37		0.95
布隆迪	Burundi	1998	12.44		1.97
柬埔寨	Cambodia	1994	37.97		3.43
喀麦隆	Cameroon	1994	252.22		18.42
加拿大	Canada	2002	43.46	182.54	1.39
佛得角	Cape Verde	1995	0.80		2.01
中非共和国	Central African Republic	1994	51.25		15.77
乍得	Chad	1993	78.35		11.70
智利	Chile	1994	196.35		13.85
哥伦比亚	Colombia	1994	276.05	18.38	7.71
科摩罗	Comoros	1994	0.47		0.97
刚果	Congo	2000	17.65		5.81
哥斯达黎加	Costa Rica	2005	26.88	-19.75	6.21
科特迪瓦	Cote d'Ivoire	2000	290.49		16.81
克罗地亚	Croatia	2007	70.41	-20.75	15.90

资料来源：联合国气候变化框架公约成果。
联合国统计司/联合国环境规划署2004年环境统计问卷，大气部分。
联合国经济社会局人口处，世界人口展望：2008修订版，纽约，2009。

Sources:UN Framework Convention on Climate Change (UNFCCC) Secretatiat.
UNSD/UNEP 2004 Questionnaire on Environment Statistics, Air section.
United Nations, Department of Economic and Social Affairs, Population Division, World Population Prospects: The 2008 Revision, New York, 2009.

附录4-4 续表 1 continued 1

国家和地区	Country or Area	截止年份 Latest Year Available	NO_x 排放量（千吨） NO_x Emissions (1 000 tonnes)	比1990年增减（%） % Change since 1990 (%)	人均NO_x排放量（千克） NO_x Emissions per Capita (kg)
古巴	Cuba	1996	101.54	-28.35	9.27
捷克	Czech Republic	2007	262.81	-64.60	25.59
刚果民主共和国	Dem. Rep. of the Congo	2003	784.69		14.12
丹麦	Denmark	2007	156.08	-43.77	28.66
吉布提	Djibouti	1994	2.29		3.74
多米尼加	Dominica	1994	0.43		6.31
多米尼加共和国	Dominican Republic	2000	93.12	68.37	10.55
厄瓜多尔	Ecuador	1990	103.69		10.09
萨尔瓦多	El Salvador	1994	34.02		6.01
厄立特里亚	Eritrea	1994	0.30		0.09
爱沙尼亚	Estonia	2007	33.17	-58.52	24.70
埃塞俄比亚	Ethiopia	1995	166.00	3.75	2.91
斐济	Fiji	1994	4.80		6.33
芬兰	Finland	2007	168.49	-42.94	31.89
法国	France	2007	1307.46	-31.97	21.19
加蓬	Gabon	1994	3839.04		3646.61
冈比亚	Gambia	1993	2.78		2.77
格鲁吉亚	Georgia	2006	27.67	-78.63	6.27
德国	Germany	2007	1380.27	-52.03	16.76
希腊	Greece	2007	357.21	20.76	32.15
危地马拉	Guatemala	1990	43.79		4.91
几内亚	Guinea	1994	70.42		9.74
几内亚比绍	Guinea-Bissau	1994	4.88		4.29
圭亚那	Guyana	1998	19.00	280.00	25.09
海地	Haiti	1994	7.74		1.00
洪都拉斯	Honduras	1995	64.07		11.47
匈牙利	Hungary	2007	168.76	34.42	16.82
冰岛	Iceland	2007	22.46	-17.49	72.89
印度尼西亚	Indonesia	1994	928.33		4.92
伊朗	Iran (Islamic Republic of)	1994	1203.09		19.65
爱尔兰	Ireland	2007	108.38	-12.00	24.89
以色列	Israel	2005	204.81		30.61
意大利	Italy	2007	1067.49	-47.70	18.00
牙买加	Jamaica	1994	30.90		12.64
日本	Japan	2007	1874.29	-8.04	14.71
约旦	Jordan	2000	75.56		15.57
哈萨克斯坦	Kazakhstan	2008	351.44	23.13	22.64
肯尼亚	Kenya	1994	49.98		1.87
基里巴斯	Kiribati	1994	0.00		0.00

附录4-4 续表 2 continued 2

国家和地区	Country or Area	截止年份 Latest Year Available	NO_x排放量(千吨) NO_x Emissions (1 000 tonnes)	比1990年增减(%) % Change since 1990 (%)	人均NO_x排放量(千克) NO_x Emissions per Capita (kg)
朝鲜	Korea, Dem. People's Rep.	1990	431.98		21.45
韩国	Korea, Republic of	1990	850.60		19.79
吉尔吉斯斯坦	Kyrgyzstan	2005	64.92	-44.53	12.43
老挝	Lao People's Dem. Rep.	1990	11.48		2.73
拉脱维亚	Latvia	2007	37.90	-47.90	16.71
黎巴嫩	Lebanon	1994	54.17		15.97
莱索托	Lesotho	1998	5.05		2.77
立陶宛	Lithuania	2007	67.48	-50.46	20.11
卢森堡	Luxembourg	2006	0.42	162.50	0.89
马达加斯加	Madagascar	1994	30.59		2.40
马拉维	Malawi	1994	26.31	-8.99	2.64
马里	Mali	1995	22.93		2.40
马耳他	Malta	2008	8.43	11.11	20.70
毛里塔尼亚	Mauritania	2000	10.31		3.96
毛里求斯	Mauritius	2002	14.50		11.89
墨西哥	Mexico	2002	1444.41	16.30	14.15
密克罗尼西亚联邦	Federated States of Micronesia	1994	2.25		21.30
摩纳哥	Monaco	2007	0.34	-25.28	10.36
蒙古	Mongolia	1998	2.98	29.57	1.28
摩洛哥	Morocco	1994	152.00		5.73
莫桑比克	Mozambique	1994	93.81	22.08	6.09
纳米比亚	Namibia	1994	0.08		0.05
荷兰	Netherlands	2007	279.09	-48.74	16.96
新西兰	New Zealand	2007	162.07	58.92	38.65
尼加拉瓜	Nicaragua	1994	37.15		8.15
尼日尔	Niger	2000	24.00		2.18
尼日利亚	Nigeria	1994	474.94		4.41
纽埃岛	Niue	1994	26.30		12215.75
挪威	Norway	2007	175.30	-14.03	37.14
巴基斯坦	Pakistan	1994	410.26		3.22
帕劳	Palau	1994	0.18		10.89
巴拿马	Panama	2002	39.42		12.87
巴拉圭	Paraguay	1994	6919.57	6184.81	1474.86
秘鲁	Peru	1994	181.66		7.72
菲律宾	Philippines	1994	345.23		5.04
波兰	Poland	2007	828.25	-35.29	21.72
葡萄牙	Portugal	2007	268.38	2.43	25.22
摩尔多瓦	Republic of Moldova	2005	31.58	-77.07	8.40
罗马尼亚	Romania	2007	361.22	-21.35	16.84
俄罗斯联邦	Russian Federation	2007	5068.95	-44.99	35.71

附录4-4 续表 3 continued 3

国家和地区	Country or Area	截止年份 Latest Year Available	NO_x 排放量 (千吨) NO_x Emissions (1 000 tonnes)	比1990年增减 (%) % Change since 1990 (%)	人均NO_x排放量 (千克) NO_x Emissions per Capita (kg)
卢旺达	Rwanda	2002	0.55		0.06
圣卢西亚	Saint Lucia	1994	1.41		9.72
萨摩亚	Samoa	1994	0.97		5.82
圣马力诺	San Marino	2007	1.54		49.78
圣多美和普林西	Sao Tome and Principe	1998	1.02		7.57
塞内加尔	Senegal	1995	8.84		1.02
塞舌尔	Seychelles	1995	0.59		7.79
斯洛伐克	Slovakia	2007	95.04	-57.18	17.62
斯洛文尼亚	Slovenia	2007	53.19	67.16	26.46
西班牙	Spain	2007	1253.94	-7.41	28.47
斯里兰卡	Sri Lanka	1995	62.00		3.40
圣文森特和格林纳丁斯	St. Vincent and the Grenadines	1997	27.87	-3.20	258.18
苏丹	Sudan	1995	96.00		3.11
苏里南	Suriname	2003	10.00		20.52
斯威士兰	Swaziland	1994	19.93		21.01
瑞典	Sweden	2007	155.71	-48.74	17.00
瑞士	Switzerland	2007	81.16	-48.94	10.80
塔吉克斯坦	Tajikistan	2003	12.00	-83.78	1.88
泰国	Thailand	1994	286.65		4.81
马其顿	The Former Yugoslav Rep. of Macedonia	2002	32.08	-22.86	15.85
多哥	Togo	1998	19.80		4.03
汤加	Tonga	1994	0.49		5.05
特立尼达和多巴哥	Trinidad and Tobago	1990	36.90		30.52
突尼斯	Tunisia	1994	72.62		8.24
土耳其	Turkey	2007	1288.71	100.20	17.65
土库曼斯坦	Turkmenistan	1994	83.81		20.46
图瓦卢	Tuvalu	1994	0.00		0.00
乌干达	Uganda	1994	1200.64		59.16
乌克兰	Ukraine	2007	939.30	-56.93	20.29
阿拉伯联合酋长国	United Arab Emirates	2000	248.00		76.59
英国	United Kingdom	2007	1406.24	-48.98	23.09
坦桑尼亚	United Rep. of Tanzania	1994	979.07	524.88	33.67
美国	United States	2007	13940.79	-36.13	45.16
乌拉圭	Uruguay	2000	45.20	48.77	13.61
乌兹别克斯坦	Uzbekistan	2005	257.52	-37.48	9.78
瓦努阿图	Vanuatu	1994	0.08		0.50
委内瑞拉	Venezuela	1999	395.79		16.53
越南	Viet Nam	1994	223.99		3.13
也门	Yemen	1995	89.06		5.74
赞比亚	Zambia	1994	1197.85		135.28
津巴布韦	Zimbabwe	1994	77.40		6.73

附录4-5 SO_2排放量
SO_2 Emissions

国家和地区	Country or Area	截止年份 Latest Year Available	SO_2排放量（千吨） SO_2 Emissions (1 000 tonnes)	比1990年增减（%） % Change since 1990 (%)	人均SO_2排放量（千克） SO_2 Emissions per Capita (kg)
阿尔及利亚	Algeria	1994	39.69		1.43
安道尔	Andorra	1997	0.69		10.51
安提瓜和巴布达	Antigua and Barbuda	1990	2.83		45.70
阿根廷	Argentina	2000	87.62	10.6	2.37
澳大利亚	Australia	2008	2641.50	67.4	125.34
奥地利	Austria	2008	22.35	-69.9	2.68
阿塞拜疆	Azerbaijan	1994	48.00	-18.6	6.25
巴林	Bahrain	1994	1177.63		2097.08
巴巴多斯	Barbados	1997	0.05		0.20
白俄罗斯	Belarus	2008	141.26	-87.0	14.59
比利时	Belgium	2008	97.81	-72.8	9.24
伯利兹	Belize	1994	0.53		2.48
贝宁	Benin	1995	0.17		0.03
不丹	Bhutan	1994	0.05		0.10
玻利维亚	Bolivia	2000	12.11	8.5	1.46
保加利亚	Bulgaria	2008	825.90	-45.6	108.78
柬埔寨	Cambodia	1994	25.69		2.32
喀麦隆	Cameroon	1994	2.53		0.18
智利	Chile	1994	1968.10		138.83
哥伦比亚	Colombia	1994	170.27	20.1	4.76
科摩罗	Comoros	1994	0.36		0.74
科特迪瓦	Cote d'Ivoire	2000	4079.55		236.06
哥斯达黎加	Costa Rica	2005	4.85		1.12
克罗地亚	Croatia	2008	54.74	-67.9	12.38
古巴	Cuba	1996	432.38	-0.1	39.47
捷克	Czech Republic	2008	174.34	-90.7	16.89
刚果民主共和国	Dem. Rep. of the Congo	2000	0.02		
丹麦	Denmark	2008	19.79	-88.9	3.63
多米尼加	Dominica	1994	0.15		2.24
多米尼加共和国	Dominican Republic	2000	110.15	42.9	12.47
爱沙尼亚	Estonia	2008	64.44	-61.4	48.04
埃塞俄比亚	Ethiopia	1995	13.20	18.9	0.23

资料来源：联合国气候变化框架公约成果。
联合国统计司/联合国环境规划署2004年环境统计问卷，大气部分。
联合国经济社会局人口处，世界人口展望：2008修订版，纽约，2009。

Sources:UN Framework Convention on Climate Change (UNFCCC) Secretatiat.
UNSD/UNEP 2004 Questionnaire on Environment Statistics, Air section.
United Nations, Department of Economic and Social Affairs, Population Division, World Population Prospects: The 2008 Revision, New York, 2009.

附录4-5 续表 1 continued 1

国家和地区	Country or Area	截止年份 Latest Year Available	SO_2 排放量 (千吨) SO_2 Emissions (1 000 tonnes)	比1990年增减 (%) % Change since 1990 (%)	人均SO_2排放量 (千克) SO_2 Emissions per Capita (kg)
斐济	Fiji	1994	0.03		0.04
芬兰	Finland	2008	68.69	-72.4	12.95
法国	France	2008	400.07	-71.0	6.45
加蓬	Gabon	1994	1.00		0.95
格鲁吉亚	Georgia	2006	0.50	-99.8	0.11
德国	Germany	2008	495.74	-90.7	6.03
希腊	Greece	2008	447.60	-5.1	40.19
危地马拉	Guatemala	1990	74.50		8.36
几内亚	Guinea	1994	0.44		0.06
海地	Haiti	1994	9.45		1.23
洪都拉斯	Honduras	1995	0.30		0.05
匈牙利	Hungary	2008	106.73	-75.4	10.66
冰岛	Iceland	2008	73.85	261.8	234.10
伊朗	Iran (Islamic Republic of)	1994	29.13		0.48
爱尔兰	Ireland	2008	44.54	-75.6	10.04
以色列	Israel	2005	227.21		33.95
意大利	Italy	2008	293.75	-83.6	4.93
牙买加	Jamaica	1994	99.70		40.79
日本	Japan	2008	783.03	-22.6	6.15
约旦	Jordan	2000	186.41		38.41
吉尔吉斯斯坦	Kazakhstan	2008	483.31	-8.3	31.14
韩国	Korea, Dem. People's Rep.	1990	4170.00		207.02
吉尔吉斯斯坦	Kyrgyzstan	2005	26.90	-72.7	5.15
拉脱维亚	Latvia	2008	2.81	-97.2	1.24
黎巴嫩	Lebanon	1994	82.99		24.46
莱索托	Lesotho	1998			
立陶宛	Lithuania	2007	33.63	-84.3	10.02
卢森堡	Luxembourg	2006	0.04	-75.0	0.09
马达加斯加	Madagascar	1994	34.65		2.72
马里	Mali	1995	0.00		0.00
马耳他	Malta	2008	10.75	-30.9	26.38
毛利塔尼亚	Mauritania	2000	0.09		0.03
毛里求斯	Mauritius	2002	30.60		25.10
墨西哥	Mexico	2002	2612.91	-3.1	25.61
密克罗尼西亚联邦	Federated States of Micronesia	1994	0.53		4.97
摩纳哥	Monaco	2008	0.03	-59.5	0.92
摩洛哥	Morocco	1994	295.00		11.11
荷兰	Netherlands	2008	50.30	-73.2	3.04
新西兰	New Zealand	2008	79.85	41.7	18.88
尼加拉瓜	Nicaragua	1994	4.59		1.01

附录4-5　续表 2　continued 2

国家和地区	Country or Area	截止年份 Latest Year Available	SO_2 排放量 (千吨) SO_2 Emissions (1 000 tonnes)	比1990年增减 (%) % Change since 1990 (%)	人均SO_2排放量 (千克) SO_2 Emissions per Capita (kg)
尼日尔	Niger	2000	2140		194.00
纽埃岛	Niue	1994	2211.18		1027022.76
挪威	Norway	2008	20.25	-61.2	4.25
巴基斯坦	Pakistan	1994	775.46		6.09
巴拿马	Panama	1994	1.85		0.71
巴拉圭	Paraguay	1994	0.28	-6.6	0.06
秘鲁	Peru	1994	123.26		5.24
菲律宾	Philippines	1994	458.53		6.70
波兰	Poland	2008	1018.37	-68.3	26.73
葡萄牙	Portugal	2008	113.40	-64.6	10.62
摩尔多瓦	Republic of Moldova	2005	11.77	-96.0	3.13
罗马尼亚	Romania	2008	539.90	-28.6	25.27
俄罗斯联邦	Russian Federation	2008	625.46	-23.0	4.42
圣卢西亚	Saint Lucia	1994	0.61		4.18
斯洛伐克	Slovakia	2008	69.41	-86.8	12.85
斯洛文尼亚	Slovenia	2008	13.60	-94.6	6.75
西班牙	Spain	2008	531.65	-75.6	11.95
斯里兰卡	Sri Lanka	1995	43.00		2.36
圣文森特和格林纳丁斯	St. Vincent and the Grenadines	1997	0.32	26.8	2.98
苏丹	Sudan	1995	1.00		0.03
斯威士兰	Swaziland	1994	1.97		2.08
瑞典	Sweden	2008	30.61	-70.9	3.33
瑞士	Switzerland	2008	13.86	-66.2	1.84
塔吉克斯坦	Tajikistan	2003	9.00	-73.5	1.41
马其顿	The Former Yugoslav Rep. of Macedonia	2002	2.65	-11.1	1.31
多哥	Togo	1995	0.13		0.03
特立尼达和多巴哥	Trinidad and Tobago	1996	8.60	-1.7	6.76
突尼斯	Tunisia	1994	77.86		8.84
土耳其	Turkey	2008	1071.58	28.3	14.50
土库曼斯坦	Turkmenistan	1994	22.89		5.59
乌克兰	Ukraine	2008	1531.09	-71.1	33.29
阿拉伯联合酋长国	United Arab Emirates	2000	8090.00		2498.41
英国	United Kingdom	2008	516.32	-86.2	8.43
坦桑尼亚	United Rep. of Tanzania	1994	175.74	8.4	6.04
美国	United States	2008	10368.09	-50.5	33.27
乌拉圭	Uruguay	2000	48.19	13.9	14.51
乌兹别克斯坦	Uzbekistan	2005	170.85	-74.9	6.49
越南	Viet Nam	1994	1911.10		26.66
也门	Yemen	1995	7.69		0.50
赞比亚	Zambia	1994	6.42		0.72

附录4-6 CO_2排放量(2007年)
CO_2 Emissions (2007)

国家和地区	Country or Area	CO_2排放量(百万吨) CO_2 Emissions (mio. tonnes)	比1990年增减(%) % Change since 1990 (%)	人均CO_2排放量(吨/人) CO_2 Emissions per Capita (tonne / person)	每平方公里CO_2排放量(吨/平方公里) CO_2 Emissions per km^2 (tonne / km^2)
阿富汗	Afghanistan	0.71	-73.3	0.03	1.10
阿尔巴尼亚	Albania	4.24	-43.3	1.35	147.59
阿尔及利亚	Algeria	140.12	77.6	4.14	58.83
安道尔	Andorra	0.54		6.48	1151.71
安哥拉	Angola	24.76	459.0	1.41	19.86
安圭拉	Anguilla	0.05		3.52	560.44
安提瓜和巴布达	Antigua and Barbuda	0.44	44.9	5.09	986.43
阿根廷	Argentina	183.73	63.1	4.65	66.08
亚美尼亚	Armenia	5.06		1.65	170.02
阿鲁巴	Aruba	2.40	30.3	23.02	13322.22
澳大利亚	Australia	396.28	42.6	19.00	51.52
奥地利	Austria	74.18	19.5	8.93	884.41
阿塞拜疆	Azerbaijan	31.77		3.68	366.92
巴哈马	Bahamas	2.15	10.1	6.44	154.13
巴林	Bahrain	22.46	89.0	29.58	29952.00
孟加拉国	Bangladesh	43.75	181.7	0.28	303.83
巴巴多斯	Barbados	1.35	25.3	5.29	3130.23
白俄罗斯	Belarus	56.58	-44.6	5.82	272.56
比利时	Belgium	114.54	-3.4	10.88	3752.12
伯利兹	Belize	0.43	36.2	1.44	18.51
贝宁	Benin	3.88	442.1	0.46	34.42
百慕大	Bermuda	0.51	-14.2	7.95	9500.00
不丹	Bhutan	0.58	352.3	0.86	15.08
玻利维亚	Bolivia	13.19	139.6	1.38	12.01
波黑	Bosnia and Herzegovina	29.02		7.68	566.77
博茨瓦纳	Botswana	5.00	130.2	2.64	8.59
巴西	Brazil	368.32	76.3	1.94	43.26
英属维尔京群岛	British Virgin Islands	0.10	106.2	4.39	655.63
文莱	Brunei Darussalam	7.61	18.4	19.80	1319.17
保加利亚	Bulgaria	58.89	-31.7	7.71	531.12
布基纳法索	Burkina Faso	1.69	188.6	0.12	6.18

资料来源：联合国统计司千年发展目标数据库。
联合国经济社会局人口处，世界人口展望：2008年修订版，纽约，2009。
联合国统计司人口统计年鉴。

Sources:UNSD Millennium Development Goals Indicators database.
United Nations,Department of Economic and Social Affairs,Population Division,Word Population Prospests:The 2008 Revision,New York,2009.
UNSD Demographic Yearbook.

附录4-6 续表 1 continued 1

国家和地区	Country or Area	CO_2 排放量 (百万吨) CO_2 Emissions (mio. tonnes)	比1990年增减 (%) % Change since 1990 (%)	人均CO_2排放量 (吨/人) CO_2 Emissions per Capita (tonne / person)	每平方公里CO_2排放量 (吨/平方公里) CO_2 Emissions per km^2 (tonne / km^2)
布隆迪	Burundi	0.18	-40.8	0.02	6.47
柬埔寨	Cambodia	4.44	884.7	0.31	24.53
喀麦隆	Cameroon	6.17	254.9	0.33	12.97
加拿大	Canada	590.20	29.5	17.91	59.11
佛得角	Cape Verde	0.31	250.0	0.63	76.37
开曼群岛	Cayman Islands	0.54	113.0	9.80	2041.67
中非共和国	Central African Republic	0.25	27.8	0.06	0.41
乍得	Chad	0.38	161.9	0.04	0.30
智利	Chile	71.71	105.4	4.31	94.84
中国	China	6538.37	165.7	4.92	681.30
中国香港	China, Hong Kong SAR	39.96	44.5	5.75	36198.37
中国澳门	China, Macao SAR	1.55	51.0	3.03	53620.69
哥伦比亚	Colombia	63.44	10.6	1.43	55.56
科摩罗	Comoros	0.12	57.1	0.19	54.14
刚果	Congo	1.59	33.7	0.45	4.64
库克群岛	Cook Islands	0.07	200.0	3.38	279.66
哥斯达黎加	Costa Rica	8.12	174.7	1.82	158.88
科特迪瓦	Cote d'Ivoire	6.38	10.1	0.32	19.80
克罗地亚	Croatia	24.86	7.6	5.61	439.35
古巴	Cuba	27.06	-18.9	2.41	246.21
塞浦路斯	Cyprus	8.20	76.2	9.60	886.28
捷克	Czech Republic	130.00	-20.9	12.66	1648.34
刚果民主共和国	Dem. Rep. of the Congo	2.44	-40.0	0.04	1.04
丹麦	Denmark	54.59	0.9	9.83	1266.86
吉布提	Djibouti	0.49	22.0	0.58	21.03
多米尼加	Dominica	0.12	105.1	1.80	161.12
多米尼加共和国	Dominican Republic	20.76	116.9	2.12	426.52
厄瓜多尔	Ecuador	29.99	78.1	2.25	116.98
埃及	Egypt	184.66	143.2	2.31	184.29
萨尔瓦多	El Salvador	6.70	155.9	1.10	318.43
赤道几内亚	Equatorial Guinea	4.80	3866.9	7.47	171.12
厄立特里亚	Eritrea	0.58		0.12	4.92
爱沙尼亚	Estonia	19.09	-48.8	14.22	422.16
埃塞俄比亚	Ethiopia	6.51	115.6	0.08	5.90
法罗群岛	Faeroe Islands	0.70	11.9	14.12	500.36
福克兰群岛(马尔维纳斯群岛)	Falkland Islands (Malvinas)	0.06	59.5	19.68	4.85
斐济	Fiji	1.46	78.4	1.74	79.85

附录4-6 续表 2 continued 2

国家和地区	Country or Area	CO_2 排放量（百万吨）CO_2 Emissions (mio. tonnes)	比1990年增减（%）% Change since 1990 (%)	人均CO_2排放量（吨/人）CO_2 Emissions per Capita (tonne / person)	每平方公里CO_2排放量（吨/平方公里）CO_2 Emissions per km^2 (tonne / km^2)
芬兰	Finland	66.10	16.8	12.51	195.33
法国	France	401.01	0.8	6.50	727.12
法属圭亚那	French Guiana	0.89	10.0	4.17	9.94
法属波利尼西亚	French Polynesia	0.81	27.9	3.08	201.75
加蓬	Gabon	2.04	-66.6	1.43	7.60
冈比亚	Gambia	0.40	107.3	0.25	35.06
格鲁吉亚	Georgia	6.03		1.38	86.54
德国	Germany	841.15	-18.8	10.22	2355.42
加纳	Ghana	9.81	149.5	0.43	41.12
直布罗陀	Gibraltar	0.41	328.4	13.13	67833.33
希腊	Greece	113.57	36.6	10.22	860.63
格陵兰	Greenland	0.52	-6.5	9.09	0.24
格林纳达	Grenada	0.24	100.0	2.35	703.49
瓜德鲁普	Guadeloupe	2.16	67.2	4.69	1269.21
危地马拉	Guatemala	12.93	154.2	0.97	118.74
几内亚	Guinea	1.39	31.6	0.14	5.65
几内亚比绍	Guinea-Bissau	0.29	13.0	0.19	7.92
圭亚那	Guyana	1.51	32.2	1.97	7.01
海地	Haiti	2.40	141.2	0.25	86.41
洪都拉斯	Honduras	8.83	240.7	1.23	78.53
匈牙利	Hungary	57.75	-20.3	5.76	620.80
冰岛	Iceland	3.29	52.3	10.67	31.93
印度	India	1610.00	133.1	1.38	489.77
印度尼西亚	Indonesia	397.00	164.7	1.77	213.40
伊朗	Iran (Islamic Republic of)	495.99	118.5	6.85	304.52
伊拉克	Iraq	100.00	90.3	3.40	228.15
爱尔兰	Ireland	47.50	46.6	10.91	675.92
以色列	Israel	66.74	99.0	9.63	3023.70
意大利	Italy	475.30	9.3	8.01	1577.32
牙买加	Jamaica	13.96	75.3	5.18	1270.55
日本	Japan	1303.78	14.0	10.23	3449.80
约旦	Jordan	21.45	106.2	3.61	240.11
哈萨克斯坦	Kazakhstan	227.39		14.76	83.45
肯尼亚	Kenya	11.24	93.0	0.30	19.36
基里巴斯	Kiribati	0.03	50.0	0.35	45.45
朝鲜	Korea, Dem. People's Rep.	70.71	-71.1	2.98	586.63
韩国	Korea, Republic of	503.32	108.2	10.49	5049.47

附录4-6　续表 3　continued 3

国家和地区	Country or Area	CO_2 排放量 (百万吨) CO_2 Emissions (mio. tonnes)	比1990年增减 (%) % Change since 1990 (%)	人均CO_2排放量 (吨/人) CO_2 Emissions per Capita (tonne / person)	每平方公里CO_2排放量 (吨/平方公里) CO_2 Emissions per km^2 (tonne / km^2)
科威特	Kuwait	86.14	111.4	30.21	4834.72
吉尔吉斯斯坦	Kyrgyzstan	6.08		1.14	30.41
老挝	Lao People's Dem. Rep.	1.54	553.6	0.25	6.49
拉脱维亚	Latvia	8.61	-55.2	3.79	133.34
黎巴嫩	Lebanon	13.35	46.8	3.21	1277.75
利比里亚	Liberia	0.68	39.5	0.19	6.06
利比亚	Libyan Arab Jamahiriya	57.33	42.2	9.29	32.58
列支敦士登	Liechtenstein	0.21	4.0	5.98	1320.50
立陶宛	Lithuania	15.92	-55.9	4.74	243.73
卢森堡	Luxembourg	11.84	-2.4	24.93	4580.06
马达加斯加	Madagascar	2.25	128.4	0.12	3.84
马拉维	Malawi	1.06	72.5	0.07	8.91
马来西亚	Malaysia	194.48	243.6	7.32	587.89
马尔代夫	Maldives	0.90	483.1	2.99	2993.33
马里	Mali	0.58	37.2	0.05	0.47
马耳他	Malta	2.73	25.3	6.71	8639.24
马提尼克	Marshall Islands	0.10	106.2	1.67	546.96
毛里塔尼亚	Martinique	1.95	-5.9	4.85	1766.79
毛里求斯	Mauritania	1.95	-26.8	0.62	1.90
墨西哥	Mauritius	3.89	165.9	3.06	1906.86
摩纳哥	Mexico	471.46	31.9	4.39	240.00
密克罗尼西亚联邦	Federated States of Micronesia	0.06		0.56	88.32
蒙古	Monaco	0.09	-12.6	2.82	46030.01
黑山	Mongolia	10.58	5.4	4.05	6.77
蒙特塞拉特	Montserrat	0.08	133.3	13.11	754.90
摩洛哥	Morocco	46.40	97.1	1.49	103.91
莫桑比克	Mozambique	2.60	160.0	0.12	3.24
缅甸	Myanmar	13.19	208.5	0.27	19.50
纳米比亚	Namibia	3.04	43271.4	1.45	3.68
瑙鲁	Nauru	0.14	8.3	14.09	6809.52
尼泊尔	Nepal	3.42	440.2	0.12	23.27
荷兰	Netherlands	172.66	8.4	10.49	4622.14
荷属安的列斯	Netherlands Antilles	6.24	0.4	32.47	7797.50
新喀里多尼亚	New Caledonia	2.85	75.4	11.75	153.38
新西兰	New Zealand	35.23	39.0	8.40	130.26
尼加拉瓜	Nicaragua	4.59	73.6	0.82	35.21
尼日尔	Niger	0.91	-4.6	0.06	0.72

附录4-6 续表 4 continued 4

国家和地区	Country or Area	CO_2 排放量 (百万吨) CO_2 Emissions (mio. tonnes)	比1990年增减 (%) % Change since 1990 (%)	人均CO_2排放量 (吨/人) CO_2 Emissions per Capita (tonne / person)	每平方公里CO_2排放量 (吨/平方公里) CO_2 Emissions per km^2 (tonne / km^2)
尼日利亚	Nigeria	95.27	110.0	0.64	103.13
纽埃	Niue	0.00		2.57	15.38
挪威	Norway	45.00	29.3	9.53	138.97
巴勒斯坦	Occupied Palestinian Territory	2.33		0.58	386.21
阿曼	Oman	37.32	260.5	13.69	120.58
巴基斯坦	Pakistan	156.39	128.1	0.90	196.45
帕劳	Palau	0.21	-9.4	10.49	464.05
巴勒斯坦	Palestine	2.33		0.58	386.21
巴拿马	Panama	7.25	131.3	2.17	96.00
巴布亚新几内亚	Papua New Guinea	3.37	57.1	0.52	7.27
巴拉圭	Paraguay	4.13	82.6	0.67	10.16
秘鲁	Peru	42.99	103.1	1.51	33.45
菲律宾	Philippines	70.92	59.2	0.80	236.39
波兰	Poland	328.27	-11.0	8.61	1049.86
葡萄牙	Portugal	62.79	44.0	5.90	681.86
卡塔尔	Qatar	63.05	435.5	55.43	5442.26
摩尔多瓦	Republic of Moldova	4.70		1.28	139.01
留尼汪	Réunion	2.80	92.8	3.48	1115.54
罗马尼亚	Romania	110.88	-35.6	5.17	465.13
俄罗斯联邦	Russian Federation	1579.82	-36.8	11.13	92.40
卢旺达	Rwanda	0.71	4.8	0.08	27.15
圣赫勒拿	Saint Helena	0.01	57.1	2.40	35.71
圣基茨和尼维斯	Saint Kitts and Nevis	0.25	277.3	4.94	954.02
圣卢西亚	Saint Lucia	0.38	130.9	2.26	706.86
圣皮埃尔岛和密克隆	Saint Pierre and Miquelon	0.07	-28.3	10.83	272.73
萨摩亚	Samoa	0.16	28.8	0.90	56.87
圣多美和普林西比	Sao Tome and Principe	0.13	93.9	0.81	132.78
沙特阿拉伯	Saudi Arabia	402.45	87.1	16.31	187.21
塞内加尔	Senegal	5.48	72.1	0.46	27.85
塞尔维亚	Serbia and Montenegro	53.59		5.13	524.53
塞舌尔	Seychelles	0.62	446.5	7.47	1369.23
塞拉利昂	Sierra Leone	1.31	237.5	0.24	18.30
新加坡	Singapore	54.19	15.4	12.08	76855.77
斯洛伐克	Slovakia	38.14	-38.4	7.07	777.84
斯洛文尼亚	Slovenia	16.99	15.2	8.45	838.02
所罗门群岛	Solomon Islands	0.20	23.0	0.40	6.85
索马里	Somalia	0.60	3238.9	0.07	0.94

附录4-6 续表 5 continued 5

国家和地区	Country or Area	CO_2 排放量 (百万吨) CO_2 Emissions (mio. tonnes)	比1990年增减 (%) % Change since 1990 (%)	人均CO_2排放量 (吨/人) CO_2 Emissions per Capita (tonne / person)	每平方公里CO_2排放量 (吨/平方公里) CO_2 Emissions per km^2 (tonne / km^2)
南非	South Africa	433.53	30.0	8.82	355.62
西班牙	Spain	366.00	60.2	8.32	723.33
斯里兰卡	Sri Lanka	12.31	226.4	0.62	187.68
圣文森特和格林纳丁	St. Vincent and the Grenadines	0.20	149.4	1.85	519.28
苏丹	Sudan	11.52	107.3	0.28	4.60
苏里南	Suriname	2.44	34.7	4.78	14.89
斯威士兰	Swaziland	1.06	149.4	0.92	61.05
瑞典	Sweden	51.62	-8.3	5.64	116.96
瑞士	Switzerland	43.64	-1.9	5.81	1057.16
叙利亚	Syrian Arab Republic	69.89	86.6	3.41	377.43
塔吉克斯坦	Tajikistan	7.23		1.07	50.51
泰国	Thailand	277.51	189.6	4.14	540.83
马其顿	The Former Yugoslav Rep. of Macedonia	11.28		5.53	438.53
东帝汶	Timor-Leste	0.18		0.17	12.30
多哥	Togo	1.32	70.0	0.21	23.18
汤加	Tonga	0.18	128.6	1.71	235.61
特立尼达和多巴哥	Trinidad and Tobago	37.04	118.4	27.88	7219.69
突尼斯	Tunisia	23.87	79.9	2.37	145.89
土耳其	Turkey	304.47	118.1	4.17	388.58
土库曼斯坦	Turkmenistan	45.81		9.20	93.85
特克斯和凯科斯群岛	Turks and Caicos Islands	0.16		4.87	166.67
乌干达	Uganda	3.20	291.8	0.10	13.30
乌克兰	Ukraine	340.15	-52.5	7.35	563.62
阿拉伯联合酋长国	United Arab Emirates	135.54	147.3	31.06	1621.29
英国	United Kingdom	546.43	-7.6	8.97	2249.59
坦桑尼亚	United Rep. of Tanzania	6.04	154.5	0.15	6.39
美国	United States	6094.39	20.2	19.74	632.91
乌拉圭	Uruguay	6.22	55.7	1.86	35.29
乌兹别克斯坦	Uzbekistan	116.09		4.32	259.48
瓦努阿图	Vanuatu	0.10	47.1	0.45	8.45
委内瑞拉	Venezuela	165.55	35.5	5.99	181.51
越南	Viet Nam	111.38	420.3	1.29	336.27
瓦利斯群岛和富图纳	Wallis and Futuna Islands	0.03		1.92	204.23
西撒哈拉	Western Sahara	0.24	20.2	0.50	0.89
也门	Yemen	21.98	129.0	0.99	41.62
赞比亚	Zambia	2.69	10.1	0.22	3.58
津巴布韦	Zimbabwe	9.64	-37.9	0.77	24.66

附录4-7 温室气体排放量
Greenhouse Gas Emissions

国家和地区	Country or Area	截止年份 Latest Year Available	温室气体排放总量（百万吨二氧化碳当量） Total GHG Emissions (mio. tonnes of CO_2 equivalent)	比1990年增减(%) % Change since 1990 (%)	人均温室气体排放量（吨二氧化碳当量/人） GHG Emissions per Capita (tonnes of CO_2 equivalent/person)
阿尔巴尼亚	Albania	1994	5.53	-22.43	1.74
阿尔及利亚	Algeria	1994	91.76		3.31
安提瓜和巴布达	Antigua and Barbuda	1990	0.39		6.28
阿根廷	Argentina	2000	282.00	22.05	7.63
亚美尼亚	Armenia	1990	25.31		7.14
澳大利亚	Australia	2008	549.54	31.35	26.08
奥地利	Austria	2008	86.64	10.84	10.39
阿塞拜疆	Azerbaijan	1994	43.17	-28.97	5.62
巴哈马	Bahamas	1994	2.20	14.72	7.96
巴林	Bahrain	1994	19.60		34.90
孟加拉国	Bangladesh	1994	45.93		0.37
巴巴多斯	Barbados	1997	4.06	23.81	15.89
白俄罗斯	Belarus	2008	91.11	-35.10	9.41
比利时	Belgium	2008	133.25	-7.07	12.58
伯利兹	Belize	1994	6.34		29.60
贝宁	Benin	1995	39.35		6.87
不丹	Bhutan	1994	1.29		2.52
玻利维亚	Bolivia	2004	43.67	184.95	4.85
博茨瓦纳	Botswana	1994	9.29		6.15
巴西	Brazil	1994	663.25	11.17	4.16
保加利亚	Bulgaria	2008	73.43	-37.38	9.67
布基纳法索	Burkina Faso	1994	5.97		0.61
布隆迪	Burundi	1998	2.00		0.32
柬埔寨	Cambodia	1994	12.76		1.15
喀麦隆	Cameroon	1994	165.73		12.10
加拿大	Canada	2008	734.42	24.10	22.08
佛得角	Cape Verde	1995	0.29		0.74
中非共和国	Central African Republic	1994	37.74		11.61
乍得	Chad	1993	8.02		1.20

资料来源：联合国气候变化框架公约成果。
联合国经济社会局人口处，世界人口展望：2008修订版，纽约，2009。

Sources:UN Framework Convention on Climate Change (UNFCCC) Secretatiat.
United Nations, Department of Economic and Social Affairs, Population Division, World Population Prospects: The 2008 Revision, New York, 2009.

附录4-7 续表 1 continued 1

国家和地区	Country or Area	截止年份 Latest Year Available	温室气体排放总量（百万吨二氧化碳当量） Total GHG Emissions (mio. tonnes of CO_2 equivalent)	比1990年增减（%） % Change since 1990 (%)	人均温室气体排放量（吨二氧化碳当量/人） GHG Emissions per Capita (tonnes of CO_2 equivalent/person)
智利	Chile	1994	54.89		3.87
中国	China	1994	4057.62		3.39
哥伦比亚	Colombia	1994	137.48	22.89	3.84
科摩罗	Comoros	1994	0.51		1.06
刚果	Congo	2000	2.07		0.68
库克群岛	Cook Islands	1994	0.08		4.34
哥斯达黎加	Costa Rica	2005	12.11	98.87	2.80
科特迪瓦	Cote d'Ivoire	2000	271.20		15.69
克罗地亚	Croatia	2008	31.13	-0.90	7.04
古巴	Cuba	1996	40.19	-36.76	3.67
捷克	Czech Republic	2008	141.41	-27.55	13.70
刚果民主共和国	Dem. Rep. of the Congo	2003	46.00		0.83
丹麦	Denmark	2008	65.13	-7.34	11.93
吉布提	Djibouti	1994	0.51		0.84
多米尼加	Dominica	1994	0.15		2.22
多米尼加共和国	Dominican Republic	2000	26.43	109.11	2.99
厄瓜多尔	Ecuador	1990	30.77		2.99
埃及	Egypt	1990	116.74		2.02
萨尔瓦多	El Salvador	1994	11.72		2.07
厄立特里亚	Eritrea	2000	0.76		0.21
爱沙尼亚	Estonia	2008	20.25	-50.41	15.10
埃塞俄比亚	Ethiopia	1995	47.75	10.99	0.84
斐济	Fiji	1994	1.39		1.83
芬兰	Finland	2008	70.13	-0.33	13.22
法国	France	2008	531.80	-6.06	8.57
加蓬	Gabon	1994	6.52		6.20
冈比亚	Gambia	1993	4.26		4.23
格鲁吉亚	Georgia	2006	12.22	-73.05	2.77
德国	Germany	2008	958.06	-22.22	11.65
加纳	Ghana	1996	13.14	17.76	0.74
希腊	Greece	2008	126.89	22.85	11.39
格林纳达	Grenada	1994	1.61		16.17
危地马拉	Guatemala	1990	14.74		1.65
几内亚	Guinea	1994	5.06		0.70
几内亚比绍	Guinea-Bissau	1994	1.69		1.49
圭亚那	Guyana	1998	3.07	40.66	4.05

附录4-7 续表 2 continued 2

国家和地区	Country or Area	截止年份 Latest Year Available	温室气体排放总量（百万吨二氧化碳当量） Total GHG Emissions (mio. tonnes of CO_2 equivalent)	比1990年增减(%) % Change since 1990 (%)	人均温室气体排放量（吨二氧化碳当量/人） GHG Emissions per Capita (tonnes of CO_2 equivalent/person)
海地	Haiti	1994	5.10		0.66
洪都拉斯	Honduras	1995	10.83		1.94
匈牙利	Hungary	2008	73.14	-24.88	7.30
冰岛	Iceland	2008	4.88	42.90	15.47
印度	India	1994	1214.25		1.30
印度尼西亚	Indonesia	1994	334.19	25.25	1.77
伊朗	Iran (Islamic Republic of)	1994	385.43		6.30
爱尔兰	Ireland	2008	67.44	23.04	15.20
以色列	Israel	2005	73.41		10.97
意大利	Italy	2008	541.49	4.73	9.08
牙买加	Jamaica	1994	116.31		47.58
日本	Japan	2008	1281.82	1.04	10.07
约旦	Jordan	2000	19.40		4.00
哈萨克斯坦	Kazakhstan	2008	245.86	-27.31	15.84
肯尼亚	Kenya	1994	21.47		0.80
基里巴斯	Kiribati	1994	0.03		0.37
朝鲜	Korea, Dem. People's Rep.	1990	201.92		10.02
韩国	Korea, Republic of	2001	542.89	87.56	11.62
吉尔吉斯斯坦	Kyrgyzstan	2005	12.02	-60.29	2.30
老挝	Lao People's Dem. Rep.	1990	6.87		1.63
拉脱维亚	Latvia	2008	11.90	-55.57	5.27
黎巴嫩	Lebanon	1994	15.70		4.63
莱索托	Lesotho	1994	1.82		1.07
列支敦士登	Liechtenstein	2008	0.26	14.74	7.39
立陶宛	Lithuania	2008	24.33	-51.08	7.33
卢森堡	Luxembourg	2008	12.49	-4.76	26.00
马达加斯加	Madagascar	1994	21.93		1.72
马拉维	Malawi	1994	7.07	-12.11	0.71
马来西亚	Malaysia	1994	136.68		6.81
马尔代夫	Maldives	1994	0.15		0.63
马里	Mali	1995	8.67		0.91
马耳他	Malta	2008	2.95	44.22	7.25
毛里塔尼亚	Mauritania	2000	6.94		2.67
毛里求斯	Mauritius	1995	2.06		1.82
墨西哥	Mexico	2002	553.33	30.11	5.42
密克罗尼西亚联邦	Micronesia, Federated States	1994	0.25		2.32

附录4-7 续表 3 continued 3

国家和地区	Country or Area	截止年份 Latest Year Available	温室气体排放总量（百万吨二氧化碳当量） Total GHG Emissions (mio. tonnes of CO_2 equivalent)	比1990年增减（%） % Change since 1990 (%)	人均温室气体排放量（吨二氧化碳当量/人） GHG Emissions per Capita (tonnes of CO_2 equivalent/person)
摩纳哥	Monaco	2008	0.10	-11.43	2.92
蒙古	Mongolia	1998	15.93	-17.54	6.83
摩洛哥	Morocco	1994	44.39		1.67
莫桑比克	Mozambique	1994	8.22	21.24	0.53
纳米比亚	Namibia	1994	5.60		3.54
瑙鲁	Nauru	1994	0.04		3.64
尼泊尔	Nepal	1994	31.19		1.48
荷兰	Netherlands	2008	206.91	-2.40	12.52
新西兰	New Zealand	2008	74.66	22.85	17.65
尼加拉瓜	Nicaragua	1994	7.65		1.68
尼日尔	Niger	2000	13.63	180.83	1.24
尼日利亚	Nigeria	1994	242.63		2.25
纽埃	Niue	1994	4.42		2053.95
挪威	Norway	2008	53.71	7.96	11.27
巴基斯坦	Pakistan	1994	160.59		1.26
帕劳	Palau	2000	0.09		4.80
巴拿马	Panama	1994	10.69		4.08
巴布亚新几内亚	Papua New Guinea	1994	5.01		1.09
巴拉圭	Paraguay	1994	140.46	149.94	29.94
秘鲁	Peru	1994	57.58		2.45
菲律宾	Philippines	1994	100.87		1.47
波兰	Poland	2008	395.56	-12.74	10.38
葡萄牙	Portugal	2008	78.38	32.20	7.34
摩尔多瓦	Republic of Moldova	2005	11.88	-72.29	3.16
罗马尼亚	Romania	2008	145.92	-39.73	6.83
俄罗斯联邦	Russian Federation	2008	2229.57	-32.88	15.77
卢旺达	Rwanda	2002	2.38		0.28
圣基茨和尼维斯	Saint Kitts and Nevis	1994	0.16		3.87
圣卢西亚	Saint Lucia	1994	0.89		6.09
萨摩亚	Samoa	1994	0.56		3.36
圣马力诺	San Marino	2007	0.24		7.67
圣多美和普林西	Sao Tome and Principe	1998	0.12		0.90
沙特阿拉伯	Saudi Arabia	1990	165.27		10.16
塞内加尔	Senegal	1995	9.57		1.11
塞舌尔	Seychelles	1995	0.26		3.39
新加坡	Singapore	1994	26.86		7.96
斯洛伐克	Slovakia	2008	48.83	-33.92	9.04

附录4-7 续表 4 continued 4

国家和地区	Country or Area	截止年份 Latest Year Available	温室气体排放总量(百万吨二氧化碳当量) Total GHG Emissions (mio. tonnes of CO_2 equivalent)	比1990年增减(%) % Change since 1990 (%)	人均温室气体排放量(吨二氧化碳当量/人) GHG Emissions per Capita (tonnes of CO_2 equivalent/person)
斯洛文尼亚	Slovenia	2008	21.28	15.19	10.56
所罗门群岛	Solomon Islands	1994	0.29		0.84
南非	South Africa	1994	379.84	9.35	9.38
西班牙	Spain	2008	405.74	42.30	9.12
斯里兰卡	Sri Lanka	1995	29.13		1.60
圣文森特和格林纳丁斯	St. Vincent and the Grenadines	1997	0.41	4.65	3.80
苏丹	Sudan	1995	54.19		1.76
苏里南	Suriname	2003	3.33		6.83
斯威士兰	Swaziland	1994	7.54		7.95
瑞典	Sweden	2008	63.96	-11.70	6.95
瑞士	Switzerland	2008	53.22	0.51	7.06
塔吉克斯坦	Tajikistan	2003	7.50	-68.98	1.18
泰国	Thailand	1994	223.99		3.76
马其顿	The Former Yugoslav Rep. of Macedonia	2002	12.23	-7.73	6.04
多哥	Togo	1998	6.28		1.28
汤加	Tonga	1994	0.23		2.36
特立尼达和多巴哥	Trinidad and Tobago	1990	16.01		13.13
突尼斯	Tunisia	1994	25.14		2.85
土耳其	Turkey	2008	366.50	95.96	4.96
土库曼斯坦	Turkmenistan	1994	52.31		12.77
图瓦卢	Tuvalu	1994	0.01		0.61
乌干达	Uganda	1994	41.55		2.05
乌克兰	Ukraine	2008	427.80	-53.89	9.30
阿拉伯联合酋长国	United Arab Emirates	2000	129.83		40.10
英国	United Kingdom	2008	631.73	-18.45	10.32
坦桑尼亚	United Rep. of Tanzania	1994	39.24	0.64	1.35
美国	United States	2008	6924.56	13.30	22.22
乌拉圭	Uruguay	2000	29.73	7.52	8.95
乌兹别克斯坦	Uzbekistan	2005	199.84	9.26	7.59
瓦努阿图	Vanuatu	1994	0.30		1.78
委内瑞拉	Venezuela	1999	192.19		8.03
越南	Viet Nam	1994	84.45		1.18
也门	Yemen	1995	17.87		1.15
赞比亚	Zambia	1994	32.77		3.70
津巴布韦	Zimbabwe	1994	27.59		2.40

附录4-8 消耗臭氧层物质

国家和地区	Country or Area	氟氯化碳消耗臭氧量 Consumption of CFCs 消耗臭氧潜力基数 Baseline ODP tonnes	2008年消耗臭氧潜力 2008 ODP tonnes
阿富汗	Afghanistan	380.0	40.0
阿尔巴尼亚	Albania	40.8	
阿尔及利亚	Algeria	2119.5	149.6
安道尔	Andorra	67.5	
安哥拉	Angola	114.8	9.7
安提瓜和巴布达	Antigua and Barbuda	10.7	0.1
阿根廷	Argentina	4697.2	50.9
亚美尼亚	Armenia	196.5	13.6
澳大利亚	Australia	14290.4	-42.0
阿塞拜疆	Azerbaijan	480.6	
巴哈马	Bahamas	64.9	
巴林	Bahrain	135.4	11.7
孟加拉国	Bangladesh	581.6	158.3
巴巴多斯	Barbados	21.5	1.1
白俄罗斯	Belarus	2510.9	
伯利兹	Belize	24.4	
贝宁	Benin	59.9	5.2
不丹	Bhutan	0.2	
玻利维亚	Bolivia	75.7	2.6
波黑	Bosnia and Herzegovina	24.2	8.8
博茨瓦纳	Botswana	6.9	0.3
巴西	Brazil	10525.8	290.4
文莱	Brunei Darussalam	78.2	2.4
布基纳法索	Burkina Faso	36.3	
布隆迪	Burundi	59.0	1.0
柬埔寨	Cambodia	94.2	1.4
喀麦隆	Cameroon	256.9	17.0
加拿大	Canada	19958.2	

资料来源：联合国统计司千年发展目标数据库。
Sources:UNSD Millennium Development Goals Database.

Consumption of Ozone-Depleting Substances(ODS)

	全部消耗臭氧层物质消耗臭氧量 Consumption of All ODS		
比基数减少 (%) Reduction from Baseline (%)	2002年消耗臭氧潜力 2002 ODP tonnes	2008年消耗臭氧潜力 2008 ODP tonnes	比2002年减少(%) Reduction from 2002 (%)
89.5	181.5	47.9	73.6
100.0	50.5	4.1	91.9
92.9	1966.1	236.9	88.0
91.6	110.0	20.2	81.6
99.1	4.0	0.3	92.5
98.9	2386.0	654.8	72.6
93.1	174.4	18.4	89.4
100.3	389.5	58.5	85.0
100.0	12.1	0.8	93.4
100.0	58.4	3.9	93.3
91.4	138.1	50.5	63.4
72.8	350.1	223.1	36.3
94.9	12.1	3.2	73.6
100.0	2.7	1.0	63.0
100.0	21.7	1.8	91.7
91.3	36.0	6.0	83.3
100.0	0.1	0.1	
96.6	67.4	8.6	87.2
63.6	259.2	16.4	93.7
95.7	10.2	13.6	-33.3
97.2	3589.4	2089.8	41.8
96.9	46.3	7.6	83.6
100.0	16.3	27.2	-66.9
98.3	19.2	1.0	94.8
98.5	97.0	9.3	90.4
93.4	261.7	36.1	86.2
100.0	923.1	509.9	44.8

附录4-8 续表 1

国家和地区	Country or Area	氟氯化碳消耗臭氧量 Consumption of CFCs	
		消耗臭氧潜力基数 Baseline ODP tonnes	2008年消耗臭氧潜力 2008 ODP tonnes
佛得角	Cape Verde	2.3	
中非共和国	Central African Republic	11.2	
乍得	Chad	34.6	2.2
智利	Chile	828.7	47.9
中国	China	57818.7	263.0
哥伦比亚	Colombia	2208.2	208.0
科摩罗	Comoros	2.5	
刚果	Congo	11.9	1.4
库克群岛	Cook Islands	1.7	
哥斯达黎加	Costa Rica	250.2	13.9
科特迪瓦	Cote d'Ivoire	294.2	12.0
克罗地亚	Croatia	219.3	
古巴	Cuba	625.1	74.4
刚果民主共和国	Dem. Rep. of the Congo	665.7	8.6
吉布提	Djibouti	21.0	0.9
多米尼加	Dominica	1.5	
多米尼加共和国	Dominican Republic	539.8	4.5
厄瓜多尔	Ecuador	301.4	8.2
埃及	Egypt	1668.0	187.8
萨尔瓦多	El Salvador	306.5	
赤道几内亚	Equatorial Guinea	31.5	2.3
厄立特里亚	Eritrea	41.1	2.8
爱沙尼亚	Ethiopia	33.8	4.3
欧盟	European Union (EU)	301930.2	-552.0
斐济	Fiji	33.4	
加蓬	Gabon	10.3	
冈比亚	Gambia	23.8	0.4
格鲁吉亚	Georgia	22.5	
加纳	Ghana	35.8	
格林纳达	Grenada	6.0	
危地马拉	Guatemala	224.6	1.4
几内亚	Guinea	42.4	1.6
几内亚比绍	Guinea-Bissau	26.3	1.4
圭亚那	Guyana	53.2	

continued 1

	全部消耗臭氧层物质消耗臭氧量 Consumption of All ODS		
比基数减少 (%) Reduction from Baseline (%)	2002年消耗臭氧潜力 2002 ODP tonnes	2008年消耗臭氧潜力 2008 ODP tonnes	比2002年减少(%) Reduction from 2002 (%)
100.0	1.8	0.8	55.6
100.0	4.6	6.7	-45.7
93.6	27.3	21.5	21.2
94.2	591.9	304.0	48.6
99.5	47804.1	17386.3	63.6
90.6	1002.2	414.8	58.6
100.0	1.9	0.2	89.5
88.2	7.0	2.0	71.4
100.0			
94.4	425.4	237.0	44.3
95.9	121.2	24.1	80.1
100.0	172.3	7.7	95.5
88.1	518.0	87.7	83.1
98.7	1081.3	16.6	98.5
95.7	15.8	1.5	90.5
100.0	3.1		100.0
99.2	406.9	53.4	86.9
97.3	273.4	79.8	70.8
88.7	1944.1	726.2	62.6
100.0	108.1	11.6	89.3
92.7	27.9	8.1	71.0
93.2	32.2	3.1	90.4
87.3	86.6	4.3	95.0
100.2	-6754.6	-9805.1	45.2
100.0	5.3	4.8	9.4
100.0	6.9	5.2	24.6
98.3	4.9	0.5	89.8
100.0	64.3	5.9	90.8
100.0	24.0	21.6	10.0
100.0	2.3	0.5	78.3
99.4	952.5	184.3	80.7
96.2	31.4	2.7	91.4
94.7	27.2	2.2	91.9
100.0	15.6	1.7	89.1

附录4-8 续表 2

国家和地区	Country or Area	氟氯化碳消耗臭氧量 Consumption of CFCs 消耗臭氧潜力基数 Baseline ODP tonnes	2008年消耗臭氧潜力 2008 ODP tonnes
海地	Haiti	169.0	2.3
洪都拉斯	Honduras	331.6	23.4
冰岛	Iceland	195.1	
印度	India	6681.0	216.5
印度尼西亚	Indonesia	8332.7	
伊朗	Iran (Islamic Republic of)	4571.7	240.6
伊拉克	Iraq	1517.0	1597.1
以色列	Israel	4141.6	
牙买加	Jamaica	93.2	
日本	Japan	118134.0	-0.7
约旦	Jordan	673.3	6.0
哈萨克斯坦	Kazakhstan	1206.2	
肯尼亚	Kenya	239.5	7.5
基里巴斯	Kiribati	0.7	
朝鲜	Korea, Dem. People's Rep.	441.7	33.5
韩国	Korea, Republic of	9159.8	1114.8
科威特	Kuwait	480.4	33.0
吉尔吉斯斯坦	Kyrgyzstan	72.8	5.0
老挝	Lao People's Dem. Rep.	43.3	2.0
黎巴嫩	Lebanon	725.5	33.8
莱索托	Lesotho	5.1	
利比里亚	Liberia	56.1	0.6
阿拉伯利比亚民众国	Libyan Arab Jamahiriya	716.7	21.9
列支敦士登	Liechtenstein	37.2	
马达加斯加	Madagascar	47.9	0.8
马拉维	Malawi	57.7	
马来西亚	Malaysia	3271.1	173.7
马尔代夫	Maldives	4.6	
马里	Mali	108.1	3.0
马绍尔群岛	Marshall Islands	1.1	
毛里塔尼亚	Mauritania	15.7	1.0
毛里求斯	Mauritius	29.1	
墨西哥	Mexico	4624.9	-130.4
密克罗尼西亚联邦	Micronesia, Federated States of	1.2	

continued 2

	全部消耗臭氧层物质消耗臭氧量 Consumption of All ODS		
比基数减少 (%) Reduction from Baseline (%)	2002年消耗臭氧潜力 2002 ODP tonnes	2008年消耗臭氧潜力 2008 ODP tonnes	比2002年减少(%) Reduction from 2002 (%)
98.6	197.7	3.7	98.1
92.9	555.7	216.2	61.1
100.0	2.6	2.2	15.4
96.8	15026.9	2904.9	80.7
100.0	5787.4	299.9	94.8
94.7	8572.9	508.6	94.1
-5.3	1580.6	1752.4	-10.9
100.0	1241.3	475.4	61.7
100.0	39.2	8.5	78.3
100.0	2466.8	1050.0	57.4
99.1	267.0	95.8	64.1
100.0	146.9	128.8	12.3
96.9	322.0	75.7	76.5
100.0		0.2	-100.0
92.4	2326.3	91.2	96.1
87.8	11745.9	4050.2	65.5
93.1	515.7	408.5	20.8
93.1	50.2	12.4	75.3
95.4	42.9	3.6	91.6
95.3	710.8	58.2	91.8
100.0	4.6	11.6	-152.2
98.9	54.0	3.4	93.7
96.9	1596.5	111.6	93.0
100.0	0.1		100.0
98.3	8.8	3.0	65.9
100.0	75.4	6.7	91.1
94.7	1966.3	571.2	71.0
100.0	4.0	3.7	7.5
97.2	28.3	5.1	82.0
100.0	0.3	0.2	33.3
93.6	16.5	6.5	60.6
100.0	14.4	6.9	52.1
102.8	3954.7	1992.3	49.6
100.0	2.2	0.2	90.9

附录4-8 续表 3

国家和地区	Country or Area	氟氯化碳消耗臭氧量 Consumption of CFCs	
		消耗臭氧潜力基数 Baseline ODP tonnes	2008年消耗臭氧潜力 2008 ODP tonnes
摩纳哥	Monaco	6.2	
蒙古	Mongolia	10.6	0.4
黑山	Montenegro	104.9	0.1
摩洛哥	Morocco	802.3	
莫桑比克	Mozambique	18.2	2.3
缅甸	Myanmar	54.3	
纳米比亚	Namibia	21.9	
瑙鲁	Nauru	0.5	
尼泊尔	Nepal	27.0	
新西兰	New Zealand	2088.0	
尼加拉瓜	Nicaragua	82.8	
尼日尔	Niger	32.0	2.9
尼日利亚	Nigeria	3650.0	16.5
纽埃	Niue	0.1	
挪威	Norway	1313.0	-3.8
阿曼	Oman	248.4	8.5
巴基斯坦	Pakistan	1679.4	167.4
帕劳	Palau	1.6	0.1
巴拿马	Panama	384.1	11.5
巴布亚新几内亚	Papua New Guinea	36.3	-1.6
巴拉圭	Paraguay	210.6	27.3
秘鲁	Peru	289.5	
菲律宾	Philippines	3055.8	169.4
卡塔尔	Qatar	101.4	5.1
摩尔多瓦	Republic of Moldova	73.3	
俄罗斯联邦	Russian Federation	100352.0	324.0
卢旺达	Rwanda	30.4	1.2
圣基茨和尼维斯	Saint Kitts and Nevis	3.7	
圣卢西亚	Saint Lucia	8.3	
圣文森特和格林纳丁斯	St. Vincent and the Grenadines	1.8	
萨摩亚	Samoa	4.5	
圣多美和普林西	Sao Tome and Principe	4.7	0.2
沙特阿拉伯	Saudi Arabia	1798.5	365.0
塞内加尔	Senegal	155.8	10.0
塞尔维亚	Serbia	849.2	76.7

continued 3

	全部消耗臭氧层物质消耗臭氧量 Consumption of All ODS		
比基数减少 (%) Reduction from Baseline (%)	2002年消耗臭氧潜力 2002 ODP tonnes	2008年消耗臭氧潜力 2008 ODP tonnes	比2002年减少(%) Reduction from 2002 (%)
100.0	0.1	0.1	
96.2	7.3	2.6	64.4
99.9	15.4	0.5	96.8
100.0	1070.0	212.7	80.1
87.4	14.4	4.9	66.0
100.0	45.7	2.0	95.6
100.0	20.0	5.8	71.0
100.0			
100.0	2.6	1.4	46.2
100.0	42.8	17.4	59.3
100.0	64.9	3.9	94.0
90.9	27.6	3.1	88.8
99.5	3933.3	312.7	92.0
100.0			
100.3	-42.8	15.6	136.4
96.6	201.5	33.2	83.5
90.0	2347.2	356.9	84.8
93.8	0.2	0.1	50.0
97.0	204.7	40.2	80.4
104.4	39.7	1.5	96.2
87.0	105.5	39.0	63.0
100.0	203.6	28.0	86.2
94.5	1795.1	397.4	77.9
95.0	105.4	43.8	58.4
100.0	29.6	2.8	90.5
99.7	892.3	1457.6	-63.4
96.1	30.4	2.9	90.5
100.0	6.3	0.4	93.7
100.0	7.7	0.1	98.7
100.0	6.4	0.1	98.4
100.0	2.6	0.1	96.2
95.7	4.4	0.2	95.5
79.7	1926.4	1643.6	14.7
93.6	82.3	19.5	76.3
91.0	384.9	88.0	77.1

附录4-8 续表 4

国家和地区	Country or Area	氟氯化碳消耗臭氧量 Consumption of CFCs	
		消耗臭氧潜力基数 Baseline ODP tonnes	2008年消耗臭氧潜力 2008 ODP tonnes
塞舌尔	Seychelles	2.9	
塞拉利昂	Sierra Leone	78.6	4.2
新加坡	Singapore	2718.2	
所罗门群岛	Solomon Islands	2.1	
索马里	Somalia	241.4	20.0
南非	South Africa	592.6	
斯里兰卡	Sri Lanka	445.6	
苏丹	Sudan	456.8	44.8
苏里南	Suriname	41.3	
斯威士兰	Swaziland	24.6	
瑞士	Switzerland	7960.0	
阿拉伯叙利亚共和国	Syrian Arab Republic	2224.6	166.0
塔吉克斯坦	Tajikistan	211.0	
泰国	Thailand	6082.1	190.3
马其顿	The Former Yugoslav Rep. of Macedonia	519.7	
东帝汶	Timor-Leste	36.0	
多哥	Togo	39.8	3.2
汤加	Tonga	1.3	
特立尼达和多巴哥	Trinidad and Tobago	120.0	
突尼斯	Tunisia	870.1	12.2
土耳其	Turkey	3805.7	-0.1
土库曼斯坦	Turkmenistan	37.3	1.2
图瓦卢	Tuvalu	0.3	
乌干达	Uganda	12.8	
乌克兰	Ukraine	4725.2	
阿拉伯联合酋长国	United Arab Emirates	529.3	52.9
坦桑尼亚	United Rep. of Tanzania	253.9	13.9
美国	United States	305963.6	-569.2
乌拉圭	Uruguay	199.1	26.4
乌兹别克斯坦	Uzbekistan	1779.2	
瓦努阿图	Vanuatu		0.7
委内瑞拉	Venezuela (Bolivarian Republic of)	3322.4	-15.0
越南	Viet Nam	500.0	20.4
也门	Yemen	1796.1	247.7
赞比亚	Zambia	27.4	2.0
津巴布韦	Zimbabwe	451.4	7.0

continued 4

	全部消耗臭氧层物质消耗臭氧量 Consumption of All ODS		
比基数减少 (%) Reduction from Baseline (%)	2002年消耗 臭氧潜力 2002 ODP tonnes	2008年消耗 臭氧潜力 2008 ODP tonnes	比2002年 减少(%) Reduction from 2002 (%)
100.0	166.1	0.6	99.6
94.7	84.4	5.8	93.1
100.0	146.7	149.5	-1.9
100.0	5.7	1.2	78.9
91.7	124.1	28.3	77.2
100.0	848.8	435.1	48.7
100.0	227.4	10.3	95.5
90.2	258.2	91.9	64.4
100.0	51.0	0.7	98.6
100.0	2.4	3.3	-37.5
100.0	26.2	10.0	61.8
92.5	1754.1	289.8	83.5
100.0	12.6	3.9	69.0
96.9	3612.5	1197.5	66.9
100.0	44.6	3.5	92.2
	2.7		
92.0	35.3	9.4	73.4
100.0	1.0	0.2	80.0
100.0	93.9	56.8	39.5
98.6	552.5	59.2	89.3
100.0	1336.4	762.5	42.9
96.8	10.9	10.1	7.3
100.0			
100.0	44.9		100.0
100.0	145.5	75.0	48.5
90.0	624.2	560.7	10.2
94.5	71.5	15.4	78.5
100.2	16206.4	6229.6	61.6
86.7	100.9	53.9	46.6
100.0	0.8	2.3	-187.5
-100.0		1.0	-100.0
100.5	1653.0	133.5	91.9
95.9	447.4	277.5	38.0
86.2	1135.8	431.0	62.1
92.7	24.0	6.9	71.3
98.4	345.8	37.3	89.2

附录4-9　危险废物产生量
Hazardous Waste Generation

单位：千吨　　　　(1 000 tonnes)

国家和地区	Country or Area	1995	2003	2004	2005	2006	2007	2008	2009
阿尔及利亚	Algeria	185.0	325.0						
安道尔	Andorra		0.5	0.4	0.6	0.9			
亚美尼亚	Armenia		420.4	544.7	330.9	343.4	440.9	430.6	467.5
奥地利	Austria	594.9		1013.7		961.9		1330.0	
阿塞拜疆	Azerbaijan	27.0	26.9	11.2	12.8	29.5	10.4	24.3	16.0
巴林	Bahrain	136.0	33.6	33.0	38.2	38.7	35.0		
孟加拉国	Bangladesh			74.0	75.9				
比利时	Belgium	1114		5197		4039		5919	
波黑	Bosnia and Herzegovina							91.8	
贝宁	Benin								
保加利亚	Bulgaria			527.6		785.0		13042.7	
喀麦隆	Cameroon			5.8	9.4	10.2	8.4	9.3	8.7
智利	Chile		0.2	0.2	0.3	0.2	0.2	0.3	0.2
中国	China		11700	9950	11620	10840	10790	13570	14300
中国香港	China, Hong Kong SAR	97.1	59.2	47.6	47.1	59.0	60.7	56.9	54.8
中国澳门	China, Macao SAR		5.9	5.9	5.9	6.5	6.4	8.7	11.5
哥伦比亚	Colombia						69.4	78.6	
克罗地亚	Croatia		48.1	42.3	39.5	40.0	52.5	58.4	
古巴	Cuba		624.1	613.8	941.4	1253.7	1417.3		
塞浦路斯	Cyprus			111.1		17.0	52.5	23.8	
捷克	Czech Republic	6005.0	1219.0	1446.0	1372.0	1307.1	52.5	1510.5	
丹麦	Denmark	179.0	328.3	319.7	340.5	493.1	52.5	419.6	
多米尼加	Dominica						52.5		
厄瓜多尔	Ecuador		125.3	159.3	196.8	146.6	197.7	193.8	
爱沙尼亚	Estonia			7333		6619		7538	
芬兰	Finland			2153		2711		2163	
法国	France			9617		9622		10893	
法属圭亚那	French Guiana					3.2	2.4		
德国	Germany		19515	20000		21705		22323	
希腊	Greece	350.0	353.8	426.0		275.0		253.0	
瓜德罗普岛	Guadeloupe					10.1	5.7		
危地马拉	Guatemala		648.3	622.0	599.0	822.5			
匈牙利	Hungary	2274.3		1364.5		1300.1		670.6	
冰岛	Iceland	6.0	8.0	8.5					
印度	India					8140.0			
伊拉克	Iraq							2.3	
爱尔兰	Ireland	247.8		724.3		708.8		743.4	
以色列	Israel		249.0	301.0	321.0	311.1	291.9	321.0	
意大利	Italy	2708	5440	6134		7465		6655	
牙买加	Jamaica		10.0	10.0	10.0	10.0			
日本	Japan	2883.0							

资料来源：联合国统计司/环境规划署环境统计问卷，废物部分。
　　　　欧盟统计局环境数据中心废物数据。
　　　　经合组织环境统计摘要，废物部分。

Sources:UNSD/UNEP Questionnaires on Environment Statistics, Waste section.
　　Eurostat Environmental Data Centre on Waste.
　　OECD Environmental Data Compendium,Waste Section.

附录4-9 续表 continued

单位：千吨 (1 000 tonnes)

国家和地区	Country or Area	1995	2003	2004	2005	2006	2007	2008	2009
约旦	Jordan		73.6	33.4	71.4			1293.8	
韩国	Korea,Republic of	1622	2913						
吉尔吉斯斯坦	Kyrgyzstan	472	6421	6411	6206	5827	5546	5581	5684
拉脱维亚	Latvia			17.0		65.3		67.5	
立陶宛	Lithuania			89.7		127.3		115.7	
卢森堡	Luxembourg	200.0		123.9		233.9		199.1	
马达加斯加	Madagascar						46.0		
马来西亚	Malaysia		460.9	469.6	548.9	1103.5	1138.8	1304.9	1705.3
马耳他	Malta			41.0		50.7		55.0	
马提尼克	Martinique					10.2	4.7		
毛里求斯	Mauritius		0.9				4.2	4.0	4.2
墨西哥	Mexico								
摩纳哥	Monaco	0.3	0.8	0.6	0.5	0.5	0.6	0.7	
荷兰	Netherlands	1004.0		1896.5		4949.3		4723.9	
尼日尔	Niger			503.0	554.0				
挪威	Norway	650.0	825.0	670.0	939.0	756.7		1336.5	
巴勒斯坦	Palestine		12.5	15.1	11.0	29.7	4.5	11.9	14.4
巴拿马	Panama	0.2	1.7	1.5	1.5	1.7	1.2		
菲律宾	Philippines		2265	707	1670	11786	1130	164939	1901
波兰	Poland	3866	1339	1612	1779	2381		1469	
葡萄牙	Portugal	668.0		2263.2		6063.1		3367.9	
卡塔尔	Qatar		2.5	2.3	2.0	4.4	7.2	11.9	
摩尔多瓦	Republic of Moldova	2.7	2.0	0.9	0.8	0.6	0.6	0.8	1.1
留尼汪	Réunion					7.9	1.0		
罗马尼亚	Romania			2242.9		1032.0		524.2	
俄罗斯联邦	Russian Federation	83330	287272	142766	142497	140011	287653	122883	141019
塞尔维亚	Serbia							8227.9	
新加坡	Singapore	64.9	217.0	278.0	339.0	413.0	491.0	472.0	356.0
斯洛伐克	Slovakia	1352.7	1257.6	422.3		532.9		527.2	
斯洛文尼亚	Slovenia			107.9		116.4		152.7	
西班牙	Spain		3222.9	3116.0		4028.2		3648.6	
瑞典	Sweden			1624.8		2654.1		2063.4	
瑞士	Switzerland	830.8							
叙利亚	Syrian Arab Republic								
泰国	Thailand		1800	1808	1814	1832	1849		
多哥	Togo						1.9		
特立尼达和多巴哥	Trinidad and Tobago		11.5						
土耳其	Turkey			997.6		10.8		1024.0	
乌克兰	Ukraine	3563	2437	2420	2412	2371	2585	2301	1230
阿拉伯联合酋长国	United Arab Emirates								272.9
英国	United Kingdom	2160	4991	7973		8448		7285	
美国	United States	194225	27376		34788				
也门	Yemen	38.2							
赞比亚	Zambia		53.8		80.0				
津巴布韦	Zimbabwe		25.8	37.8	27.4		29.4	17.0	11.0

附录4-10 城市垃圾收集
Municipal Waste Collection

国家和地区	Country or Area	截止年份 Latest Year Available	城市垃圾收集量(千吨) Municipal Waste Collected (1 000 tonnes)	截止年份 Latest Year Available	城市垃圾收集受益率(%) Population Served by Municipal Waste Collection (%)	人均城市垃圾收集量(千克/人) Municipal Waste Collected per Capita Served (kg/person)
阿尔巴尼亚	Albania	2009	1313	2007	85	
阿尔及利亚	Algeria	2003	8500	2003	80	333
安道尔	Andorra	2007	32	2007	100	387
安哥拉	Angola	2006	5840			
安圭拉	Anguilla	2008	15	2008	100	988
安提瓜和巴布达	Antigua and Barbuda	2009	136	2009	95	1639
阿根廷	Argentina			2001	88	
亚美尼亚	Armenia	2009	411	2009	72	185
澳大利亚	Australia	2003	8903			
奥地利	Austria	2009	4941	2009	100	591
阿塞拜疆	Azerbaijan	2009	1603			
巴哈马	Bahamas	2006	227			
白俄罗斯	Belarus	2009	3347	2009	100	347
比利时	Belgium	2009	5277	2009	100	491
伯利兹	Belize	2008	163	2008	51	1052
贝宁	Benin	2002	986			
玻利维亚	Bolivia	2009	955	2008	49	
波黑	Bosnia and Herzegovina	2009	1422	2009	67	378
巴西	Brazil	2007	51432	2008	87	
英属维尔京群岛	British Virgin Islands	2005	37	2001	97	
文莱	Brunei Darussalam	2002	196			
保加利亚	Bulgaria	2009	3561	2009	97	468
加拿大	Canada	2004	13375	1996	99	
智利	Chile	2009	6151			
中国	China	2009	157340			
中国香港	China, Hong Kong SAR	2009	6450	2009	100	919
中国澳门	China, Macao SAR	2009	325	2009	100	605
哥伦比亚	Colombia	2008	7437			
哥斯达黎加	Costa Rica	2002	1280	2002	73	428
克罗地亚	Croatia	2008	1788	2008	93	435
古巴	Cuba	2009	4264	2009	75	505
塞浦路斯	Cyprus	2009	620	2008	100	778
捷克	Czech Republic	2009	3310	2009	100	316

资料来源：联合国统计司/环境规划署环境统计问卷，废物部分。
欧盟统计局环境数据中心废物数据。
经合组织环境统计摘要，废物部分。
联合国经济社会局人口处，世界人口展望：2008修订版，纽约，2009。

Sources:UNSD/UNEP Questionnaires on Environment Statistics, Waste section.
Eurostat Environmental Data Centre on Waste.
OECD Environmental Data Compendium,Waste Section.
United Nations, Department of Economic and Social Affairs, Population Division, World Population Prospects: The 2008 Revision, New York, 2009. Eurostat environment statistics data website.

附录4-10 续表 1 continued 1

国家和地区	Country or Area	截止年份 Latest Year Available	城市垃圾收集量（千吨） Municipal Waste Collected (1 000 tonnes)	截止年份 Latest Year Available	城市垃圾收集受益率（%） Population Served by Municipal Waste Collection (%)	人均城市垃圾收集量（千克/人） Municipal Waste Collected per Capita Served (kg/person)
丹麦	Denmark	2009	4530	2008	100	833
多米尼加	Dominica	2005	21	2005	94	330
多米尼加共和国	Dominican Republic	2009	756	2002	60	
厄瓜多尔	Ecuador			1999	49	
埃及	Egypt	2008	29306			
萨尔瓦多	El Salvador			2002	53	
爱沙尼亚	Estonia	2009	464	2009	79	346
芬兰	Finland	2009	2562	2009	100	481
法国	France	2009	34504	2009	100	536
法属圭亚那	French Guiana	2007	79	2007	100	370
格鲁吉亚	Georgia	2009	880	2007	60	
德国	Germany	2009	48101	2009	100	587
希腊	Greece	2009	5386	2009	100	458
瓜德鲁普	Guadeloupe	2007	274	2007	100	593
危地马拉	Guatemala			2006	22	
匈牙利	Hungary	2009	4312	2009	93	430
冰岛	Iceland	2009	177	2008	100	554
印度	India	2001	17569			
印度尼西亚	Indonesia	2008	9601			
伊拉克	Iraq	2005	5446	2005	56	347
爱尔兰	Ireland	2009	3300	2005	76	664
以色列	Israel	2009	4556			
意大利	Italy	2009	32500	2008	100	541
牙买加	Jamaica	2006	1464	2001	76	
日本	Japan	2003	54367	2003	100	428
约旦	Jordan	2008	3864			
哈萨克斯坦	Kazakhstan	2009	3928			
肯尼亚	Kenya			1999	40	
韩国	Korea, Republic of	2004	18252	2002	99	
科威特	Kuwait	2009	1723	2009	100	577
吉尔吉斯斯坦	Kyrgyzstan	2009	6642			
拉脱维亚	Latvia	2009	753	2009	85	333
黎巴嫩	Lebanon	2009	1720			
立陶宛	Lithuania	2009	1206	2009	91	360
卢森堡	Luxembourg	2009	349	2009	100	707
马达加斯加	Madagascar	2007	419	2007	18	127
马尔代夫	Maldives	2005	19			
马耳他	Malta	2009	268	2009	100	647
马绍尔群岛	Marshall Islands	2007	26	2007	60	731
马提尼克	Martinique	2007	211	2007	100	524
毛里求斯	Mauritius	2009	408	2009	98	323
墨西哥	Mexico	2006	36088	2006	90	377
摩纳哥	Monaco	2009	37	2009	100	1118

附录4-10 续表 2 continued 2

国家和地区	Country or Area	截止年份 Latest Year Available	城市垃圾收集量(千吨) Municipal Waste Collected (1000 tonnes)	截止年份 Latest Year Available	城市垃圾收集受益率(%) Population Served by Municipal Waste Collection (%)	人均城市垃圾收集量(千克/人) Municipal Waste Collected per Capita Served (kg/person)
黑山	Montenegro	2009	212			
摩洛哥	Morocco	2000	6500			
尼泊尔	Nepal	2002	418			
荷兰	Netherlands	2009	10159	2009	100	613
新西兰	New Zealand	1999	1541			
尼日尔	Niger	2005	9750			
挪威	Norway	2009	2269	2009	99	473
巴勒斯坦	Palestine	2001	1350	2008	75	
巴拿马	Panama	2009	551	2009	64	249
巴拉圭	Paraguay			2009	38	
秘鲁	Peru	2001	4740	2001	75	239
菲律宾	Philippines	2009	9104	2009	70	141
波兰	Poland	2009	12053	2009	79	316
葡萄牙	Portugal	2009	5185	2009	100	488
卡塔尔	Qatar	2009	789			
摩尔多瓦	Republic of Moldova	2009	2268			
留尼汪	Réunion	2007	559	2007	100	693
罗马尼亚	Romania	2009	8507	2008	54	396
俄罗斯联邦	Russian Federation	2009	56172			
塞内加尔	Senegal	2005	465	2007	21	
塞尔维亚	Serbia	2009	1580			
新加坡	Singapore	2009	6114	2009	100	1291
斯洛伐克	Slovakia	2009	1837	2008	100	339
斯洛文尼亚	Slovenia	2009	913	2009	95	449
西班牙	Spain	2009	25090	2009	100	547
斯里兰卡	Sri Lanka	2004	1036			
圣文森特和格林纳丁斯	St. Vincent and the Grenadines	2002	38	2002	100	350
苏丹	Sudan	2009	1355			
苏里南	Suriname	2009	175	2004	67	
瑞典	Sweden	2009	4486	2009	100	485
瑞士	Switzerland	2009	5460	2009	99	706
叙利亚	Syrian Arab Republic	2003	7500	2004	74	
泰国	Thailand	2000	13972			
马其顿	The Former Yugoslav Rep. of Macedonia	2009	552	2009	72	270
特立尼达和多巴哥	Trinidad and Tobago	2002	425	1995	90	
突尼斯	Tunisia	2004	1316			
土耳其	Turkey	2009	28006	2008	82	392
乌干达	Uganda	2006	224			
乌克兰	Ukraine	2009	4445			
阿拉伯联合酋长国	United Arab Emirates	2009	10875			
英国	United Kingdom	2009	32600	2008	100	
美国	United States	2005	222863	2005	100	
乌拉圭	Uruguay	2000	910			
也门	Yemen	2009	1410	2009	19	
赞比亚	Zambia	2005	389	2005	20	

附录4-11 城市垃圾处理
Municipal Waste Treatment

国家和地区	Country or Area	截止年份 Latest Year Available	城市垃圾收集量（千吨） Municipal Waste Collected (1 000 tonnes)	填埋 Municipal Waste Landfilled (%)	焚烧 Municipal Waste Incinerated (%)	回收利用 Municipal Waste Recycled (%)	堆肥 Municipal Waste Composted (%)
阿尔及利亚	Algeria	2003	8500	99.9		0.1	
安道尔	Andorra	2007	32		116.1		
安圭拉	Anguilla	2008	15	100.0			
安提瓜和巴布达	Antigua and Barbuda	2009	136	100.0			
亚美尼亚	Armenia	2009	411	100.0			
澳大利亚	Australia	2003	8903	69.7		30.3	
奥地利	Austria	2009	4941	0.7	29.4	30.2	39.7
白俄罗斯	Belarus	2009	3347	100.0			
比利时	Belgium	2009	5277	5.1	34.3	35.8	23.9
伯利兹	Belize	2008	163	100.0			
波黑共和国	Bosnia and Herzegovina	2009	1422	100.0			
英属维尔京群岛	British Virgin Islands	2005	37		80.3		
保加利亚	Bulgaria	2009	3561	96.1			
布基纳法索	Burkina Faso	2009	666	92.0			
喀麦隆	Cameroon	2009	7249	99.6		0.4	
加拿大	Canada	2004	13375			26.8	12.5
智利	Chile	2009	6151			0.4	0.5
中国	China	2009	157340		12.9		1.1
中国香港	China, Hong Kong SAR	2009	6450			49.3	
中国澳门	China, Macao SAR	2009	325		99.8	0.1	
克罗地亚	Croatia	2008	1788	96.8	1.8		1.8
古巴	Cuba	2009	4264	87.2		5.1	7.7
塞浦路斯	Cyprus	2009	620	86.3		13.7	
捷克	Czech Republic	2009	3310	72.2	10.5	2.1	2.0
丹麦	Denmark	2009	4530	3.5	51.1	34.2	16.5
多米尼加	Dominica	2005	21	100.0			
爱沙尼亚	Estonia	2009	464	61.9	0.2	11.2	9.3
芬兰	Finland	2009	2562	46.1	18.1	24.0	11.9
法国	France	2009	34504	32.3	33.9	18.2	15.6
德国	Germany	2009	48101	0.4	32.3	46.6	16.9
希腊	Greece	2009	5386	81.3		16.4	1.4
匈牙利	Hungary	2009	4312	74.5	9.4	13.4	2.1
冰岛	Iceland	2009	177	68.4	10.2	13.0	2.3
伊拉克	Iraq	2005	5446		12.3		
爱尔兰	Ireland	2009	3300	60.6	2.6	31.8	3.5
意大利	Italy	2009	32500	49.2	12.7	12.4	35.4

资料来源：联合国统计司/环境规划署环境统计问卷，废物部分。
欧盟统计局环境数据中心废物数据。
经合组织环境统计摘要，废物部分。

Sources: UNSD/UNEP Questionnaires on Environment Statistics, Waste section.
Eurostat Environmental Data Centre on Waste.
OECD Environmental Data Compendium, Waste Section.

附录4-11　续表　continued

国家和地区	Country or Area	截止年份 Latest Year Available	城市垃圾收集量（千吨） Municipal Waste Collected (1 000 tonnes)	填埋 Municipal Waste Landfilled (%)	焚烧 Municipal Waste Incinerated (%)	回收利用 Municipal Waste Recycled (%)	堆肥 Municipal Waste Composted (%)
牙买加	Jamaica	2006	1464	100.0			
日本	Japan	2003	54367	3.4	74.0	16.8	
韩国	Korea, Republic of	2004	18252	36.4	14.4	49.2	
科威特	Kuwait	2009	1723	100.0			
吉尔吉斯斯坦	Kyrgyzstan	2009	6642	100.0			
拉脱维亚	Latvia	2009	753	92.2	0.1	7.4	0.3
黎巴嫩	Lebanon	2009	1720	78.0		7.7	14.0
立陶宛	Lithuania	2009	1206	90.6		3.1	1.3
卢森堡	Luxembourg	2009	349	17.2	36.1	26.6	20.1
马达加斯加	Madagascar	2007	419	96.7			3.5
马耳他	Malta	2009	268	95.1		4.1	
马绍尔群岛	Marshall Islands	2007	26			30.8	6.0
毛里求斯	Mauritius	2009	408	97.1		2.9	
墨西哥	Mexico	2006	36088	96.7		3.3	
摩纳哥	Monaco	2009	37		132.6	8.3	
黑山	Montenegro	2009	212				
摩洛哥	Morocco	2000	6500	98.0		2.0	
荷兰	Netherlands	2009	10159	0.7	33.1	27.2	23.4
新西兰	New Zealand	1999	1541	84.7		15.3	
尼日尔	Niger	2005	9750	64.0	12.0	4.0	
挪威	Norway	2009	2269	14.3	41.5	27.3	15.7
巴勒斯坦	Palestine	2001	1350	100.0			
秘鲁	Peru	2001	4740	65.7		14.7	
波兰	Poland	2009	12053	65.2	0.8	11.8	5.6
葡萄牙	Portugal	2009	5185	61.7	18.5	8.2	11.6
卡塔尔	Qatar	2009	789	94.1			5.9
罗马尼亚	Romania	2009	8507	76.9		0.9	
新加坡	Singapore	2009	6114	2.4	40.6	57.0	
斯洛伐克	Slovakia	2009	1837	75.4	9.0	2.2	5.1
斯洛文尼亚	Slovenia	2009	913	68.8	1.5	37.8	2.2
西班牙	Spain	2009	25090	52.0	8.8	14.7	24.5
圣文森特和格林纳丁斯	St. Vincent and the Grenadines	2002	38	84.9		15.1	
瑞典	Sweden	2009	4486	1.4	48.4	35.4	13.8
瑞士	Switzerland	2009	5460		48.7	34.2	17.0
叙利亚	Syrian Arab Republic	2003	7500	93.9	5.3	1.1	
泰国	Thailand	2000	13972		0.8	14.3	
马其顿	The Former Yugoslav Rep. of Macedonia	2009	552	100.0			
突尼斯	Tunisia	2004	1316	99.9			0.1
土耳其	Turkey	2009	28006	84.8			1.1
乌干达	Uganda	2006	224	100.0			
英国	United Kingdom	2009	32600	49.1	11.1	26.9	14.7
美国	United States	2005	222863	54.3	13.6	23.8	8.4
也门	Yemen	2009	1410	100.0			

附录4-12 森林面积
Forest Area

国家和地区	Country or Area	1990年森林面积(平方公里) Forest Area in 1990 (km²)	2010年森林面积(平方公里) Forest Area in 2010 (km²)	比1990年增减(%) % Change since 1990 (%)	2010年森林覆盖率(%) % of Land Area Covered by Forest in 2010 (%)
阿富汗	Afghanistan	13500	13500		2
阿尔巴尼亚	Albania	7890	7760	-1.6	28
阿尔及利亚	Algeria	16670	14920	-10.5	1
美属萨摩亚	American Samoa	180	180		89
安道尔	Andorra	160	160		36
安哥拉	Angola	609760	584800	-4.1	47
安圭拉	Anguilla	60	60		60
安提瓜和巴布达	Antigua and Barbuda	100	100		22
阿根廷	Argentina	347930	294000	-15.5	11
亚美尼亚	Armenia	3470	2620	-24.5	9
阿鲁巴	Aruba				2
澳大利亚	Australia	1545000	1493000	-3.4	19
奥地利	Austria	37760	38870	2.9	47
阿塞拜疆	Azerbaijan	9360	9360		11
巴哈马	Bahamas	5150	5150		51
巴林	Bahrain		10	100.0	1
孟加拉国	Bangladesh	14940	14420	-3.5	11
巴巴多斯	Barbados	80	80		19
白俄罗斯	Belarus	77800	86300	10.9	42
比利时	Belgium	6770	6780	0.1	22
伯利兹	Belize	15860	13930	-12.2	61
贝宁	Benin	57610	45610	-20.8	41
百慕大	Bermuda	10	10		20
不丹	Bhutan	30350	32490	7.1	69
玻利维亚	Bolivia	627950	571960	-8.9	53
波黑	Bosnia and Herzegovina	22100	21850	-1.1	43
博茨瓦纳	Botswana	137180	113510	-17.3	20
巴西	Brazil	5748390	5195220	-9.6	62
英属维尔京群岛	British Virgin Islands	40	40		24
文莱	Brunei Darussalam	4130	3800	-8.0	72
保加利亚	Bulgaria	33270	39270	18.0	36
布基纳法索	Burkina Faso	68470	56490	-17.5	21
布隆迪	Burundi	2890	1720	-40.5	7

资料来源：联合国粮农组织。
Sources:Food and Agriculture Organization of the United Nations (FAO).

附录4-12 续表 1 continued 1

国家和地区	Country or Area	1990年森林面积(平方公里) Forest Area in 1990 (km²)	2010年森林面积(平方公里) Forest Area in 2010 (km²)	比1990年增减(%) % Change since 1990 (%)	2010年森林覆盖率(%) % of Land Area Covered by Forest in 2010 (%)
柬埔寨	Cambodia	129440	100940	-22.0	57
喀麦隆	Cameroon	243160	199160	-18.1	42
加拿大	Canada	3101340	3101340		34
佛得角	Cape Verde	580	850	46.6	21
开曼群岛	Cayman Islands	130	130		50
中非共和国	Central African Republic	232030	226050	-2.6	36
乍得	Chad	131100	115250	-12.1	9
智利	Chile	152630	162310	6.3	22
中国	China	1571410	2068610	31.6	22
哥伦比亚	Colombia	625190	604990	-3.2	55
科摩罗	Comoros	120	30	-75.0	2
刚果	Congo	227260	224110	-1.4	66
库克群岛	Cook Islands	150	160	6.7	65
哥斯达黎加	Costa Rica	25640	26050	1.6	51
科特迪瓦	Cote d'Ivoire	102220	104030	1.8	33
克罗地亚	Croatia	18500	19200	3.8	34
古巴	Cuba	20580	28700	39.5	26
塞浦路斯	Cyprus	1610	1730	7.5	19
捷克	Czech Republic	26290	26570	1.1	34
刚果民主共和国	Dem. Rep. of the Congo	1603630	1541350	-3.9	68
丹麦	Denmark	4450	5440	22.2	13
吉布提	Djibouti	60	60		
多米尼加	Dominica	500	450	-10.0	60
多米尼加共和国	Dominican Republic	19720	19720		41
厄瓜多尔	Ecuador	138170	98650	-28.6	36
埃及	Egypt	440	700	59.1	
萨尔瓦多	El Salvador	3770	2870	-23.9	14
赤道几内亚	Equatorial Guinea	18600	16260	-12.6	58
厄立特里亚	Eritrea	16210	15320	-5.5	15
爱沙尼亚	Estonia	20900	22170	6.1	52
埃塞俄比亚	Ethiopia	151140	122960	-18.6	11
法罗群岛	Faeroe Islands				
福克兰群岛(马尔维纳斯群岛)	Falkland Islands (Malvinas)				

附录4-12 续表 2 continued 2

国家和地区	Country or Area	1990年森林面积(平方公里) Forest Area in 1990 (km^2)	2010年森林面积(平方公里) Forest Area in 2010 (km^2)	比1990年增减(%) % Change since 1990 (%)	2010年森林覆盖率(%) % of Land Area Covered by Forest in 2010 (%)
斐济	Fiji	9530	10140	6.4	56
芬兰	Finland	218890	221570	1.2	73
法国	France	145370	159540	9.7	29
法属圭亚那	French Guiana	81880	80820	-1.3	98
法属波利尼西亚	French Polynesia	550	1550	181.8	42
加蓬	Gabon	220000	220000		85
冈比亚	Gambia	4420	4800	8.6	48
格鲁吉亚	Georgia	27790	27420	-1.3	39
德国	Germany	107410	110760	3.1	32
加纳	Ghana	74480	49400	-33.7	22
直布罗陀	Gibraltar				
希腊	Greece	32990	39030	18.3	30
格陵兰	Greenland				
格林纳达	Grenada	170	170		50
瓜德鲁普	Guadeloupe	670	640	-4.5	39
关岛	Guam	260	260		47
危地马拉	Guatemala	47480	36570	-23.0	34
根西	Guernsey				3
几内亚	Guinea	72640	65440	-9.9	27
几内亚比绍	Guinea-Bissau	22160	20220	-8.8	72
圭亚那	Guyana	152050	152050		77
海地	Haiti	1160	1010	-12.9	4
罗马教廷	Holy See				
洪都拉斯	Honduras	81360	51920	-36.2	46
匈牙利	Hungary	18010	20290	12.7	23
冰岛	Iceland	90	300	233.3	
印度	India	639390	684340	7.0	23
印度尼西亚	Indonesia	1185450	944320	-20.3	52
伊朗	Iran (Islamic Republic of)	110750	110750		7
伊拉克	Iraq	8040	8250	2.6	2
爱尔兰	Ireland	4650	7390	58.9	11
曼岛	Isle of Man	30	30		6
以色列	Israel	1320	1540	16.7	7
意大利	Italy	75900	91490	20.5	31

附录4-12 续表 3 continued 3

国家和地区	Country or Area	1990年森林面积(平方公里) Forest Area in 1990 (km²)	2010年森林面积(平方公里) Forest Area in 2010 (km²)	比1990年增减(%) % Change since 1990 (%)	2010年森林覆盖率(%) % of Land Area Covered by Forest in 2010 (%)
牙买加	Jamaica	3450	3370	-2.3	31
日本	Japan	249500	249790	0.1	69
泽西岛	Jersey	10	10		5
约旦	Jordan	980	980		1
哈萨克斯坦	Kazakhstan	34220	33090	-3.3	1
肯尼亚	Kenya	37080	34670	-6.5	6
基里巴斯	Kiribati	120	120		15
朝鲜	Korea, Dem. People's Rep.	82010	56660	-30.9	47
韩国	Korea, Republic of	63700	62220	-2.3	63
科威特	Kuwait	30	60	100.0	
吉尔吉斯斯坦	Kyrgyzstan	8360	9540	14.1	5
老挝	Lao People's Dem. Rep.	173140	157510	-9.0	68
拉脱维亚	Latvia	31730	33540	5.7	54
黎巴嫩	Lebanon	1310	1370	4.6	13
莱索托	Lesotho	400	440	10.0	1
利比里亚	Liberia	49290	43290	-12.2	45
利比亚	Libyan Arab Jamahiriya	2170	2170		
列支敦士登	Liechtenstein	70	70		43
立陶宛	Lithuania	19450	21600	11.1	34
卢森堡	Luxembourg	860	870	1.2	33
马达加斯加	Madagascar	136920	125530	-8.3	22
马拉维	Malawi	38960	32370	-16.9	34
马来西亚	Malaysia	223760	204560	-8.6	62
马尔代夫	Maldives	10	10		3
马里	Mali	140720	124900	-11.2	10
马耳他	Malta				1
马绍尔群岛	Marshall Islands	130	130		70
马提尼克	Martinique	490	490		46
毛里塔尼亚	Mauritania	4150	2420	-41.7	
毛里求斯	Mauritius	390	350	-10.3	17
马约特	Mayotte	180	140	-22.2	37
墨西哥	Mexico	702910	648020	-7.8	33
密克罗尼西亚联邦	Federated States of Micronesia	640	640		92

附录4-12 续表 4 continued 4

国家和地区	Country or Area	1990年森林面积（平方公里）Forest Area in 1990 (km^2)	2010年森林面积（平方公里）Forest Area in 2010 (km^2)	比1990年增减(%) % Change since 1990 (%)	2010年森林覆盖率(%) % of Land Area Covered by Forest in 2010 (%)
摩纳哥	Monaco				
蒙古	Mongolia	125360	108980	-13.1	7
黑山	Montenegro	5430	5430		40
蒙特塞拉特	Montserrat	40	30	-25.0	24
摩洛哥	Morocco	50490	51310	1.6	11
莫桑比克	Mozambique	433780	390220	-10.0	50
缅甸	Myanmar	392180	317730	-19.0	48
纳米比亚	Namibia	87620	72900	-16.8	9
瑙鲁	Nauru				
尼泊尔	Nepal	48170	36360	-24.5	25
荷兰	Netherlands	3450	3650	5.8	11
荷属安的列斯	Netherlands Antilles	10	10		1
新喀里多尼亚	New Caledonia	8390	8390		46
新西兰	New Zealand	77200	82690	7.1	31
尼加拉瓜	Nicaragua	45140	31140	-31.0	26
尼日尔	Niger	19450	12040	-38.1	1
尼日利亚	Nigeria	172340	90410	-47.5	10
纽埃	Niue	210	190	-9.5	72
诺福克岛	Norfolk Island				12
北马里亚纳群岛	Northern Mariana Islands	340	300	-11.8	66
挪威	Norway	91300	100650	10.2	33
阿曼	Oman	20	20		
巴基斯坦	Pakistan	25270	16870	-33.2	2
帕劳	Palau	380	400	5.3	88
巴拿马	Panama	37920	32510	-14.3	44
巴布亚新几内亚	Papua New Guinea	315230	287260	-8.9	63
巴拉圭	Paraguay	211570	175820	-16.9	44
秘鲁	Peru	701560	679920	-3.1	53
菲律宾	Philippines	65700	76650	16.7	26
皮特凯恩	Pitcairn	40	40		83
波兰	Poland	88810	93370	5.1	30
葡萄牙	Portugal	33270	34560	3.9	38
波多黎各	Puerto Rico	2870	5520	92.3	62

附录4-12 续表 5 continued 5

国家和地区	Country or Area	1990年森林面积(平方公里) Forest Area in 1990 (km²)	2010年森林面积(平方公里) Forest Area in 2010 (km²)	比1990年增减(%) % Change since 1990 (%)	2010年森林覆盖率(%) % of Land Area Covered by Forest in 2010 (%)
卡塔尔	Qatar				
摩尔多瓦	Republic of Moldova	3190	3860	21.0	12
留尼汪	Réunion	870	880	1.1	35
罗马尼亚	Romania	63710	65730	3.2	29
俄罗斯联邦	Russian Federation	8089500	8090900		49
卢旺达	Rwanda	3180	4350	36.8	18
圣赫勒拿	Saint Helena	20	20		6
圣基茨和尼维斯	Saint Kitts and Nevis	110	110		42
圣卢西亚	Saint Lucia	440	470	6.8	77
圣皮埃尔岛和密克隆	Saint Pierre and Miquelon	30	30		13
萨摩亚	Samoa	1300	1710	31.5	60
圣马力诺	San Marino				
圣多美和普林西比	Sao Tome and Principe	270	270		28
沙特阿拉伯	Saudi Arabia	9770	9770		
塞内加尔	Senegal	93480	84730	-9.4	44
塞尔维亚	Serbia	23130	27130	17.3	31
塞舌尔	Seychelles	410	410		88
塞拉利昂	Sierra Leone	31180	27260	-12.6	38
新加坡	Singapore	20	20		3
斯洛伐克	Slovakia	19220	19330	0.6	40
斯洛文尼亚	Slovenia	11880	12530	5.5	62
所罗门群岛	Solomon Islands	23240	22130	-4.8	79
索马里	Somalia	82820	67470	-18.5	11
南非	South Africa	92410	92410		8
西班牙	Spain	138180	181730	31.5	36
斯里兰卡	Sri Lanka	23500	18600	-20.9	29
圣文森特和格林纳丁斯	St. Vincent and the Grenadines	250	270	8.0	68
苏丹	Sudan	763810	699490	-8.4	29
苏里南	Suriname	147760	147580	-0.1	95
斯威士兰	Swaziland	4720	5630	19.3	33
瑞典	Sweden	272810	282030	3.4	69
瑞士	Switzerland	11510	12400	7.7	31

附录4-12 续表 6 continued 6

国家和地区	Country or Area	1990年森林面积（平方公里）Forest Area in 1990 (km^2)	2010年森林面积（平方公里）Forest Area in 2010 (km^2)	比1990年增减（%）% Change since 1990 (%)	2010年森林覆盖率（%）% of Land Area Covered by Forest in 2010 (%)
叙利亚	Syrian Arab Republic	3720	4910	32.0	3
塔吉克斯坦	Tajikistan	4080	4100	0.5	3
泰国	Thailand	195490	189720	-3.0	37
马其顿	The Former Yugoslav Rep. of Macedonia	9120	9980	9.4	39
东帝汶	Timor-Leste	9660	7420	-23.2	50
多哥	Togo	6850	2870	-58.1	5
托克劳	Tokelau				
汤加	Tonga	90	90		13
特立尼达和多巴哥	Trinidad and Tobago	2410	2260	-6.2	44
突尼斯	Tunisia	6430	10060	56.5	6
土耳其	Turkey	96800	113340	17.1	15
土库曼斯坦	Turkmenistan	41270	41270		9
特克斯和凯科斯群岛	Turks and Caicos Islands	340	340		80
图瓦卢	Tuvalu	10	10		33
乌干达	Uganda	47510	29880	-37.1	15
乌克兰	Ukraine	92740	97050	4.6	17
阿拉伯联合酋长国	United Arab Emirates	2450	3170	29.4	4
英国	United Kingdom	26110	28810	10.3	12
坦桑尼亚	United Rep. of Tanzania	414950	334280	-19.4	38
美国	United States	2963350	3040220	2.6	33
美属维尔京群岛	United States Virgin Islands	240	200	-16.7	58
乌拉圭	Uruguay	9200	17440	89.6	10
乌兹别克斯坦	Uzbekistan	30450	32760	7.6	8
瓦努阿图	Vanuatu	4400	4400		36
委内瑞拉	Venezuela	520260	462750	-11.1	52
越南	Viet Nam	93630	137970	47.4	44
瓦利斯和富图纳群岛	Wallis and Futuna Islands	60	60		42
西撒哈拉	Western Sahara	7070	7070		3
也门	Yemen	5490	5490		1
赞比亚	Zambia	528000	494680	-6.3	67
津巴布韦	Zimbabwe	221640	156240	-29.5	40

附录4-13 农业用地

国家和地区	Country or Area	2008年农业用地(平方公里) Agricultural Area in 2008 (km²)	比1990年增减(%) % Change since 1990 (%)
阿富汗	Afghanistan	379100	-0.3
阿尔巴尼亚	Albania	11810	5.4
阿尔及利亚	Algeria	413090	6.8
美属萨摩亚	American Samoa	50	25.0
安道尔	Andorra	260	
安哥拉	Angola	576900	0.5
安提瓜和巴布达	Antigua and Barbuda	130	
阿根廷	Argentina	1328500	4.3
亚美尼亚	Armenia	17473	
阿鲁巴	Aruba	20	
澳大利亚	Australia	4172880	-10.2
奥地利	Austria	31710	-9.4
阿塞拜疆	Azerbaijan	47567	
巴哈马	Bahamas	130	8.3
巴林	Bahrain	84	5.0
孟加拉国	Bangladesh	93000	-7.3
巴巴多斯	Barbados	190	
白俄罗斯	Belarus	89170	
比利时	Belgium	13730	
伯利兹	Belize	1520	20.6
贝宁	Benin	33950	49.6
百慕大	Bermuda	7	-26.0
不丹	Bhutan	5630	24.0
玻利维亚	Bolivia	368190	3.8
波黑	Bosnia and Herzegovina	21300	
博茨瓦纳	Botswana	258520	-0.6
巴西	Brazil	2645000	9.5
英属维尔京群岛	British Virgin Islands	70	-12.5
文莱	Brunei Darussalam	114	3.6
保加利亚	Bulgaria	51740	-16.0
布基纳法索	Burkina Faso	123600	29.1
布隆迪	Burundi	21900	3.1
柬埔寨	Cambodia	55550	24.7
喀麦隆	Cameroon	91630	-0.1
加拿大	Canada	676000	-0.2
佛得角	Cape Verde	930	36.8
开曼群岛	Cayman Islands	27	

资料来源：联合国粮农组织。
Sources:Food and Agriculture Organization of the United Nations (FAO).

Agricultural Land

2008年农业用地占土地总面积比重(%) % of Total Land Area in 2008 (%)	2008年耕地面积(平方公里) Arable Land in 2008 (km^2)	2008年农用地面积(平方公里) Land Under Permanent Crops in 2008 (km^2)	2008年牧草地面积(平方公里) Land under Permanent Meadows and Pastures in 2008 (km^2)	2008年农业灌溉面积(平方公里) Agricultural Area Irrigated in 2008 (km^2)
58.1	77940	1160	300000	21910
43.1	6100	870	4840	1180
17.3	74890	9350	328850	8550
25.0	20	30		
55.3	10		250	
46.3	34000	2900	540000	
29.5	80	10	40	
48.5	320000	10000	998500	
61.4	4494	540	12439	1558
11.1	20			
54.3	440240	3500	3729140	18510
38.5	13740	660	17310	
57.6	18602	2275	26690	14295
1.3	70	40	20	
11.1	14	30	40	
71.4	79000	8000	6000	
44.2	160	10	20	
43.9	55160	1210	32800	600
45.3	8450	230	5050	
6.7	700	320	500	
30.7	25500	2950	5500	
14.8	7			
14.7	1280	280	4070	
34.0	36000	2190	330000	
41.6	10080	900	10320	
45.6	2500	20	256000	
31.3	610000	75000	1960000	
46.7	10	10	50	
2.2	30	50	34	
47.6	30610	1840	19290	
45.2	63000	600	60000	
85.3	9000	3900	9000	
31.5	39000	1550	15000	
19.4	59630	12000	20000	
7.4	451000	70500	154500	
23.1	650	30	250	
11.3	2	5	20	

附录4-13 续表 1

国家和地区	Country or Area	2008年农业用地（平方公里）Agricultural Area in 2008 (km²)	比1990年增减（%）% Change since 1990 (%)
中非共和国	Central African Republic	52100	4.1
乍得	Chad	493300	2.1
海峡群岛	Channel Islands	75	-11.8
智利	Chile	157370	-1.0
中国	China	5225440	-1.7
哥伦比亚	Colombia	426140	-5.5
科摩罗	Comoros	1500	17.2
刚果	Congo	105420	0.2
库克群岛	Cook Islands	30	-50.0
哥斯达黎加	Costa Rica	18000	-21.9
科特迪瓦	Cote d'Ivoire	202500	7.0
克罗地亚	Croatia	12880	
古巴	Cuba	66000	-2.1
塞浦路斯	Cyprus	1156	-28.6
捷克	Czech Republic	42450	
刚果民主共和国	Dem. Rep. of the Congo	224500	-1.8
丹麦	Denmark	26680	-4.3
吉布提	Djibouti	17010	30.9
多米尼加	Dominica	230	27.8
多米尼加共和国	Dominican Republic	25000	-2.0
厄瓜多尔	Ecuador	74450	-5.1
埃及	Egypt	35420	33.8
萨尔瓦多	El Salvador	15520	10.1
赤道几内亚	Equatorial Guinea	3100	-7.2
厄立特里亚	Eritrea	75720	
爱沙尼亚	Estonia	8030	
埃塞俄比亚	Ethiopia	345130	
法罗群岛	Faeroe Islands	30	
福克兰群岛(马尔维纳斯群岛)	Falkland Islands (Malvinas)	11240	-5.5
斐济	Fiji	4280	4.4
芬兰	Finland	22960	-4.2
法国	France	292421	-4.3
法属圭亚那	French Guiana	246	17.1
法属波利尼西亚	French Polynesia	450	4.7
加蓬	Gabon	51400	-0.3
冈比亚	Gambia	6550	2.8
格鲁吉亚	Georgia	25230	

continued 1

2008年农业用地占土地总面积比重(%) % of Total Land Area in 2008 (%)	2008年耕地面积(平方公里) Arable Land in 2008 (km^2)	2008年农用地面积(平方公里) Land Under Permanent Crops in 2008 (km^2)	2008年牧草地面积(平方公里) Land under Permanent Meadows and Pastures in 2008 (km^2)	2008年农业灌溉面积(平方公里) Agricultural Area Irrigated in 2008 (km^2)
8.4	19300	800	32000	
39.2	43000	300	450000	
39.5	37		38	1
21.2	12650	4570	140150	
56.0	1086420	139010	4000010	
38.4	18300	16310	391530	
80.6	800	550	150	
30.9	4900	520	100000	
12.5	20	10		
35.3	2000	3000	13000	
63.7	28000	42500	132000	
23.0	8600	860	3420	
62.0	35700	4000	26300	
12.5	824	318	14	244
55.0	30260	2390	9800	100
9.9	67000	7500	150000	
62.9	24000	70	2610	2540
73.4	10		17000	
30.7	50	160	20	
51.7	8000	5000	12000	
30.0	12360	12640	49450	7580
3.6	27730	7690		
74.9	6850	2300	6370	
11.1	1310	750	1040	
75.0	6700	20	69000	
18.9	5980	80	1970	
34.5	136060	9070	200000	
2.1	30			
92.4			11240	
23.4	1700	830	1750	
7.6	22555	75	330	
53.4	182603	10711	99107	
0.3	128	43	75	
12.3	30	220	200	
19.9	3250	1500	46650	
65.5	3900	50	2600	
36.3	4680	1150	19400	1010

附录4-13 续表 2

国家和地区	Country or Area	2008年农业用地(平方公里) Agricultural Area in 2008 (km^2)	比1990年增减(%) %Change since 1990 (%)
德国	Germany	169220	-6.2
加纳	Ghana	156000	23.8
希腊	Greece	46250	-49.8
格陵兰	Greenland	2350	
格林纳达	Grenada	120	-7.7
瓜德鲁普	Guadeloupe	435	-17.9
关岛	Guam	190	-5.0
危地马拉	Guatemala	42180	-1.6
几内亚	Guinea	137900	14.0
几内亚比绍	Guinea-Bissau	16300	12.6
圭亚那	Guyana	16750	-3.3
海地	Haiti	17900	12.1
洪都拉斯	Honduras	31840	-4.1
匈牙利	Hungary	57780	-10.8
冰岛	Iceland	22810	
印度	India	1797080	-0.7
印度尼西亚	Indonesia	481000	6.7
伊朗	Iran(IslamicRepublicof)	482940	-21.5
伊拉克	Iraq	94500	-6.3
爱尔兰	Ireland	42001	-25.6
曼岛	IsleofMan	422	10.2
以色列	Israel	5041	-12.9
意大利	Italy	133960	-20.5
牙买加	Jamaica	4640	-2.5
日本	Japan	46280	-18.7
约旦	Jordan	9735	-6.4
哈萨克斯坦	Kazakhstan	2078980	
肯尼亚	Kenya	271000	1.2
基里巴斯	Kiribati	340	-12.8
朝鲜	Korea,Dem.People'sRep.	29500	17.2
韩国	Korea,Republicof	18050	-17.2
科威特	Kuwait	1510	7.1
吉尔吉斯斯坦	Kyrgyzstan	107272	
老挝	LaoPeople'sDem.Rep.	22230	33.9
拉脱维亚	Latvia	18250	
黎巴嫩	Lebanon	6860	13.4
莱索托	Lesotho	23590	1.6
利比里亚	Liberia	26180	5.0

continued 2

2008年农业用地占土地总面积比重(%) %ofTotal LandAreain2008 (%)	2008年耕地面积(平方公里) ArableLand in2008 (km^2)	2008年农用地面积(平方公里) LandUnder PermanentCrops in2008 (km^2)	2008年牧草地面积(平方公里) LandunderPermanent Meadowsand Pasturesin2008 (km^2)	2008年农业灌溉面积(平方公里) AgriculturalArea Irrigatedin2008 (km^2)
48.5	119330	2000	47890	
68.6	44000	28500	83500	
35.9	21000	11250	14000	
0.6			2350	
35.3	20	90	10	2
25.7	211	34	190	
35.2	10	100	80	
39.4	13250	9430	19500	
56.1	24000	6900	107000	
58.0	3000	2500	10800	
8.5	4200	250	12300	
64.9	10000	3000	4900	
28.5	10180	4100	17560	
64.5	45730	1950	10100	799
22.8	70		22740	
60.4	1581450	111750	103880	
26.6	220000	151000	110000	
29.7	170370	17330	295240	91860
21.6	52000	2500	40000	
61.0	11010	27	30964	
74.0	52		370	
23.3	3017	774	1250	
45.5	71320	26360	36280	
42.8	1250	1100	2290	
12.7	43080	3200		16240
11.0	1495	810	7430	928
77.0	227000	1000	1850980	
47.6	53000	5000	213000	
42.0	20	320		
24.5	27000	2000	500	
18.6	15530	1940	580	
8.5	114	36	1360	
55.9	12795	734	93743	9982
9.6	12500	950	8780	
29.3	11700	70	6480	
67.1	1440	1420	4000	
77.7	3550	40	20000	
27.2	4000	2180	20000	

附录4-13 续表 3

国家和地区	Country or Area	2008年 农业用地 (平方公里) Agricultural Area in 2008 (km²)	比1990年 增减 (%) % Change since 1990 (%)
利比亚	Libyan Arab Jamahiriya	155500	0.6
列支敦士登	Liechtenstein	60	-14.3
立陶宛	Lithuania	26721	
卢森堡	Luxembourg	1300	
马达加斯加	Madagascar	408450	12.4
马拉维	Malawi	54720	29.7
马来西亚	Malaysia	78700	8.9
马尔代夫	Maldives	90	
马里	Mali	396300	23.4
马耳他	Malta	100	-23.1
马绍尔群岛	Marshall Islands	130	
马提尼克	Martinique	280	-28.2
毛里塔尼亚	Mauritania	396610	
毛里求斯	Mauritius	980	-13.3
马约特	Mayotte	200	11.1
墨西哥	Mexico	1025000	-1.3
密克罗尼西亚联邦	Micronesia, Federated States of	225	
蒙古	Mongolia	1159520	-7.7
黑山	Montenegro	5130	
蒙特塞拉特	Montserrat	30	
摩洛哥	Morocco	299810	-1.2
莫桑比克	Mozambique	487500	2.2
缅甸	Myanmar	120050	15.1
纳米比亚	Namibia	388080	0.4
瑙鲁	Nauru	4	
尼泊尔	Nepal	42100	1.4
荷兰	Netherlands	19293	-3.8
荷属安的列斯	Netherlands Antilles	80	
新喀里多尼亚	New Caledonia	2520	8.6
新西兰	New Zealand	113740	-29.7
尼加拉瓜	Nicaragua	51460	27.9
尼日尔	Niger	433160	31.1
尼日利亚	Nigeria	785000	8.9
纽埃	Niue	50	4.2
诺福克岛	Norfolk Island	10	
北马里亚纳群岛	Northern Mariana Islands	30	
挪威	Norway	10243	4.9
阿曼	Oman	17940	66.1

continued 3

2008年农业用地占土地总面积比重(%) % of Total Land Area in 2008 (%)	2008年耕地面积(平方公里) Arable Land in 2008 (km²)	2008年农用地面积(平方公里) Land Under Permanent Crops in 2008 (km²)	2008年牧草地面积(平方公里) Land under Permanent Meadows and Pastures in 2008 (km²)	2008年农业灌溉面积(平方公里) Agricultural Area Irrigated in 2008 (km²)
8.8	17500	3000	135000	
37.5	38		20	
42.6	18615	274	7832	
50.2	620	10	670	
70.2	29500	6000	372950	8900
58.2	35000	1220	18500	
24.0	18000	57850	2850	
30.0	40	40	10	
32.5	48500	1300	346500	
31.3	85	15		29
72.2	20	80	30	
26.4	110	60	110	
38.5	4000	110	392500	
48.3	870	40	70	210
53.3	70	130		
52.7	248000	27000	750000	
32.1	25	170	30	
74.6	8500	20	1151000	
38.1	1730	160	3240	
30.0	20		10	
67.2	80550	9260	210000	13280
62.0	45000	2500	440000	
18.4	106000	11000	3050	
47.1	8000	80	380000	
20.0		4		
29.4	23570	1180	17350	11680
57.1	10666	349	8278	
10.0	80			
13.8	80	50	2390	
43.2	4530	690	108520	
42.8	19000	2300	30160	
34.2	144930	430	287800	
86.2	375000	30000	380000	
19.2	10	30	10	
25.0			10	
6.5	10	10	10	
3.4	8447	46	1750	
5.8	550	390	17000	

附录4-13 续表 4

国家和地区	Country or Area	2008年农业用地(平方公里) Agricultural Area in 2008 (km^2)	比1990年增减(%) % Change since 1990 (%)
巴基斯坦	Pakistan	262000	1.0
帕劳	Palau	50	
巴拿马	Panama	22300	5.0
巴布亚新几内亚	Papua New Guinea	11100	26.6
巴拉圭	Paraguay	204000	18.9
秘鲁	Peru	214400	-1.8
菲律宾	Philippines	118000	5.9
波兰	Poland	161540	-14.0
葡萄牙	Portugal	34600	-12.7
波多黎各	Puerto Rico	1870	-57.0
卡塔尔	Qatar	660	8.2
摩尔多瓦	Republic of Moldova	24850	
留尼汪	Réunion	470	-26.6
罗马尼亚	Romania	135460	-8.3
俄罗斯联邦	Russian Federation	2154940	
卢旺达	Rwanda	20200	7.5
圣赫勒拿	Saint Helena	120	20.0
圣基茨和尼维斯	Saint Kitts and Nevis	51	-57.5
圣卢西亚	Saint Lucia	110	-45.0
圣皮埃尔岛和密克隆	Saint Pierre and Miquelon	30	
萨摩亚	Samoa	660	-1.5
圣马力诺	San Marino	10	
圣多美和普林西比	Sao Tome and Principe	550	31.0
沙特阿拉伯	Saudi Arabia	1736760	40.6
塞内加尔	Senegal	91540	3.2
塞尔维亚	Serbia	50560	
塞舌尔	Seychelles	40	-20.0
塞拉利昂	Sierra Leone	41300	46.2
新加坡	Singapore	7	-65.0
斯洛伐克	Slovakia	19370	
斯洛文尼亚	Slovenia	5030	
所罗门群岛	Solomon Islands	840	23.5
索马里	Somalia	440270	
南非	South Africa	993780	2.7
西班牙	Spain	279000	-8.4
斯里兰卡	Sri Lanka	26400	12.9

continued 4

2008年农业用地占土地总面积比重(%) % of Total Land Area in 2008 (%)	2008年耕地面积(平方公里) Arablc Land in 2008 (km^2)	2008年农用地面积(平方公里) Land Under Permanent Crops in 2008 (km^2)	2008年牧草地面积(平方公里) Land under Permanent Meadows and Pastures in 2008 (km^2)	2008年农业灌溉面积(平方公里) Agricultural Area Irrigated in 2008 (km^2)
34.0	203470	8530	50000	191300
10.9	10	20	20	
30.0	5480	1470	15350	
2.5	2700	6500	1900	
51.3	42000	1000	161000	
16.8	36500	7900	170000	
39.6	53000	50000	15000	
53.1	125710	3990	31840	
37.8	10500	5850	18250	
21.1	600	370	900	
5.7	130	30	500	
75.6	18220	3030	3600	2250
18.8	328	32	110	
58.9	87210	3750	44500	2570
13.2	1216490	17930	920520	42470
81.9	12900	2800	4500	
30.8	40		80	
19.6	40	1	10	4
18.0	30	70	10	
13.0	30			
23.3	250	380	30	
16.7	10			
57.3	90	450	10	
80.8	34460	2300	1700000	
47.5	35000	540	56000	
57.2	33020	3000	14540	260
8.7	10	30		
57.7	17950	1350	22000	
1.0	5	2		
40.3	13820	230	5320	260
25.0	1810	260	2960	40
3.0	160	600	80	
70.2	10000	270	430000	
81.8	145000	9500	839280	
55.9	125000	48000	106000	
42.1	12500	9500	4400	

附录4-13 续表 5

国家和地区	Country or Area	2008年 农业用地 (平方公里) Agricultural Area in 2008 (km^2)	比1990年 增减 (%) % Change since 1990 (%)
圣文森特和格林纳丁斯	St. Vincent and the Grenadines	100	-16.7
苏丹	Sudan	1380860	12.3
苏里南	Suriname	748	-15.0
斯威士兰	Swaziland	12240	-1.1
瑞典	Sweden	30930	-9.4
瑞士	Switzerland	15613	-1.2
叙利亚	Syrian Arab Republic	138980	3.0
塔吉克斯坦	Tajikistan	47270	
泰国	Thailand	196500	-8.1
马其顿	The Former Yugoslav Rep. of Macedonia	10710	
东帝汶	Timor-Leste	3750	17.9
多哥	Togo	36300	13.8
托劳克群岛	Tokelau	6	20.0
汤加	Tonga	310	-3.1
特立尼达和多巴哥	Trinidad and Tobago	540	-29.9
突尼斯	Tunisia	98810	14.3
土耳其	Turkey	391220	-1.4
土库曼斯坦	Turkmenistan	326180	
特克斯和凯科斯群岛	Turks and Caicos Islands	10	
图瓦卢	Tuvalu	18	-10.0
乌干达	Uganda	130120	8.8
乌克兰	Ukraine	412920	
阿拉伯联合酋长国	United Arab Emirates	5700	100.0
英国	United Kingdom	176840	-2.9
坦桑尼亚	United Rep. of Tanzania	349500	2.8
美国	United States	4112000	-3.7
美属维尔京群岛	United States Virgin Islands	40	-60.0
乌拉圭	Uruguay	148640	0.3
乌兹别克斯坦	Uzbekistan	266200	
瓦努阿图	Vanuatu	1870	23.0
委内瑞拉	Venezuela	213500	-2.3
越南	Viet Nam	100570	49.5
瓦利斯和富图纳群岛	Wallis and Futuna Islands	60	
西撒哈拉	Western Sahara	50040	
也门	Yemen	236060	-0.1
赞比亚	Zambia	223840	10.8
津巴布韦	Zimbabwe	159500	22.6

continued 5

2008年农业用地占土地总面积比重(%) % of Total Land Area in 2008 (%)	2008年耕地面积(平方公里) Arable Land in 2008 (km^2)	2008年农用地面积(平方公里) Land Under Permanent Crops in 2008 (km^2)	2008年牧草地面积(平方公里) Land under Permanent Meadows and Pastures in 2008 (km^2)	2008年农业灌溉面积(平方公里) Agricultural Area Irrigated in 2008 (km^2)
25.6	50	30	20	
58.1	206980	2080	1171800	17310
0.5	490	70	188	
71.2	1780	140	10320	
7.5	26260	90	4580	
39.0	4083	230	11300	
75.7	46990	9670	82320	13560
33.8	7380	1330	38560	7108
38.5	152000	36500	8000	
42.4	4320	360	6030	
25.2	1600	650	1500	
66.7	24600	1700	10000	
60.0		6		
43.1	150	120	40	
10.5	250	220	70	
63.6	28350	22060	48400	3960
50.8	215550	29500	146170	52150
69.4	18500	680	307000	
1.1	10			
60.0		18		
66.0	56500	22500	51120	
71.3	324740	9000	79180	21730
6.8	650	2000	3050	
73.1	60050	460	116330	
39.5	96000	13500	240000	
45.0	1705000	27000	2380000	
11.4	10	10	20	
84.9	16400	330	131910	1800
62.6	43000	3200	220000	
15.3	200	1250	420	
24.2	27000	6500	180000	
32.4	63000	31150	6420	
42.9	10	50		
18.8	40		50000	
44.7	12790	3270	220000	
30.1	23550	290	200000	
41.2	37300	1200	121000	

附录五、2012年上半年各省、自治区、直辖市主要污染物排放量指标公报

APPENDIX V. The Main Pollutants Emission Indicators Communiqué of the Provinces, Autonomous Regions, Municipality Directly under the Central Government in the First Half of 2012

附录5　2012年上半年各省、自治区、直辖市主要污染物排放量指标公报

The Main Pollutants Emission Indicators Communiqué of the Provinces, Autonomous Regions, Municipality Directly under the Central Government in the First Half of 2012

单位:万吨　　(10 000 tons)

地　区	Region	化学需氧量排放量 COD Discharge			氨氮排放量 Ammonia Nitrogen Discharge		
		2011年上半年 the First Half of 2011	2012年上半年 the First Half of 2012	2012年比上年增减(%) Increase or Decrease in 2012 over 2011 (%)	2011年上半年 the First Half of 2011	2012年上半年 the First Half of 2012	2012年比上年增减(%) Increase or Decrease in 2012 over 2011 (%)
全　国	**National Total**	**1255.0**	**1228.5**	**-2.11**	**131.2**	**128.6**	**-1.98**
北　京	Beijing	9.93	9.59	-3.47	1.09	1.06	-2.94
天　津	Tianjin	11.91	11.73	-1.50	1.38	1.37	-0.97
河　北	Hebei	69.54	67.50	-2.93	5.71	5.56	-2.79
山　西	Shanxi	25.15	24.53	-2.46	2.96	2.92	-1.54
内蒙古	Inner Mongolia	45.35	45.00	-0.76	2.75	2.74	-0.31
辽　宁	Liaoning	67.67	65.99	-2.47	5.54	5.46	-1.55
吉　林	Jilin	40.98	39.93	-2.57	2.89	2.85	-1.50
黑龙江	Heilongjiang	79.19	77.50	-2.13	4.72	4.66	-1.29
上　海	Shanghai	12.97	12.25	-5.53	2.60	2.55	-1.83
江　苏	Jiangsu	62.40	60.63	-2.84	7.96	7.75	-2.70
浙　江	Zhejiang	41.53	40.14	-3.33	5.89	5.73	-2.77
安　徽	Anhui	47.55	46.75	-1.68	5.51	5.37	-2.41
福　建	Fujian	34.10	33.65	-1.31	4.84	4.75	-1.81
江　西	Jiangxi	38.39	37.95	-1.15	4.68	4.60	-1.86
山　东	Shandong	99.72	97.41	-2.31	8.76	8.59	-1.97
河　南	Henan	73.48	71.94	-2.10	7.84	7.76	-1.09
湖　北	Hubei	55.63	54.63	-1.80	6.63	6.46	-2.56
湖　南	Hunan	66.27	64.72	-2.34	8.47	8.21	-3.09
广　东	Guangdong	93.27	90.26	-3.24	11.49	11.11	-3.26
广　西	Guangxi	38.61	38.24	-0.96	4.22	4.19	-0.71
海　南	Hainan	10.01	9.93	-0.79	1.14	1.15	1.46
重　庆	Chongqing	21.11	20.56	-2.60	2.77	2.69	-2.82
四　川	Sichuan	65.70	64.30	-2.14	7.17	7.04	-1.80
贵　州	Guizhou	17.41	17.03	-2.21	2.01	1.98	-1.51
云　南	Yunnan	27.68	27.91	0.86	2.98	3.01	0.96
西　藏	Tibet	1.37	1.37		0.17	0.17	
陕　西	Shaanxi	27.54	26.76	-2.83	3.19	3.14	-1.42
甘　肃	Gansu	20.03	19.98	-0.24	2.18	2.09	-4.12
青　海	Qinghai	5.05	4.97	-1.47	0.47	0.48	2.20
宁　夏	Ningxia	11.88	11.63	-2.09	0.89	0.88	-1.17
新　疆	Xinjiang	28.82	28.84	0.07	2.07	2.09	0.59
新疆兵团	Xinjiang Production & Construction Corps	4.78	4.87	1.80	0.26	0.26	-0.03

注：公报不含香港特别行政区、澳门特别行政区和台湾省。
Note: Statistics in this Communique not include Hong kong SAR, Macao SAR and Taiwan Province.

附录5 续表

单位:万吨 (10 000 tons)

地 区	Region	二氧化硫排放量 Sulphur Dioxide Emission			氮氧化物排放量 Nitrogen Oxides Emission		
		2010年上半年 the First Half of 2010	2011年上半年 the First Half of 2011	2011年比上年增减(%) Increase or Decrease in 2011 over 2010 (%)	2010年上半年 the First Half of 2010	2011年上半年 the First Half of 2011	2011年比上年增减(%) Increase or Decrease in 2011 over 2010 (%)
全 国	**National Total**	**1114.1**	**1083.8**	**-2.72**	**1206.7**	**1203.8**	**-0.24**
北 京	Beijing	4.60	4.17	-9.36	9.57	8.84	-7.63
天 津	Tianjin	11.70	11.00	-5.95	18.20	17.49	-3.92
河 北	Hebei	71.12	68.59	-3.57	91.26	91.08	-0.19
山 西	Shanxi	70.31	68.30	-2.85	64.11	65.46	2.11
内蒙古	Inner Mongolia	70.01	72.03	2.88	70.20	73.02	4.02
辽 宁	Liaoning	56.45	53.46	-5.31	53.26	53.17	-0.16
吉 林	Jilin	20.61	19.96	-3.13	30.15	29.69	-1.53
黑龙江	Heilongjiang	25.56	25.33	-0.90	39.48	40.74	3.19
上 海	Shanghai	12.34	10.99	-10.96	22.99	21.33	-7.20
江 苏	Jiangsu	54.98	53.24	-3.15	79.97	79.47	-0.63
浙 江	Zhejiang	33.44	31.91	-4.56	44.46	42.10	-5.31
安 徽	Anhui	26.47	26.65	0.69	48.52	49.41	1.82
福 建	Fujian	19.88	19.28	-3.02	26.84	25.05	-6.69
江 西	Jiangxi	28.91	27.45	-5.03	31.93	29.36	-8.07
山 东	Shandong	92.64	90.70	-2.10	90.45	91.56	1.22
河 南	Henan	70.24	66.13	-5.86	82.90	82.98	0.11
湖 北	Hubei	34.29	32.82	-4.27	33.86	32.34	-4.48
湖 南	Hunan	35.27	34.44	-2.37	32.71	30.30	-7.37
广 东	Guangdong	41.64	40.99	-1.55	68.41	66.70	-2.50
广 西	Guangxi	23.11	22.89	-0.96	23.49	24.53	4.41
海 南	Hainan	1.72	1.76	1.96	4.48	4.47	-0.17
重 庆	Chongqing	30.06	28.71	-4.47	20.73	19.71	-4.91
四 川	Sichuan	45.22	43.37	-4.11	34.10	33.92	-0.55
贵 州	Guizhou	54.71	52.20	-4.59	26.15	27.68	5.88
云 南	Yunnan	34.19	31.48	-7.91	26.25	26.47	0.84
西 藏	Tibet	0.21	0.21		1.91	1.91	
陕 西	Shaanxi	46.14	44.73	-3.07	41.21	41.52	0.75
甘 肃	Gansu	32.03	32.02	-0.03	23.42	23.45	0.12
青 海	Qinghai	7.71	7.99	3.55	6.38	6.77	6.07
宁 夏	Ningxia	20.65	21.43	3.75	22.61	22.88	1.20
新 疆	Xinjiang	32.83	34.47	4.99	31.74	34.63	9.11
新疆兵团	Xinjiang Production & Construction Corps	5.07	5.09	0.31	4.93	5.76	16.83

附录六、主要统计指标解释

APPENDIX VI.
Explanatory Notes
on Main Statistical Indicators

主要统计指标解释

一、自然状况

平均气温 气温指空气的温度，我国一般以摄氏度为单位表示。气象观测的温度表是放在离地面约 1.5 米处通风良好的百叶箱里测量的，因此，通常说的气温指的是离地面 1.5 米处百叶箱中的温度。计算方法：月平均气温是将全月各日的平均气温相加，除以该月的天数而得。年平均气温是将 12 个月的月平均气温累加后除以 12 而得。

年平均相对湿度 相对湿度指空气中实际水气压与当时气温下的饱和水气压之比，通常以(%)为单位表示。其统计方法与气温相同。

全年日照时数 日照时数指太阳实际照射地面的时数，通常以小时为单位表示。其统计方法与降水量相同。

全年降水量 降水量指从天空降落到地面的液态或固态(经融化后)水，未经蒸发、渗透、流失而在地面上积聚的深度，通常以毫米为单位表示。计算方法：月降水量是将该全月各日的降水量累加而得。年降水量是将该年 12 个月的月降水量累加而得。

二、水环境

水资源总量 一定区域内的水资源总量指当地降水形成的地表和地下产水量，即地表径流量与降水入渗补给量之和，不包括过境水量。

地表水资源量 指河流、湖泊、冰川等地表水体中由当地降水形成的、可以逐年更新的动态水量，即天然河川径流量。

地下水资源量 指当地降水和地表水对饱水岩土层的补给量。

地表水与地下水资源重复计算量 指地表水和地下水相互转化的部分，即在河川径流量中包括一部分地下水排泄量，地下水补给量中包括一部分来源于地表水的入渗量。

供水总量 指各种水源工程为用户提供的包括输水损失在内的毛供水量。

地表水源供水量 指地表水体工程的取水量，按蓄、引、提、调四种形式统计。从水库、塘坝中引水或提水，均属蓄水工程供水量；从河道或湖泊中自流引水的，无论有闸或无闸，均属引水工程供水量；利用扬水站从河道或湖泊中直接取水的，属提水工程供水量；跨流域调水指水资源一级区或独立流域之间的跨流域调配水量，不包括在蓄、引、提水量中。

地下水源供水量 指水井工程的开采量，按浅层淡水、深层承压水和微咸水分别统计。城市地下水源供水量包括自来水厂的开采量和工矿企业自备井的开采量。

其他水源供水量 包括污水处理再利用、集雨工程、海水淡化等水源工程的供水量。

用水总量 指分配给用户的包括输水损失在内的毛用水量。按用户特性分为农业、工业、生活和生态用水四大类。

农业用水 包括农田灌溉和林牧渔业用水。林牧渔业用水指林果地灌溉、草地灌溉和鱼塘补水。

工业用水 按新水取用量计，不包括企业内部的重复利用水量。

生活用水 包括城镇生活用水和农村生活用水。城镇生活用水由居民用水和公共用水（含服务业、餐饮业、货运邮电业及建筑业等用水）组成；农村生活用水除居民生活用水外，还包括畜用水在内。

生态环境补水 仅包括城市环境用水和部分河湖、湿地的人工补水。

工业废水排放量 指报告期内经过企业厂区所有排放口排到企业外部的工业废水量。包括生产废水、外排的直接冷却水、超标排放的矿井地下水和与工业废水混排的厂区生活污水，不包括外排的间接冷却水(清污不分流的间接冷却水应计算在废水排放量内)。

化学需氧量(COD) 测量有机和无机物质化学分解所消耗氧的质量浓度的水污染指数。

工业废水治理设施数 指报告期内企业用于防治水污染和经处理后综合利用水资源的实有设施（包括构筑物）数，以一个废水治理系统为单位统计。附属于设施内的水治理设备和配套设备不单独计算。已经报废的设施不统计在内。

工业废水治理设施处理能力 指报告期内企业内部的所有废水治理设施实际具有的废水处理能力。

工业废水治理设施运行费用 指报告期内企业维持废水治理设施运行所发生的费用。包括能源消耗、设备维修、人员工资、管理费、药剂费及与设施运行有关的其他费用等。

三、海洋环境

第二类水质海域面积 符合国家海水水质标准中二类海水水质的海域，适用于水产养殖区、海水浴场、人体直接接触海水的海上运动或娱乐区、以及与人类食用直接有关的工业用水区。

第三类水质海域面积 符合国家海水水质标准中三类海水水质的海域，适用于一般工业用水区。

第四类水质海域面积 符合国家海水水质标准中四类海水水质的海域，仅适用于海洋港口水域和海洋开发作业区。

劣于第四类水质海域面积 劣于国家海水水质标准中四类海水水质的海域。

四、大气环境

工业二氧化硫排放量 指报告期内企业在燃料燃烧和生产工艺过程中排入大气的二氧化硫总质量。工业中二氧化硫主要来源于化石燃料（煤、石油等）的燃烧，还包括含硫矿石的冶炼或含硫酸、磷肥等生产的工业废气排放。

工业氮氧化物排放量 指报告期内企业在燃料燃烧和生产工艺过程中排入大气的氮氧化物总质量。

工业烟（粉）尘排放量 指报告期内企业在燃料燃烧和生产工艺过程中排入大气的烟尘及工业粉尘的总质量之和。

工业废气排放量 指报告期内企业厂区内燃料燃烧和生产工艺过程中产生的各种排入空气中含有污染物的气体的总量，以标准状态（273K，101325Pa）计。

工业废气治理设施数 指报告期末企业用于减少在燃料燃烧过程与生产工艺过程中排向大气的污染物或对污染物加以回收利用的废气治理设施总数，以一个废气治理系统为单位统计。包括除尘、脱硫、脱硝及其它的污染物的烟气治理设施。已报废的设施不统计在内。锅炉中的除尘装置属于“三同时”设备，应统计在内。

工业废气治理设施处理能力 指报告期末企业实有的废气治理设施的实际废气处理能力。

工业废气治理设施运行费用 指报告期内维持废气治理设施运行所发生的费用。包括能源消耗、设备折旧、设备维修、人员工资、管理费、药剂费及与设施运行有关的其他费用等。

五、固体废物

一般工业固体废物产生量 系指未被列入《国家危险废物名录》或者根据国家规定的危险废物鉴别标准（GB5085）、固体废物浸出毒性浸出方法（GB5086）及固体废物浸出毒性测定方法（GB／T 15555）鉴别方法判定不具有危险特性的工业固体废物。计算公式是：

一般工业固体废物产生量=（一般工业固体废物综合利用量-其中：综合利用往年贮存量）+一般工业固体废物贮存量+（一般工业固体废物处置量-其中：处置往年贮存量）+一般

工业固体废物倾倒丢弃量

一般工业固体废物综合利用量 指报告期内企业通过回收、加工、循环、交换等方式，从固体废物中提取或者使其转化为可以利用的资源、能源和其他原材料的固体废物量（包括当年利用的往年工业固体废物累计贮存量）。如用作农业肥料、生产建筑材料、筑路等。综合利用量由原产生固体废物的单位统计。

一般工业固体废物处置量 指报告期内企业将工业固体废物焚烧和用其他改变工业固体废物的物理、化学、生物特性的方法，达到减少或者消除其危险成分的活动，或者将工业固体废物最终置于符合环境保护规定要求的填埋场的活动中，所消纳固体废物的量。

一般工业固体废物贮存量 指报告期内企业以综合利用或处置为目的，将固体废物暂时贮存或堆存在专设的贮存设施或专设的集中堆存场所内的量。专设的固体废物贮存场所或贮存设施必须有防扩散、防流失、防渗漏、防止污染大气、水体的措施。

一般工业固体废物倾倒丢弃量 指报告期内企业将所产生的固体废物倾倒或者丢弃到固体废物污染防治设施、场所以外的量。

危险废物产生量 指当年全年调查对象实际产生的危险废物的量。危险废物指列入国家危险废物名录或者根据国家规定的危险废物鉴别标准和鉴别方法认定的，具有爆炸性、易燃性、易氧化性、毒性、腐蚀性、易传染性疾病等危险特性之一的废物。按《国家危险废物名录》（环境保护部、国家发展和改革委员会 2008 部令第 1 号）填报。

危险废物综合利用量 指当年全年调查对象从危险废物中提取物质作为原材料或者燃料的活动中消纳危险废物的量。包括本单位利用或委托、提供给外单位利用的量。

危险废物处置量 指报告期内企业将危险废物焚烧和用其他改变工业固体废物的物理、化学、生物特性的方法，达到减少或者消除其危险成分的活动，或者将危险废物最终置于符合环境保护规定要求的填埋场的活动中，所消纳危险废物的量。处置量包括处置本单位或委托给外单位处置的量。危险废物的处置方式见下表：

危险废物贮存量 指将危险废物以一定包装方式暂时存放在专设的贮存设施内的量。专设的贮存设施指对危险废物的包装、选址、设计、安全防护、监测和关闭等符合《危险废物贮存污染控制标准》（GB18597-2001）等相关环保法律法规要求，具有防扩散、防流失、防渗漏、防止污染大气和水体措施的设施。

六、自然生态

自然保护区 指对有代表性的自然生态系统、珍稀濒危野生动植物物种的天然分布区、水源涵养区、有特殊意义的自然历史遗迹等保护对象所在的陆地、陆地水体或海域，依法划出一定面积进行特殊保护和管理的区域。以县及县以上各级人民政府正式批准建立的自然保护区为准。风景名胜区、文物保护区不计在内。

湿地 指天然或人工、长久或暂时性的沼泽地、泥炭地或水域地带，包括静止或流动、淡水、半咸水、咸水体，低潮时水深不超过 6 米的水域以及海岸地带地区的珊瑚滩和海草床、滩涂、红树林、河口、河流、淡水沼泽、沼泽森林、湖泊、盐沼及盐湖。

七、土地利用

土地调查面积 指行政区域内的土地调查总面积，包括农用地、建设用地和未利用地。

耕地面积 指经过开垦用以种植农作物并经常进行耕耘的土地面积。包括种有作物的土地面积、休闲地、新开荒地和抛荒未满三年的土地面积。

林业用地面积 指用来发展林业的土地，包括郁闭度 0.20 以上的乔木林地以及竹林地、灌木林地、疏林地、采伐迹地、火烧迹地、未成林造林地、苗圃地和县级以上人民政府规划的宜林地面积。

草地面积 指牧区和农区用于放牧牲畜或割草，植被盖度在 5%以上的草原、草坡、草山等面积。包括天然的和人工种植或改良的草地面积。

八、林业

森林面积 包括郁闭度 0.2 以上的乔木林地面积和竹林面积，国家特别规定的灌木林地面积、农田林网以及村旁、路旁、水旁、宅旁林木的覆盖面积。

人工林面积 指由人工播种、植苗或扦插造林形成的生长稳定，(一般造林 3-5 年后或飞机播种 5-7 年后)每公顷保存株数大于或等于造林设计植树株数 80%或郁闭度 0.20 以上(含02.0)的林分面积。

森林覆盖率 指以行政区域为单位森林面积占区域土地总面积的百分比。计算公式：

$$\text{森林覆盖率} = \frac{\text{森林面积}}{\text{土地总面积}} \times 100\%$$

活立木总蓄积量 指一定范围土地上全部树木蓄积的总量，包括森林蓄积、疏林蓄积、散生木蓄积和四旁树蓄积。

森林蓄积量 指一定森林面积上存在着的林木树干部分的总材积，以立方米为计算单位。它是反映一个国家或地区森林资源总规模和水平的基本指标之一。它说明一个国家或地区林业生产发展情况，反映森林资源的丰富程度，也是衡量森林生态环境优劣的重要依据。

造林面积 指在宜林荒山荒地、宜林沙荒地、无立木林地、疏林地和退耕地等其它宜林地上通过人工措施形成或恢复森林、林木、灌木林的过程。

人工造林 指在宜林荒山荒地、宜林沙荒地、无立木林地、疏林地和退耕地等其它宜林地上通过播种、植苗和分植来提高森林植被覆被率的技术措施。

飞播造林 通过飞机播种，为宜林荒山荒地、宜林沙荒地、其它宜林地、疏林地补充适量的种源，并辅以适当的人工措施，在自然力的作用下使其形成森林或灌草植被，提高森林植被覆被率的技术措施。

无林地和疏林地新封山育林 对宜林地、无立木林地、疏林地实施封禁并辅以人工促进手段，使其形成森林或灌草植被的一项技术措施。

用材林 指以生产木材为主要目的的森林和林木，包括以生产竹材为主要目的的竹林。

经济林 指以生产果品，食用油料、饮料、调料，工业原料和药材为主要目的的林木。经济林是人们为了取得林木的果实、叶片、皮层、胶液等产品作为工业原料或者供食用所营造的林木，如油茶、油桐、核桃、樟树、花椒、茶、桑、果等。

防护林 指以防护为主要目的的森林、林木和灌木丛。包括水源涵养林，水土保持林，防风固沙林，农田、牧场防护林，护岸林，护路林等。

薪炭林 指以生产燃料为主要目的的林木。

特种用途林 指以国防、环境保护、科学实验等为主要目的的森林和林木。包括国防林、实验林、母树林、环境保护林、风景林，名胜古迹和革命纪念地的林木，自然保护区的森林。

天然林保护工程 是我国林业的“天”字号工程、一号工程,也是投资最大的生态工程。具体包括三个层次:全面停止长江上游、黄河上中游地区天然林采伐；大幅度调减东北、内蒙古等重点国有林区的木材产量；同时保护好其他地区的天然林资源。主要解决这些区域天然林资源的休养生息和恢复发展问题。

退耕还林还草工程 是我国林业建设上涉及面最广、政策性最强、工序最复杂、群众参与度最高的生态建设工程。主要解决重点地区的水土流失问题。

三北和长江流域等重点防护林体系建设工程 三北和长江中下游地区等重点防护林体系建设工程,是我国涵盖面最大、内容最丰富的防护林体系建设工程。具体包括三北防护林四期工程、长江中下游及淮河太湖流域防护林二期工程、沿海防护林二期工程、珠江防护林二期工程、太行山绿化二期工程和平原绿化二期工程。主要解决三北地区的防沙治沙问题和其他区域各不相同的生态问题。

京津风沙源治理工程 环北京地区防沙治沙工程,是首都乃至中国的“形象工程”,也是环京津生态圈建设的主体工程。虽然规模不大，但是意义特殊。主要解决首都周围地区的风沙危害问题。

野生动植物保护及自然保护区建设工程 野生动植物保护及自然保护区建设工程，是一个面向未来，着眼长远，具有多项战略意义的生态保护工程，也是呼应国际大气候、树立中国良好国际形象的“外交工程”。主要解决基因保存、生物多样性保护、自然保护、湿地保护等问题。

重点地区速生丰产用材林基地建设工程 重点地区以速生丰产用材林为主的林业产业基地建设工程，是我国林业产业体系建设的骨干工程，也是增强林业实力的“希望工程”。主要解决我国木材和林产品的供应问题。

九、自然灾害及突发事件

滑坡 指斜坡上不稳定的岩土体在重力作用下沿一定软面（或滑动带）整体向下滑动的物理地质现象。地表水和地下水的作用以及人为的不合理工程活动对斜坡岩、土体稳定性的破坏，经常是促使滑坡发生的主要因素。在露天采矿、水利、铁路、公路等工程中，滑坡往往造成严重危害。

崩塌 指陡坡上大块的岩土体在重力作用下突然脱离母体崩落的物理地质现象。它可因多裂隙的岩体经强烈的物理风化、雨水渗入或地震而造成，往往毁坏建筑物，堵塞河道或交通路线。

泥石流 指山地突然爆发的包含大量泥沙、石块的特殊洪流称为泥石流，多见于半干旱山地高原地区。其形成条件是地形陡峻，松散堆积物丰富，有特大暴雨或大量冰融水的流出。

地面塌陷 指地表岩、土体在自然或人为因素作用下向下陷落，并在地面形成塌陷坑（洞）的一种动力地质现象。由于其发育的地质条件和作用因素的不同，地面塌陷可分为：岩溶塌陷、非岩溶塌陷。

突发环境事件 指突然发生，造成或可能造成重大人员伤亡、重大财产损失和对全国或者某一地区的经济社会稳定、政治安定构成重大威胁和损害，有重大社会影响的涉及公共安全的环境事件。

十、环境投资

环境污染治理投资 指在工业污染源治理和城镇环境基础设施建设的资金投入中，用于形成固定资产的资金。包括工业新老污染源治理工程投资、当年完成环保验收项目环保投资，以及城镇环境基础设施建设所投入的资金。

十一、城市环境

年末道路长度 指年末道路长度和与道路相通的广场、桥梁、隧道的长度，按车行道中心线计算。在统计时只统计路面宽度在3.5米(含3.5米)以上的各种铺装道路，包括开放型工业区和住宅区道路在内。

城市桥梁 指为跨越天然或人工障碍物而修建的构筑物。包括跨河桥、立交桥、人行天桥以及人行地下通道等。包括永久性桥和半永久性桥。

城市排水管道长度 指所有排水总管、干管、支管、检查井及连接井进出口等长度之和。

全年供水总量 指报告期供水企业(单位)供出的全部水量。包括有效供水量和漏损水量。

用水普及率 指城市用水人口数与城市人口总数的比率。计算公式：

用水普及率=城市用水人口数/城市人口总数×100%

城市污水日处理能力 指污水处理厂(或处理装置)每昼夜处理污水量的设计能力。

供气管道长度 指报告期末从气源厂压缩机的出口或门站出口至各类用户引入管之间的全部已经通气投入使用的管道长度。不包括煤气生产厂、输配站、液化气储存站、灌瓶站、储配站、气化站、混气站、供应站等厂(站)内的管道。

全年供气总量 指全年燃气企业(单位)向用户供应的燃气数量。包括销售量和损失量。

燃气普及率 指报告期末使用燃气的城市人口数与城市人口总数的比率。计算公式为：

燃气普及率=城市用气人口数/城市人口总数×100%

城市供热能力 指供热企业(单位)向城市热用户输送热能的设计能力。

城市供热总量 指在报告期供热企业(单位)向城市热用户输送全部蒸汽和热水的总热量。

城市供热管道长度 指从各类热源到热用户建筑物接入口之间的全部蒸汽和热水的管道长度。不包括各类热源厂内部的管道长度。

生活垃圾清运量 指报告期内收集和运送到垃圾处理厂(场)的生活垃圾数量。生活垃圾指城市日常生活或为城市日常生活提供服务的活动中产生的固体废物以及法律行政规定的视为城市生活垃圾的固体废物。包括：居民生活垃圾、商业垃圾、集市贸易市场垃圾、街道清扫垃圾、公共场所垃圾和机关、学校、厂矿等单位的生活垃圾。

生活垃圾无害化处理率 指报告期生活垃圾无害化处理量与生活垃圾产生量比率。在统计上，由于生活垃圾产生量不易取得，可用清运量代替。计算公式为：

$$\text{生活垃圾无害化处理率}=\frac{\text{生活垃圾无害化处理量}}{\text{生活垃圾产生量}}\times 100\%$$

年末运营车数 指年末公交企业(单位)用于运营业务的全部车辆数。以企业(单位)固定资产台账中已投入运营的车辆数为准。

城市绿地面积 指报告期末用作园林和绿化的各种绿地面积。包括公园绿地、防护绿地、生产绿地、附属绿地和其他绿地面积。

公园绿地 指向公众开放的，以游憩为主要功能，有一定的游憩设施和服务设施，同时兼有健全生态，美化景观，防灾减灾等综合作用的绿化用地。

十二、农村环境

农村人口 指居住和生活在县城(不含)以下的乡镇、村的人口。

累计已改水受益人口 指各种改水形式的受益人口。

卫生厕所 指有完整下水道系统的水冲式、三格化粪池式、净化沼气池式、多翁漏斗式公厕以及粪便及时清理并进行高温堆肥无害化处理的非水冲式公厕。

累计使用卫生公厕户数 指农民因某种原因没有兴建自己的卫生厕所，而使用村内卫生公厕户数。

Explanatory Notes on Main Statistical Indicators

I. Natural Conditions

Average Temperature Temperature refers to the air temperature, generally expressed in centigrade in China. Thermometers used for meteorological observation are placed in sun-blinded boxes 1.5 meters above the ground with good ventilation. Therefore, temperatures cited in general are the temperatures in sun-blinded boxes 1.5 meters above the ground. The monthly average temperature is obtained by the sum of daily temperatures of the month, then divided by the number of days in the months, and the sum of the monthly average temperatures of the 12 months in the year divided by 12 represents the annual average temperature.

Annual Average Relative Humidity Humidity is the ratio between the actual hydrosphere pressure in the air and the saturated hydrosphere pressure at the present temperature, usually expressed in percentage terms. The average humidity is calculated in the same way as the average temperature.

Annual Sunshine Hours Sunshine refer to the duration when the sunshine falls on earth, usually expressed in hours. It is calculated with the same approach as the calculation of precipitation.

Annual Precipitation Precipitation refers to the volume of water, in liquid or solid (then melted) form, falling from the sky onto earth, without being evaporated, leaked or eroded, express normally in millimeters. The monthly precipitation is obtained by the sum of daily precipitation of the month, and the annual precipitation is the sum of monthly precipitation of the 12 months of the year.

Ⅱ. Freshwater Environment

Total Water Resources refers to total volume of water resources measured as run-off for surface water from rainfall and recharge for groundwater in a given area, excluding transit water.

Surface Water Resources refers to total renewable resources which exist in rivers, lakes, glaciers and other collectors from rainfall and are measured as run-off of rivers.

Groundwater Resources refers to replenishment of aquifers with rainfall and surface water.

Duplicated Measurement of Surface Water and Groundwater refers to mutual exchange between surface water and groundwater, i.e. run-off of rivers includes some depletion with groundwater while groundwater includes some replenishment with surface water.

Water Supply refers to gross water supply by supply systems from sources to consumers, including losses during distribution.

Surface Water Supply refers to withdrawals by surface water supply system, broken down with storage, flow, pumping and transfer. Supply from storage projects includes withdrawals from reservoirs; supply from flow includes withdrawals from rivers and lakes with natural flows no matter if there are locks or not; supply from pumping projects includes withdrawals from rivers or lakes with pumping stations; and supply from transfer refers to water supplies transferred from first-level regions of water resources or independent river drainage areas to others, and should not be covered under supplies of storage, flow and pumping.

Groundwater Supply refers to withdrawals from supplying wells, broken down with shallow layer freshwater, deep layer freshwater and slightly brackish water. Groundwater supply for urban areas includes water mining by both waterworks and own wells of enterprises.

Other Water Supply includes supplies by waste-water treatment, rain collection, seawater desalinization and other water projects.

Water Use refers to gross water use distributed to users, including loss during transportation, broken down with use by agriculture, industry, living consumption and biological protection.

Water Use by Agriculture includes uses of water by irrigation of farming fields and by forestry, animal husbandry and fishing. Water use by forestry, animal husbandry and fishing includes irrigation of forestry and orchards, irrigation of grassland and replenishment of fishing pools.

Water Use by Industry refers to new withdrawals of water, excluding reuse of water within enterprises.

Water Use by Households and Service includes use of water for living consumption in both urban and rural areas. Urban water use by living consumption is composed of household use and public use (including services, commerce, restaurants, cargo transportation, posts, telecommunication and construction). Rural water use by living consumption includes both households and animals.

Water Use by Biological Protection includes replenishment of rivers and lakes and use for urban environment.

Waste Water Discharged by Industry refers to the volume of waste water discharged by industrial enterprises through all their outlets, including waste water from production process, directly cooled water, groundwater from mining wells which does not meet discharge standards and sewage from households mixed with waste water produced by industrial activities, but excluding indirectly cooled water discharged (It should be included if the discharge is not separated with waste water).

Chemical Oxygen Demand (COD) refers to index of water pollution measuring the mass concentration of oxygen consumed by the chemical breakdown of organic and inorganic matter.

Number of Industrial Wastewater Treatment Facilities refers to the number of existing facilities (including constructions) for the prevention and control of water pollution and the comprehensive utilization of treated water resources in enterprises in the reporting period, a wastewater treatment system as a unit. The subsidiary water treatment equipments and ancillary equipments are not calculated separately. It excludes scrapped facilities.

Treatment Capacity of Industrial Wastewater Treatment Facilities refers to the actual capacity of the wastewater treatment of internal wastewater treatment facilities in enterprises in the reporting period.

Expenditure of Industrial Wastewater Treatment Facilities refers to the costs of maintaining wastewater treatment facilities in enterprises in the reporting period. It includes energy consumption, equipment maintenance, staff wages, management fees, pharmacy fees and other expenses associated with the operation of the facility.

Ⅲ. Marine Environment

Sea Area with Water Quality at Grade Ⅱ refers to marine area meeting the national quality standards for Grade II marine water, suitable for marinc cultivation, bathing, marine sport or recreation activities involving direct human touch of marine water, and for sources of industrial use of water related to human consumption.

Sea Area with Water Quality at Grade Ⅲ refers to marine area meeting the national quality standards for Grade III marine water, suitable for water sources of general industrial use.

Sea Area with Water Quality at Grade Ⅳ refers to marine area meeting the national quality standards for Grade IV marine water, only suitable for harbors and ocean development activities.

Sea Area with Water Quality below Grade Ⅳ refers to marine area where the quality of water is worse than the national quality standards for Grade IV marine water.

Ⅳ. Atmospheric Environment

Industrial Sulphur Dioxide Emission refers to the total volume of sulphur dioxide emitted into the atmosphere in the fuel combustion and production processes of enterprises in the reporting period. Industrial sulfur dioxide comes mainly from the combustion of fossil fuels (coal, oil, etc.), but also includes industrial emissions in sulphide of smelting and in sulfate or phosphate fertilizer producing.

Industrial Nitrogen Oxide Emission refers to the total volume of nitrogen oxide emitted into the atmosphere in the fuel combustion and production processes of enterprises in the reporting period.

Industrial Soot (Dust) Emission refers to the total volume of soot and industrial dust emitted into the atmosphere in the fuel combustion and production processes of enterprises in the reporting period.

Industrial Waste Gas Emission refers to the total volume of pollutant-containing gas emitted into the atmosphere in the fuel combustion and production processes within the area of the factory in the reporting period in standard conditions (273K, 101325Pa).

Number of Industrial Waste Gas Treatment Facilities refers to the total number of waste gas treatment facilities for reducing or recycling pollutants of the fuel combustion and production process in enterprises in the reporting period, a waste gas treatment system as a unit. The subsidiary water treatment equipments and ancillary equipments are not calculated separately. It includes flue gas treatment facilities of dust removal, desulfurization, denitration and other pollutants. It excludes scrapped facilities. Dust removal device in boiler should be included as a "three simultaneities" equipment.

Treatment Capacity of Industrial Waste Gas Treatment Facilities refers to actual waste gas processing capacity of emission control facilities at the end of the reporting period.

Expenditure of Industrial Waste Gas Treatment Facilities refers to the running costs of the waste gas treatment facilities to maintain in the reporting period. Including energy consumption, equipment depreciation, equipment maintenance, staff wages, management fees, pharmacy fees associated with the operation of the facility other expenses.

Ⅴ. Solid Waste

Common Industrial Solid Wastes Produced refer to the industrial solid wastes that are not listed in the 《National Catalogue of Hazardous Wastes》, or not regarded as hazardous according to the national hazardous waste identification standards (GB5085) , solid waste-Extraction procedure for leaching toxicity (GB5086) and solid waste-Extraction procedure for leaching toxicity (GB/T 15555). The calculation formula is as followed:

Common Industrial Solid Wastes Produced = (common industrial solid wastes utilized – the proportion of utilized stock of previous years) + common industrial solid waste stock + (common industrial solid wastes disposed – the proportion of disposed stock of previous years) + common industrial solid wastes discharged

Common Industrial Solid Wastes Comprehensively Utilized refer to volume of solid wastes from which useful materials can be extracted or which can be converted into usable resources, energy or other materials by means of reclamation, processing, recycling and exchange (including utilizing in the year the stocks of industrial solid wastes of the previous year) during the report period, e.g. being used as agricultural fertilizers, building materials or as material for paving road. Examples of such utilizations include fertilizers, building materials and road material. The information shall be collected by the producing units of the wastes.

Common Industrial Solid Wastes Disposed refers to the quantity of industrial solid wastes which are burnt or specially disposed using other methods to alter the physical, chemical and biological properties and thus to reduce or eliminate the hazard, or placed ultimately in the sites meeting the requirements for environmental protection during the report period.

Stock of Common Industrial Solid Wastes refers to the volume of solid wastes placed in special facilities or special sites by enterprises for purposes of utilization or disposal during the report period. The sites or facilities should take measures against dispersion, loss, seepage, and air and water contamination.

Common Industrial Solid Wastes Discharged refers to the volume of industrial solid wastes dumped or discharged by producing enterprises to disposal facilities or to other sites.

Hazardous Wastes Produced refers to the volume of actual hazardous wastes produced by surveyed samples throughout the year of the survey. Hazardous waste refers to those included in the national hazardous wastes catalogue or specified as any one of the following properties in light of the national hazardous wastes identification standards and methods: explosive, ignitable, oxidizable, toxic, corrosive or liable to cause infectious diseases or lead to other dangers. The report of this indicator should follow the《National Catalogue of Hazardous Wastes》(the NO.1 Ministry Order in 2008 by the Ministry of Environment Protection and National Development and Reform Commission).

Hazardous Wastes Utilized refers to the volume of hazardous wastes that are used to extract materials for raw materials or fuel throughout the year of the survey, including those utilized by the producing enterprise and those provided to other enterprises for utilization.

Hazardous Wastes Disposed refers to the quantity of hazardous wastes which are burnt or specially disposed using other methods to alter the physical, chemical and biological properties and thus to reduce or eliminate the hazard, or placed ultimately in the sites meeting the requirements for environmental protection during the report period.

Stock of Hazardous Wastes refers to the volume of hazardous wastes specially packaged and placed in special facilities or special sites by enterprises. The special stock facilities should meet the requirements set in relevant environment protection laws and regulations such as "Pollution Control Standards for Hazardous Waste Stock"(GB18597-2001) in regard to package of hazardous waste, location, design, safety, monitoring and shutdown, and take measures against dispersion, loss, seepage, and air and water contamination.

Ⅵ. Natural Ecology

Nature Reserves refers to the areas with special protection and management according to law, including representative natural ecosystems, natural areas the endangered wildlife live in, water conservation areas, land, ground water or sea with the protective objects like natural or historical remains those have special significance. It must be established by the county government or above levels. It doesn't include the scenic areas and cultural relic protective areas.

Wetlands refer to marshland and peat bog, whether natural or man-made, permanent or temporary; water covered areas, whether stagnant or flowing, with fresh or semi-fresh or salty water that is less than 6 meters deep at low tide; as well as coral beach, weed beach, mud beach, mangrove, river outlet, rivers, fresh-water marshland, marshland forests, lakes, salty bog and salt lakes along the coastal areas.

Ⅶ. Land Use

Area under Land Survey refers to the total area of land, under the land survey, including land for agriculture use, land for construction and unused land.

Area of Cultivated Land refers to area of land reclaimed for the regular cultivation of various farm crops, including crop-cover land, fallow, newly reclaimed land and land laid idle for less than 3 years.

Area of Afforested Land refers to area for afforestation development, including arbor forest lands with a canopy density of 0.2 degrees or more as well as bamboo forest lands, bush shrub forest lands, sparse forest lands, stump lands, burned areas, non-mature forestation lands, nursery land, and land appropriate to the forestation planned by the people's government at or above the county level.

Area of Grassland refers to area of grassland, grass-slopes and grass-covered hills with a vegetation-covering rate of over 5% that are used for animal husbandry or harvesting of grass. It includes natural, cultivated and improved grassland areas.

Ⅷ. Forestry

Forest Area refers to the area of trees and bamboos grow with canopy density above 0.2, the area of shrubby tree according to regulations of the government, the area of forest land inside farm land and the area of trees planted by the side of villages, farm houses and along roads and rivers.

Area of Man-made Forests refer to the area of stable growing forests, planted manually or by airplanes, with a survival rate of 80% or higher of the designed number of trees per hectare, or with a canopy density of or above 0.20 after 3-5 years of manual planting or 5-7 years of airplane planting.

Forest Coverage Rate refers to the ratio of area of forested land to area of total land by administrative areas. Its calculation formula is:

Forest Coverage Rate = area of forested land / area of total land×100%

Total Standing Stock Volume refers to the total stock volume of trees growing in land, including trees in forest, tress in sparse forest, scattered trees and trees planted by the side of villages, farm houses and along roads and rivers.

Stock Volume of Forest refers to total stock volume of wood growing in forest area, which shows the total size and level of forest resources of a country or a region. It is also an important indicator illustrating the richness of forest resource and the status of forest ecological environment.

Afforestation Area refers to use artificial measures to produce or restore forests, trees, shrubberies at barren hills, undeveloped land, desert, area with no or spare forests, cropland converted to forest and other land that adapt to afforestation.

Plantation Establishment refers to use artificial technique like seeding and planting to increase forest vegetation coverage rate at barren hills, undeveloped land, desert, area with no or spare forests, cropland converted to forest and other land that adapt to afforestation.

Acrial Sccding Afforcstation rcfcrs to usc airplanc and othcr appropriatc artificial measurcs to seed at barren hills, undeveloped land, desert, forest with spare woods, farmland or other land that adapt to afforestation, let them become forest or grassland vegetation naturally, to increase forest vegetation cover rate.

Seal Mountain to Foster Forests in Area of No or Spare with Forests refers to close the area of no or spare with forest that adapt to afforestation and use other artificial measures to let it become forest or grassland vegetation.

Timber Forests refer to forests which are mainly for the production of timber, including bamboo groves planted to harvest bamboos.

By-product Forests refer to forests that mainly produce fruits, nuts, edible oil, beverages, indigents, raw materials and medicine materials. By-product forests are planted to harvest the fruits, leaves, bark or liquid of trees, and consume them as food or raw materials for the manufacturing industry, such as tea-oil trees, tung oil trees, walnut trees, camphor trees, tea bushes, mulberry trees, fruit trees, etc.

Protection Forests refer to forests, trees and bushes planted mainly for protection or preservation purpose, including water resource conservation forests, water and soil conservation forests, windbreak and dune-fixing forests, farmland and pasture protection forests, riverside protection forests, roadside protection forests, etc.

Fuel Forests refer to forests planted mainly for fuels.

Forests for Special Purpose refer to forests planted mainly for national defence, environment protection or scientific experiments, including national defence forests, experimental forests, mother-tree forests, environment protection forests, scenery forests, trees in historical or scenic spots, forests in natural reserves.

Project on Preservation of Natural Forests is the Number One ecological project in China's forest industry that involves the largest investment. It consists of 3 components: 1) Complete halt of all cutting and logging activities in the natural forests at the upper stream of Yangtze River and the upper and middle streams of the Yellow River. 2) Significant reduction of timber production of key state forest zones in northeast provinces and in Inner Mongolia. 3) Better protection of natural forests in other regions through rehabilitation programs.

Projects on Converting Cultivated Land to Forests and Grassland (Grain for Green Projects) aiming at preventing soil erosion in key regions, these projects are ecological construction projects in the development of forest industry that have the widest coverage and most sophisticated procedures, with strong policy implications and most active participation of the people.

Projects on Protection Forests in North China and Yangtze River Basin covering the widest areas in China with a rich variety of contents, these projects aim at solving the problem of sand and dust in northeastern China, northern China and northwestern China and the ecological issues in other areas. More specifically, they include phase IV of project on North China protection forests, phase II of project on protection forests at the middle and lower streams of Yangtze River and at the Huihe River and Taihu Lake valley, phase II of project on coastal protection forests, phase II of project on Pearl River protection forests, phase II project on greenery of Taihang Mountain and phase II projects on greenery of plains.

Projects on Harnessing Source of Sand and Dust in Beijing and Tianjin these Beijing-ring projects aim at harnessing the sand and dust weather around Beijing and its vicinities. As the key to the development of Beijing-Tianjin ecological zone, these projects are of particular importance as it concerns the image of China's capital city and the whole country.

Projects on Preserving Wild Animals and Plants and on Construction of Nature Reserves aiming at gene preservation and protection of bio-diversity, nature and wetlands, these projects look into the future with strategic perspective and are integrated with international trends.

Projects on Fast-growing Timber Forests Bases in Key Regions these are key projects for the forest industry to strengthen its capacity in supplying more timber and forest by-products.

Ⅸ. Natural Disasters & Environmental Accidents

Landslides refer to the geological phenomenon of unstable rocks and earth on slopes sliding down along certain soft surface as a result of gravitational force. Role of surface water and underground water, and destruction of the stability of slopes by irrational construction work are usually main factors triggering the landslides. Several damages are often caused by landslides in open mining, in water conservancy projects, and in the construction of railways and highways.

Collapse refers to the geological phenomenon of large mass of rocks or earth suddenly collapsing from the mountain or cliff as a result of gravitational force. Usually caused by weathering of rocks, penetration of rain or earthquakes, collapse often destructs buildings and blocks river course or transport routes.

Mud-rock Flow refers to the sudden rush of flood torrents containing large amount of mud and rocks in mountainous areas. It is found mostly in semi-arid hills or plateaus. High and precipitous topographic features, loose soil mass, heavy rains or melting water contribute to the mud-rock flow.

Land Subside refers to the geological phenomenon of surface rocks or earth subsiding into holes or pits as a result of natural or human factors. Land subside can be classified as karst subside and non-karst subside.

Environmental Accident refer to environmental events that suddenly, causing or maybe cause heavy casualties, major property losses, major threat and damage to the nation or a region's economic, social and political stability, and the events have a significant social impact and related to public safety.

Ⅹ. Environmental Investment

Investment in Treatment of Environment Pollution refers to the fixed assets investment in the treatment of industrial pollution and in the construction of environment infrastructure facilities in cities and towns. It includes investment in treatment of industrial pollution, environment protection investment in environment protection acceptance project in this year, and investment in the construction of environment infrastructure facilities in cities and towns.

Ⅺ. Urban Environment

Length of Paved Roads at the Year-end refers to the length of roads with paved surface including squares bridges and tunnels connected with roads by the end of the year. Length of the roads is measured by the central lines for vehicles for paved roads with a width of 3.5 meters and over, including roads in open-ended factory compounds and residential quarters.

Urban Bridges refer to bridges built to cross over natural or man-made barriers, including bridges over rivers, overpasses for traffic and for pedestrian, underpasses for pedestrian, etc. Both permanent and semi-permanent bridges are included.

Length of Urban Sewage Pipes refers to the total length of general drainage, trunks. branch and inspection wells, connection wells, inlets and outlets, etc.

Annual Volume of Water Supply refers to the total volume of water supplied by water-works (units) during the reference period, including both the effective water supply and loss during the water supply.

Percentage of Urban Population with Access to Tap Water refers to the ratio of the urban population with access to tap water to the total urban population. The formula is:

Percentage of Population with Access to Tap Water= Urban Population with Access to Tap Water /Urban Population ×100%

Daily Disposal Capacity of Urban Sewage refers to the designed 24-hour capacity of sewage disposal by the sewage treatment works or facilities.

Length of Gas Pipelines refers to the total length of pipelines in use between the outlet of the compressor of gas-work or outlet of gas stations and the leading pipe of users, excluding pipelines within gasworks, delivery stations, LPG storage stations, refilling stations, gas-mixing stations and supply stations.

Volume of Gas Supply refers to the total volume of gas provided to users by gas-producing enterprises (units) in a year, including the volume sold and the volume lost.

Percentage of Urban Population with Access to Gas refers to the ratio of the urban population with access to gas to the total urban population at the end of the reference period. The formula is:

Percentage of Population with Access to Gas = (Urban Population with Access to Gas / Urban Population) × 100%

Heating Capacity in Urban Area refers to the designed capacity of heating enterprises (units) in supplying heating energy to urban users during the reference period.

Quantity of Heat Supplied in Urban Area refers to the total quantity of heat from steam and hot water supplied to urban users by heating enterprises (units) during the reference period.

Length of Heating Pipelines refers to the total length of steam or hot water pipelines for sources of heat to the leading pipelines of the buildings of the users, excluding internal pipelines in heat generating enterprises.

Consumption Wastes Transported refers to volume of consumption wastes collected and transported to disposal factories or sites. Consumption wastes are solid wastes produced from urban households or from service activities for urban households, and solid wastes regarded by laws and regulations as urban consumption wastes, including those from households, commercial activities, markets, cleaning of streets, public sites, offices, schools, factories, mining units and other sources.

Ratio of Consumption Wastes Treated refers to consumption wastes treated over that produced. In practical statistics, as it is difficult to estimate, the volume of consumption wastes produced is replaced with that transported. Its calculation formula is:

Ration= Consumption Wastes Treated / Consumption Wastes Produced×100%

Number of Vehicles under Operation at the Year-end refers to the total number of vehicles under operation by public transport enterprises (units) at the end of the year, based on the records of operational vehicles by the enterprises (units).

Area of Urban Green Areas refers to the total area occupied for green projects at the end of the reference period, including Park green land, protection green land, green land attached to institutions and other green land.

Park Green Land refers to the greening land, which having the main function of public visit and recreation, both having recreation facilities and service facilities, meanwhile having the comprehensive function of ecological improvement, landscaping disaster prevention and mitigation and other.

XII. Rural Environment

Rural Population refers to population living in towns and villages under the jurisdiction of counties.

Population Benefiting from Water Improvement Projects refer to population who have benefited from various forms of water improvement projects.

Sanitary Lavatories refer to lavatories with complete flushing and sewage systems in different forms, and lavatories without flushing and sewage system where ordure is properly disposed of through high-temperature deposit process for making organic manure.

Households Using Public Lavatories refer to the number of households using public sanitary lavatories in the village without building their private sanitary lavatories.